KB026542

테아 사피엔스Tea sapience 이야기

# 차 마시는 인류

# 차 마시는 인류

초판 1쇄 2021년 09월 30일
초판 2쇄 2023년 02월 20일

지은이 이은권
발행인 김재홍
총괄 · 기획 전재진
디자인 현유주
마케팅 이연실

발행처 도서출판지식공감
등록번호 제2019-000164호
주소 서울특별시 영등포구 경인로82길 3-4 센터플러스 1117호(문래동1가)
전화 02-3141-2700
팩스 02-322-3089
홈페이지 www.bookdaum.com
이메일 bookon@daum.net

가격 25,000원
ISBN ISBN 979-11-5622-619-2 13590

차와 인문학을 가로지르는 후마니타스 티 파티

테아 사피엔스Tea sapience 이야기

# 차 마시는 인류

이은권 저

도서출판 지식공감

# 머리말

## 차 한잔의 시간·공간은<br>가슴 벅찬, 그리고 건강한 즐거움이다.

어디 가서 내가 차를 가르치는 사람이라고 하면 한결같이

"아, 다도를 하시는군요."

라고 말한다. 난 지체없이

"전 다도를 하지 않습니다."

라고 답변한다. 그러면 이렇게 또 묻는다.

"아, 요즘은 다례라고 하더군요."

나는 이렇게 정리해서 이야기한다.

'…설날, 추석날 차례는 지냅니다. 저희 선친께서 생전에 약주를 못 하셨거든요. 술 대신 차를 올립니다. 이차대주(以茶代酒)라고 하지요.'

'다도'에서 도(道 dao)는 사전적으로 '깊이 깨우친 이치'다. 유가와 도가 등 동양 종교 사상의 전통에서 도(道)는 우주의 궁극적인 실재를 가리키는 것으로 여겨진다. 차(茶)에 도(道)란 글자를 더한 '다도(茶道)'의 의미는 우선 차를 마실 때 지켜야 하는 도리, 차를 마시는 격식, 법도, 더 나아가서는 차를 통한 깨달음의 세계다. 이렇게 보면 '다도'란 차의 형식이요, 차의 내용, 그 둘을 합쳐 차를 마시는 격식과 형식의 수행을 통해 절대적 진리의 경지 이르는 길을 제시하고 수련하는 '다도 교육'인 셈이다.

차를 가르치고 여전히 차를 공부하기도 하지만 나는 '다도'를 하거나 '다도 교육'을 하지 않는다. '다인', 혹은 '차인'이라는 말도 거부한다. '다도'란 형식이 우리에게서 차를 너무도 멀어지게 만들었다고 보기 때문이다. 나는 차의 형식적 측면보다는 차의 내용적 측면, 차의 본질에 주목한다. 하지만 여기서 차의 본질은 수행이 아니다. 차의 색·향·미를 감상하며 차 마시는 즐거움과 유익함, 차의 인문학적 의미를 공유하는 일이 차 교육의 본질이라고 믿는다. 그러고 보면 나의 차 교육은 세상의 다도교육과 거리가 있다. 다도의 극히 적은 부분만을 행하고 있는 셈이다. 내게 차는 도를 이루기 위한 수단이 아닌, 건강을 주는 음식이요, 오감을 깨우는 즐거움이다. 약(藥)에서 시작해 인류의 역사와 함께 그 모양을 변화해온 음료. 차는 나를 맑게 하는 '건강한 즐거움'이다.

대학에서 중국문학을 공부한 필자는 1986년 타이완으로 유학을 떠났다. 당시의 공식명칭은 중화민국이다. 그곳이 우리와 가장 다른 점은 어디를 가나 차가 있다는 것이었다. 작은 잔에 홀짝거리며 마시는 차가 신기했고, 그 깊이가 궁금해서 시작한 차 생활이 지금은 내 생활의 가장 큰 영역을 차지하게 되었다. 자세히 들여다보니 차는 아주 오래전부터 인류에게 단순한 음료가 아닌, 그 이상의 무엇이었다. 깨어있는 맑음으로 나를 성찰하게 만드는 귀한 존재였다. 하지만 아쉽게도 한국의 차는 오랜 기간, 아니 지금까지도, 리(理)의 영역 속에서 나보다 남을, 개인보다 전체를 우선시하며, 내용보다는 형식에 치중하는 문화로 정착되어있었다. 이런 자각이 우리의 한켠에 방치되어 있던 차를 내 마음으로 가져오기 위한 여행을 시작하게 된 계기다.

관념과 형식의 차를 현실로 가져오기 위해 차의 지난 시간들을 들여다보니, 차는 각성과 격동의 세월들로 점철되어 있었다. 차를 마시고 깨어있던 선각들, 차로 부를 이룬 상인들이 차를 중국 땅 멀리까지 전파했고, 새로운 역사를 만들었다. 중국의 서

남부, 북회귀선을 따라 자라던 차는 인류 최초의 교역로인 차마고도, 실크로드를 건너 멀리 동서남북으로 전해졌다. 8세기에는 한반도로, 11세기에는 일본으로 전해졌으며, 17세기에는 유럽 각국으로 전파되며 '깨어있음'으로 세계인의 기호음료가 되었다. 차는 지나는 곳마다 예술과 사상, 문화를 발전시키는 매개체가 되었으며, 전쟁으로, 혁명으로 잠자는 이성을 깨우며 파란만장의 역사를 일구었다.

우리가 마시는 차 한 잔으로 광활하게 펼쳐진 차의 시간과 공간을 여행하는 일이야말로 실로 가슴 벅찬 즐거움이 아닐 수 없다. 이 가슴 벅찬 차 여행을 함께해준, 또 함께해 나아갈 한남대학교 티마스터 여러분께 감사를 전한다.

"Semper vigilate!"

"茶亦醉人, 차도 사람을 취하게 한다."

차례

## Party.1 "너희는 깨어있으라" Semper vigilate!



## Party.2 '차의 길, 길 위의 차이야기' 테아 슈트라쎄 Tea straße

## Party.3 차는 먹는 것인가, 마시는 것인가 Drink tea? Eat tea?



## Party.4 차와 찻그릇 이야기



## Party.5 우리 차와 찻그릇 이야기



## Party.6 다도란 '내 마음에 있는 차, Tea in my heart'이다

## Party.7 공부해서 마시는 차 Martial Arts Tea?



## Party.8 "Tea is water bewitched" 요술쟁이



## Party.9 '성리학적 차 마시기'는 이제 그만...

## Party.10 하늘의 향기를 듣다 문천향 (차와 오감)



## Party.11 청음(淸飮)과 조음(調飮)



## Party.12 찻잔 속의 시네마 천국 Cinema Paradiso in a teacup

## Party.13 그림 속의 차, 차 속의 그림

# "너희는 깨어있으라"

## Semper vigilate!

# 01
## 차 마시는 인류, 테아 사피엔스 Tea sapience

매일 아침, 커피를 마시는 호모 사피엔스의 3배에 해당하는, 약 20억 명의 호모 사피엔스들이 차 한 잔으로 하루를 시작한다. 실제로 차는 물 다음으로 세계에서 가장 널리 소비되는 음료이며 커피, 핫 초콜릿, 청량음료 및 알코올의 소비를 합친 숫자와 같다. 지구상의 동물 가운데 인간, 바로 호모 사피엔스들만이 차를 음료로 마신다.

차는 한자로는 茶, 영어로 tea로 쓴다. 차나무의 식물학적 학명은 'Camella sinensis O.Kuntze(1905)'다. 우리나라에서는 마실 거리를 통틀어 '차'라고 부르지만[01], 중국어에서의 Cha(茶)나 영어의 tea는 차나무의 잎으로 만든 음료만을 말한다. 영어권에서 "차 한 잔 할까요?"라는 문장은 그저 짧게 "Cup of tea?", 중국어로는 "흐어 뻬이 차 바 喝杯茶吧!"라고 하면, 반드시 찻잎으로 우린 찻물을 의미하지, 우리 식으로 기타의 음료까지 포함하지는 않는다. 우리가 보리차, 생강차, 대추차, 쌍화차, 심지어 커피까지, 마시는 음료를 다 차의 범위에 넣는 것과 다르다.

한자의 茶(다)란 글자는 '자연으로 돌아감'을 뜻한다고 푼다. 잘 들여다보면 茶(다)란 글자는 艸(초두머리), 人(사람 인), 木(나무 목)의 세 부분으로 구성되어 있으며, 人(사람)이 艸(풀) 아래, 木(나무) 위에 위치해 사람이 초목 사이에 있음을 보여주고 있으니 '사람이라면 누구도 차를 마신다.' '인류가 대자연의 일부'임을 뜻하는 글자가 바로 '차'라고 풀이할 수 있을 것이다.

차를 마시는 호모 사피엔스. 생물학에서 현생인류를 가리키는 말인 호모 사피엔스

---

01 커피를 비롯하여 보리차, 둥굴레차, 쌍화차 등을 우리는 통틀어 '차'라고 부르지만, 엄밀히 따지면 차(茶)나 티(Tea)로 부를 수 없다. 차나무 잎으로 만들지 않기 때문이다.

(Homo sapiens)는 '지혜가 있는 사람'이라는 뜻이다. 식물학자 린네(Carl von Linne)가 처음으로 분류하였다. 10만 년 전, 지구에는 현생인류인 호모 사피엔스뿐만 아니라 네안데르탈인, 호모 에렉투스 등 적어도 6종의 인간 종이 생존했었다.

하지만 약 3만 년 전, 마지막 빙하기가 끝나갈 무렵, 지구상에는 신인류인 호모 사피엔스 사피엔스가 인지혁명, '생각'이라는 기능을 적극 활용함으로써 네안데르탈인, 호모 에렉투스, 호모 플로렌시스 등을 제치고 현 인류의 조상으로 등극하였다고 한다. 물론 인지혁명을 통한 농경과 목축이 이후 인류가 계급사회와 문명시대로 들어가게 되는 토대를 만든 것은 당연한 이야기다.

지구의 정복자, 신이 되려는 지혜로운 인간, 호모 사피엔스의 미래는 어떻게 펼쳐질까? 최근에는 한 공학자가 새로운 문명의 교체기에 스마트폰을 손에 쥔 신인류, "포노 사피엔스가 몰려오고 있다."라며 현생인류를 포노 사피엔스(Phone sapience)로 명명함으로써 각계의 반향을 불러일으키고 있다. 스마트폰을 손에 쥔 새로운 인류에 의해 세상의 모든 문화, 경제, 사회, 정치가 움직이고, 그들 스스로 문명의 표준이 되어 비즈니스 생태계를 재편하고 있다는 것이다. 사람들은 이제 인간이 스마트폰을 손에 쥠으로써 새로운 장기를 가지게 되었으며 인류는 이제 오장육부가 아니라 오장칠부로 살아가는 세상이 되었다고 풍자하기도 한다.

컴퓨터공학이나 신학적 맥락에서 '어디에나 있음'을 의미하는 '유비쿼터스'란 단어가 있다. 유선으로만 연결되던 컴퓨터가 순식간에 스마트폰으로 연결되면서 '유비쿼터스 컴퓨팅 시대'가 현실화되었다. "(신은)어디에나 널리 존재한다."라는 의미의 'Ubiquitous'와 '컴퓨팅'의 결합은 '언제 어디서든 어떤 기기를 통해서도 컴퓨팅, 네트워킹할 수 있는 시대'를 의미한다. 유비쿼터스 컴퓨팅 시대의 기반을 만든 사람이 애플사의 전 CEO 스티브 잡스다. 태초에 하느님이 호모 사피엔스를 창조했다면, 스티브 잡스는 포노 사피엔스를 창조해냈다는 이야기가 있을 정도로 스마트폰은 인류사에

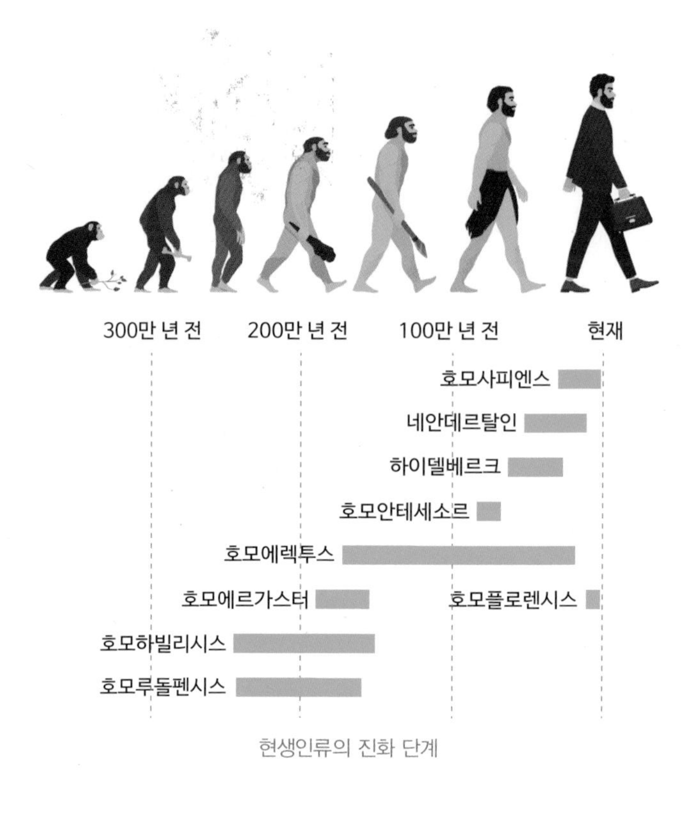

현생인류의 진화 단계

혁명적 사건이다.

대한민국은 다른 어떤 나라보다도 스마트폰의 의존도가 높다. 스마트폰 속에서 어떤 음식도 사 먹을 수 있고, 어떤 교통편이나 영화 티켓도 구입할 수 있으며, 대부분의 금융활동이 이루어진다. 게임도, 영화 감상도, 만화나 책 읽기도 이제 일상을 스마트폰과 하는 세상이 되었다. 스마트폰을 거부하고 오장육부로 살 수 있기는 하지만, 장기가 하나 더 많은 신인류에 비해 왠지 불편하고 어려운 일이 많아지는 것은 자명하다. 익숙하던 시장이 파괴되고 사라지고 있으니, 오장육부로는 이 세상이 살기 어려워지고, 스마트폰을 잘 사용하지 못하는 사피엔스는 퇴보의 길을 걸어갈 수밖에 없을 것이다. 호모 사피엔스만 남고 다른 사피엔스들이 지구에서 사라지듯, 이제 변화에 적응하고 시대를 선도해가는 포노 사피엔스만 살아남고, 오장육부의 호모 사피엔스는 이제 지구를 떠나야 할까?

일상에서 휴대폰의 편리함에 기대어 살아가는 많은 사피엔스들에겐 공감 가는 부분이 많겠지만, '지혜를 가진 사람' 호모 사피엔스가 '자신을 멍청하게 만든 스마트폰'의 혁신성에 기대어 그들만의 새로운 디지털 문명을 열어간다는 것은 아이러니이며, 승복하기 어려운 현실이 아닐 수 없다.

'디지털 치매'[02]란 말이 있지 않은가? 이젠 인간이 만든 디지털 도구들이 인간을 자연에서 격리하고 있다. 인간을 게으르게 만들고 생각하고 기억하는 일을 쓸데없는 일들로 만들어 가고 있다. 과연 여러분은 가족의 전화번호를 기억하고 있는가? 기억하고 있는 전화번호가 몇 개나 될까?

문명의 이기는 인간이 간단한 수식 계산도 하지 못하도록 하며, 우리에게 가족과 친구의 전화번호 하나 외우지 못하도록 만들고 있다. 굳이 기억하지 않아도, 궁금하면 전화기에 물으면 되니 외워야 할 필요가 없어졌다. 가족과 이웃과의 물리적 소통을 가로막고, 자신의 삶을 가상의 세계와 혼동하도록 만드는 일개 문명의 도구에 내 존재가 매몰되고 왜곡되어가는 이 현실을 우리는 아무 생각 없이 받아들이고 있다. '생각(生覺: 깨어있음)'을 통해 '인지혁명'을 이루어내고 지구를 손에 넣은 호모 사피엔스가 '생각이 사라지는 이 현실'을 그대로 받아들여야 할까?

호모 사피엔스는 '생각'하는 능력으로 만물의 영장(靈長)이 되었고, 물 이외에 '차'를 음료로 마셔왔다. 차의 재료인 차(茶)라는 식물은 삼백(森伯)[03], 백초의 우두머리로서 인류에게 '총명사달무체옹(聰明四達無滯壅)'[04]의 효능으로 오랜 시간 귀하게 대접받아왔다. 알고 보면 식물계의 영장인 차와 동물계의 영장인 인간은 분명 연결고리가 있다.

---

**02** '디지털 치매(Digital Dementia)'란 '휴대전화 등의 디지털 기기에 지나치게 의존한 나머지 기억력과 계산 능력이 크게 떨어지는 상태'를 의미한다. 'IT 증후군'이라고도 부르며, 디지털 기기를 많이 사용하는 사람들이 '치매'와 유사한 증상을 경험하기 때문에 붙여진 이름이다.

**03** 삼백(森伯)이란 '수풀의 최고 어른'이란 뜻이다. 차를 신격이나 인격으로 보는 차의 별칭이다.

**04** 초의선사의 〈동다송〉 제13송 '聰明四達無滯壅(총명하여 모든 것에 막힘이 없다)'

'생각'을 가진 지혜로운 사람, 호모 사피엔스는 가장 신령스러운 기운이 깃든 식물, 차나무를 찾아 음료로 마셨고, 그 문화를 가꾸어 왔다. 차를 마시는 사피엔스, 끽다인(喫茶人)은 맑은 정신으로 나를 돌아보며, 서로 배우며 그들만의 유니크하며 고품격인 문화를 만들었고, 함께 공유하며 역사의 발전을 이루어 왔던 것이다.

이제 맑은 차 한 잔을 앞에 놓고, 내가 나의 중심에 자리 잡도록 해보자. 차 한 잔의 여유로 현실과 가상의 세계를 관조하며 정신을 모아보자. 지금으로부터 일천 삼백 년 전, 중국의 다성 육우께서 쓰신 《다경》에는 이런 구절이 있다.[05]

깃 [짐승]은 날고 털 [짐승]은 달리며 입을 크게 벌려 [사람은] 말한다. 이 세 가지는 모두 천지간에서 사는데, [털 짐승은 물을] 마시고 [깃 짐승은 물을] 쪼으며 살아간다. [그중에 사람은] 마시는 때에 [따라 그 의미가 다르니] 그 뜻을 멀리해서는 안 된다.

[사람은 모름지기]
갈증을 가시려 물을 마시고
울분을 풀려고 술을 마시며
정신을 모으려 차를 마시는 것이다.

천지간에 존재하는 동물들은 모두 물을 마셔야 살 수 있는데, 사람의 경우에는 그 물을 섭취하는 것이 경우에 따라 다르다는 것이다. 그냥 목마름을 다스릴 경우에는 물(음료)을 마시면 되지만, 울분을 덜기 위해서는 술이 효과적이다. 하지만 혼미함과 졸음을 없애기 위해서는 차를 마셔야 한다는 것이다. 생각할 줄 아는 사피엔스의 본성에 가장 가까운 마실거리가 바로 차(茶)임을 알게 하는 대목이다.

---

**05** 翼而飛 毛而走 呿而言 此三者 俱生於天地間, 飮啄以活 飮之時義遠矣哉. 至若救渴 飮之以漿 蠲憂忿 飮之以酒 蕩昏寐 飮之以茶 (《茶經》,「六之飮」).

차는 우리를 깨어있게 만들어 준다. 맑은 정신으로 나를 돌아보게 해주며 주위와 소통하게 해준다. 이것이 우리가 오래전부터 차를 마시는, 혹은 선각자들이 차를 가까이해 온 주된 이유이다. 지혜로운 인류, 호모 사피엔스가 가장 오랫동안 마셔온 지혜로운 음료가 바로 차(茶, tea)이다. 필자는 차를 통해 맑은 정신을 유지하고, 지혜를 모아 진보의 역사를 발전시켜온 인류를 '테아 사피엔스'(Tea sapiens)로 명명할 것을 제안한다.

문명의 흐름이 바뀌어도, 세상이 더 간편해져도 테아 사피엔스는 자신을 건강하게 만들고 지혜롭게 만드는 차를 버리지 않을 것이며, 그 고품격의 문화적 전통을 지키고 더욱 발전시켜 갈 것이라고 믿기 때문이다.

TEA TIME

## 영국인의 자존심, 잉글리시 브랙퍼스트 English breakfast

아침식사를 의미하는 'breakfast'는 'break(깨어지다)'와 'fast(단식, 단식기간)'라는 단어가 합쳐져 '단식을 깨다'가 본뜻이다. 즉 브랙퍼스트는 '단식기간을 끝내고 식사를 하다'에서 유래했다. 원래 잉글리시 브랙퍼스트란 영국의 전통적인 아침식사를 말한다. 영어로는 'full English breakfast'라고 한다. 빵, 달걀프라이, 베이컨과 영국의 대표적인 소시지 요리인 블랙푸딩(영국식 순대요리) 등으로 구성된다. 물론 차와 함께…. 하지만 영국인이 아침에 즐겨 마시는 영국식 홍차(tea)만을 '잉글리시 브랙퍼스트'라고 부르기도 한다.

영국인들은 10살 이후에는 대부분 차를 마시기 시작한다고 한다. 아침에 일어나서 혼미한 정신을 맑게 하는 차로 우유나 설탕을 넣어 마신다. 아침을 깨워주고 빈속을 든든하게 채워주는 차다. 발효차 특유의 따뜻한 성질로 인하여 장운동이 활발해지고 몸에 체온을 유지해 주면서 면역력도 강화된다.

21세기, 중국보다도 차를 가장 사랑하는 국민은 영국 국민이다. 차 한 잔으로 하루를 시작해야 영국인이다. 팝의 전설, 스팅(Sting)이 부르는 유명한 팝송의 첫 구절은 커피를 마시지 않고 차를 마시는 뉴욕의 영국인을 노래한다. 아침에 마시는 홍차는 영국인의 자존심이며 정체성이다.

I don't drink coffee I take tea my dear
난 커피 안 마시고 차를 마셔요.
I like my toast done on one side
난 토스트도 한 쪽 면만 구워요.
And you can hear it in my accent when I talk
그리고 난 영국 액센트로 말하죠.
I'm an Englishman in New York
난 뉴욕에 사는 잉글랜드 사람이에요.
– Sting, 〈Englishman In New York〉 중

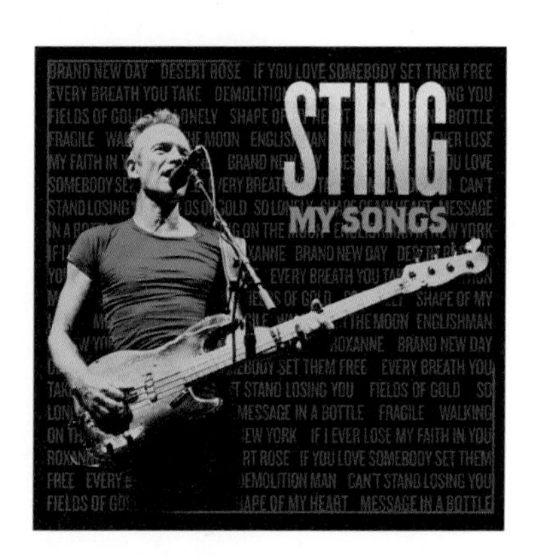


잉글리시 브랙퍼스트 티는 일반적으로 가향을 하지 않으며 맛과 향이 다소 진한 것이 특징이다. 그만큼 차 자체에 힘이 있기 때문에 기름진 음식과 함께 마시기 좋은 차다. 차가 기름진 음식에 지지 않는다고나 할까? 칼로리 높은 고기, 달콤한 디저트 등 고열량 식사에 잉글리시 브랙퍼스트를 페어링하면 좋다.

잉글리시 브랙퍼스트 티는 주로 인도의 아쌈 홍차에 실론티나 케냐티를 블렌딩한다. 트와이닝스, 포

트넘 앤 메이슨, 테일러스 오브 헤러게이트, 딜마, 립톤 등 대부분의 홍차 제조사에서 잉글리시 브렉퍼스트티를 제조, 판매한다. 블렌딩의 비율이 조금씩 다르기는 하지만 대동소이하다. 대부분 몰트향이 가득한 아쌈 지역 홍차를 중심으로 한다. 아쌈(Assam)은 1823년 영국 군인 로버스트 브루스 소령에 의해 차나무가 발견되면서 대규모 다원이 조성된 인도 동북의 열대우림지역이다. 상쾌한 맛과 짙고 밝은 수색으로 유명하다. 아쌈을 베이스로 하는 브랙퍼스트 티는 따뜻한 밀크를 부어 마시는 것도 좋다.

– 〈티마스터 조영운〉

02

## 불야후(不夜侯), 파수자(破睡子), 차의 시작은 '깨어있음'이다

차는 5,000년의 역사를 가지고 있는 기호음료다. 도대체 인류가 차를 마시기 시작한 것은 언제부터일까? 차의 성인으로 불리는 육우의 《다경》 기록에 의하면 중국 고대 삼황오제 가운데 한 분으로 불의 신이며 농사의 신인 염제신농씨(炎帝神農氏)[06]가 그 시작이다. 신농은 지상의 모든 식물들을 직접 입으로 맛보고 분류하는 일을 했다고 전하는데, 독초로 인한 중독을 찻잎으로 해독하였다고 한다. 신농의 배는 투명했기에 음식물이 인체에 어떻게 작용하는지 관찰하기에 무척 편리했다. 여기서 보면 차의 시작은 약용, 특히 해독제의 성격으로 출발하였다고 할 수 있을 것이다. 신농황제는 BC 2700년경에 벌써 차의 카테킨 해독작용과 카페인 진정작용 효능을 알고 이를 잘 이용한 것이다.

〈따비(쟁기)를 이용해 농사일을 하는 신농씨

한(漢)나라 때 저술되었다고 알려져 있으며, 중국 최초의 의학서라고 인정받는 《신농본초(神農本草)》[07]에는 무려 365 종류의 약물(藥物)에 대한 기록이 있는데, 그중에서 차에 대해 다음과 같이 기록하고 있다.

---

06 한국에서는 고구려 시대 이후로 농신(農神)으로서의 염제 신농씨에 대한 제사를 지냈음이 기록되어 있으며, 조선 시대에는 선농단을 세워 매년 임금이 직접 밭을 간 후 제사를 지냈다. 바로 '선농대제(先農大祭)'다. 서울 안암동 로터리에서 종암초등학교 올라가는 다소 언덕진 곳에 위치해 있다. 《삼국사기》를 보면 신라에서는 입춘 뒤 선농제를, 입하 후 중농제를, 입추 후 후농제를 지냈다고 한다. 중국은 물론 한국, 일본, 베트남, 대만 등에서 지금도 신농의 은덕을 기리며 제향하고 있다.

07 본초(本草)란 허브(herb)란 말로 한의학에서 사용되는 약재를 가리키는 말이다. 약재에는 인삼 등의 식물성 약재와 녹용 등의 동물성 약재, 주사 등의 광물성 약재가 있지만, 대부분은 식물성 약재이고 그중에서 뿌리와 뿌리줄기가 가장 많이 쓰이므로 '본초(本草, 뿌리와 풀)'라 불리게 되었다. 신농본초경(神農本草經)이 최초의 본초학 서적으로 알려져 있다.

"차 맛은 쓰나, 그것을 마시면 사람으로 하여금 유익한 생각을 하게 하고, 적게 누우며, 몸을 가볍게 함은 물론 눈을 밝게 한다."

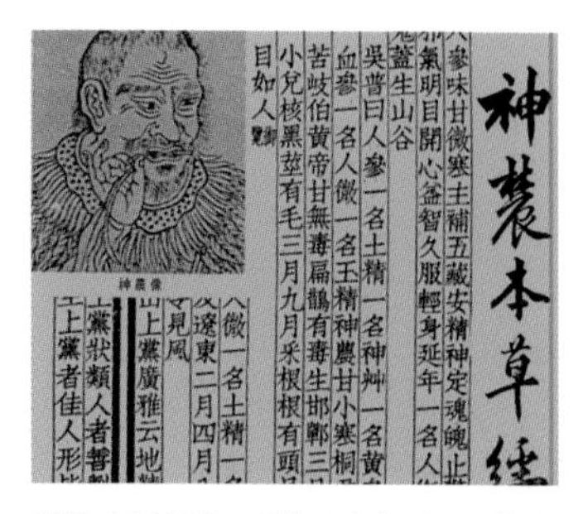
神農本草經
參味甘微寒主補五藏安精神定魂魄止
氣明目開心益智久服輕身延年一名人
蓋生山谷
吳普曰人參一名土精一名神草一名黃
血參一名人微一名玉精神農甘小寒桐
苦岐伯黃帝甘無毒扁鵲有毒生邯鄲三
小兒核黑莖有毛三月九月采根根有頭
目如人
神農像
微一名土精一
遼東二月四月
見風
上黨廣雅云地
黨狀類人者智
上黨者佳人形

《신농본초》의 고채(苦菜)가 바로 차(茶)

또한 《신농식경(神農食經)》에는 "차를 오래 복용하면, 사람으로 하여금 힘이 생기게 하고 뜻을 즐겁게 한다."라고 기록돼 있다. 당조 고종 이세민이 이적에게 명령하여 지은 책, 《당본초(唐本草)》에도 차에 대한 항목이 있다.

"명(茗)은 쓴 차이다. 명(茗)의 맛은 달고 쓰며, 추위를 덜며, 독이 없고, 부스럼이나 종기 등에 주효하며, 소변에 이롭다. 그리고 가래를 삭혀주고〔去痰〕 갈증을 해소하며, 사람으로 하여금 잠을 적게 하여 준다."

조선후기의 명의 허준은 그의 저서 《동의보감》에서 차를 이렇게 기록하였다.

"차는 성질은 약간 차며 맛은 달고 쓰며 독이 없다. 기를 내리고 오랜 식체를 삭이며 머리와 눈을 맑게 하고 오줌을 잘 나가게 한다. 소갈증을 낫게 하고 잠을 덜 자게 한다."

당(唐)의 유정량(劉貞亮: ?~813)은 품다(品茶)의 명인이었다고 하는데 차에는 열 가지의 덕(德)이 있다고 했다.

- 차는 우울함을 흩어지게 하고(以茶散鬱氣 이차산울기)
- 차는 졸음을 몰아내고(以茶驅睡氣 이차구수기)
- 차는 생기를 기르고(以茶養生氣 이차양생기)

- 차는 병의 기운을 제거하고(以茶除病氣 이차제병기)
- 차는 예의와 인을 이롭게 하고(以茶利禮仁 이차이예인)
- 차는 경의를 표하게 하고(利茶表敬義 이차표경의)
- 차는 맛을 음미하게 하고(利茶嘗滋味 이차상자미)
- 차는 신체를 기르고(利茶養身體 이차양신체)
- 차는 가히 도를 행하게 하고(以茶可行道 이차가행도)
- 차는 가히 뜻을 우아하게 한다(以茶可雅志 이차가아지)

차를 사랑했던 모든 이, 혹은 차를 약초로 이용했던 이들이 공통적으로 잠을 적게 하는 차의 효능을 이야기한다. 잠, 수마(睡魔)를 이겨낸 기록은 차의 전설에서 수없이 많다. 우리에게 익숙한 달마대사[08]에서 차가 시작되었다는 설은 가장 인상적이어서 언제나 차의 효능을 설명할 때 인용된다.

향지국의 왕자 달마는 9년의 면벽 수련 끝에 도를 이루고 선종(禪宗)의 시조가 된다. 어두운 굴속에서 수행하다 졸음, 수마를 이기지 못해 천근만근의 눈꺼풀을 잘라 마당에 던졌다고 한다. 눈꺼풀이 떨어진 그 자리에서 나무가 자라기 시작했는데 그 잎이 눈꺼풀을 닮았더란다. 바로 차나무다. 수행자들이 그 잎을 따서 먹었더니 졸음을 이길 수 있었다. 그래서 차나무 잎은 지금도 사람의 눈꺼풀 모양을 하고 있고, 다려서 마시면 수행을 할 때 정신을 맑게 해주며 졸음을 쫓아준다는 것이다.

달마대사

우리가 달마도를 가정의 벽에 많이 걸어두는 이유는, 바로 세상이 모두 잠든 밤에도 눈을 감지 않는 달마의 법력을 빌어 외부에서 침입하는 잡귀나 도둑을 쫓아내고자 하는 염원을 담는 것이라고 말할 수

**08** 보리달마(菩提達磨: ?~528) : 중국 선종의 개조(開祖), 남인도 향지국의 왕자로 6세기 초 서역에서 당나라 하북성으로 건너와 낙양을 중심으로 활동하였으며, 소림사에서 9년간 면벽참선한 것으로 유명하다.

있다. 눈꺼풀이 없어 깊은 밤에도 눈을 감지 못하고 부릅뜬 채 밤을 지새는 달마도가 바로 차의 소면(少眠: 잠을 적게 한다), 소와(少臥: 적게 눕는다. 피로하지 않게 해 준다) 효능을 잘 보여주고 있는 셈이다.

차의 성인, 육우가 살았던 시기는 성당(盛唐) 후반부로 수(隋)대의 남북 운하 개통 등을 통해 중국 대륙의 남북 간에 실질적인 교통이 이루어지던 시기였다. 이에 따라 풍속이 교류되고 차를 마시는 문화가 일반화되었던 것이다. 《봉씨문견기》[09]에는 다음과 같은 내용이 나와 있다.

"남쪽 사람들은 차 마시는 것을 좋아하였으나 북쪽 사람들은 처음에 많이 마시지 않았다. 개원(開元) 연간(713~741년)에 태산(泰山)의 영암사(靈巖寺)에 항마사(降魔師)라고 하는 선승이 있었는데, 좌선을 할 때는 잠이 오지 않도록 저녁식사를 하지 못하게 하였다. 그러나 차를 마시는 것만은 허락하였다. 거기에서 발전하여 일반 사람들도 사람들은 몸소 품속에 끼고는 가는 곳마다 달여서 마셨으며 이것이 확산하여 하나의 풍습이 되었다. 그리하여 [음다풍속]은 산동성에서 하북성 방면으로 전파하여 장안에까지도 도달하였다. 많은 도시에 찻집이 생겨 차를 달여 팔게 되었다. 도인과 속인을 불문하고 돈을 내고 차를 마셨다. 그 차는 장강·회수 방면으로부터 대운하를 [통해] 배로 또는 수레로 북쪽으로 운반하여 짐을 푸는 곳마다 차가 산처럼 쌓였다. 차의 종류도 양도 엄청났다. 〈…중략…〉 차는 예전부터 마시기는 했지만 오늘날의 사람들처럼 차에 빠질 정도로 마셔대지는 않았으니, 연일 밤낮으로 마셔대어서 급기야 '차 마시기(飮茶)'는 풍속으로까지 되게 되었다."

차가 당대에 유행하게 된 경위를 잘 설명하고 있다. 항마사라는 선승이 좌선을 할 때 졸음이 쏟아지는 것을 막기 위해 저녁 대신 차를 마시게 했다는 말이다. 이로부터 천년이 지난 조선조 이덕리(1725~1797)의 《동다기》에도 차의 소면 효용에 대한 언급이

---

**09** 봉연(封演)은 당조 덕종(779~805) 때 사람

보인다.

“차는 능히 사람의 잠을 적게 한다. 혹 밤새도록 눈을 붙일 수 없게 한다. 책 읽는 사람이나 부지런히 길쌈하는 사람이 차를 마시면 한 가지 도움이 될 만하다. 참선하는 자 또한 이것이 적어서는 안 된다.[10]”

옛사람들이 즐겨 부르던 차의 별명 중에는 ‘불야후(不夜侯)’란 말이 있다. ‘잠을 자지 않는 제후’란 뜻이다. 송나라 사람 호교(胡嶠)가 쓴 〈음다(飮茶)〉란 시에서 나온 말이다.

“촉촉이 젖은 어린싹 옛 성은 여감씨(餘甘氏)요, 잠을 깨우니 마땅히 불야후로 봉해야 하리.[11]”

불야후

여감씨라 한 것은 차를 마신 후 남는 단맛을 말한다. 옛사람은 차의 단맛을 감후(甘侯, 단맛의 제후)라고도 했다. 씨(氏)나 후(侯)나 모두 존경의 뜻으로 호칭 뒤에 붙이는 말임을 알 수 있다. 불야후(不夜侯)란 차를 마시고 밤에 잠이 오지 않음을 두고 붙인 이름이다. 차가 정신을 맑게 하여 잠을 줄인다는 것을 확인해 준다.

또 차에는 파수자(破睡子)란 별명도 있다. 깨트릴 파(破)에 잠잘 수(睡) 자다. 존칭 자(子)를 썼으니, 공자님, 맹자님처럼 ‘잠을 깨워주는 스승’이란 뜻이다.

---

**10** 茶能使人少睡. 或終夜不得交睫. 讀書者, 勤於紡績者, 飮之可爲一助. 禪定者亦不可少是.

**11** “沾芽舊姓餘甘氏, 破睡當封不夜侯”

모두 밤새워 공부하고 정진하려는 선비와 승려들의 마음으로 지어낸 차의 존칭이다.

차의 본질은 잠들지 않고 깨어있음이다.

"Semper vigilate!"

쌤빼르 비지라떼 (너희는 항상깨어있으라)

-「마가복음」 13장 35절(우리말성경)

깨어있기 위해 눈꺼풀을 잘라낸 달마

• TEA TIME •

## 그린티 Green tea

### 녹차의 황후, 서호용정(西湖龍井 xihulongjing)

세계 차 무역량의 80% 이상이 홍차다. 유럽이나 미국 사람에게 tea는 홍차를 의미한다. 특별히 녹차를 짚어서 이야기하려면 Green tea라고 해야 한다. 하지만 최근에는 유럽에서 녹차의 인기가 높아지고 있다고 한다. 유로모니터 통계에 의하면 유럽에서 가장 인기가 많은 차는 2019년 기준으로 홍차(28억 달러), 허브티(26억 달러), 녹차(6억 달러) 순인데, 홍차의 인기가 하락세인 반면 허브티와 녹차 시장은 꾸준한 성장을 이어가고 있다는 것이다. 영국의 녹차 시장은 2014~2019년 사이 56%가량 성장했고, 2024년까지 매년 약 8%의 성장률을 보일 것으로 전망되고 있다.

증가하는 녹차의 인기는 건강·웰빙 트렌드와 연관이 있다고 본다. 유럽 소비자들이 전통적으로 마셔오던 카페인 함량이 높은 커피와 홍차를 대체할 수 있는 음료를 찾기 시작했는데, 자연적이고 건강한 이미지를 가진 녹차가 그 자리를 차지하게 되었다는 분석이다. 한국도 녹차 수출로 약 117만 달러(한화 약 13억 원)의 녹차를 유럽에 수출해, 유럽의 14번째 차 수입 상대국이 되었다.

중국 녹차의 대표는 누가 뭐래도 서호용정이다. 1959년, 중국에서 선정한 10대 명차 중 첫 번째로 꼽히며 '녹차의 황후'로 통한다. 절강성 항주시 서호(西湖) 주변차로, 사봉산·매가오·옹가산·운서·영은 등에서 생산된다. 1300년 이상의 역사를 가지고 있으며 황금아(黃金芽, 황금싹), 또는 무쌍품(無雙品,

녹차밭

서호용정차 찻잎

둘도 없는 상품)의 별명으로 통하기도 한다.

서호용정은 4절(絶)로 특징 지어지는데 짙은 향, 부드러운 맛, 비취 같은 녹색 그리고 아름다운 잎의 네 가지다. 청(淸)의 강희제(청왕조의 4대 황제: 1661~1722)는 항주에 행궁을 세우고 용정차를 공차(貢茶)로 만들었고, 건륭제(청왕조의 6대 황제: 1735~1796)는 사봉산 아래에서 용정차를 마신 후 그 맛에 반해 절 앞 차나무 18그루를 어차(御茶)로 지정했으며, 지금까지 어다원(御茶園)으로 보존되고 있기도 하다.

납작납작 눌린 찻잎이 푸르기보다는 약간 황색을 띤다. 덖음 과정에서 높은 온도의 솥에 눌었다고 할까? 그래서 서호용정은 녹차의 신선함과 함께 한국인이 선호하는 구수함이 두드러진다. 덖음 과정에서 약하게 타는 효과, 마이야르 반응[12]의 효과를 극대화한 결과다. 명전[13]용정을 마시고 난 뒤의 청량감은 형언하기 어려울 정도로 상쾌하고 싱그럽다.

– 〈티마스터 이계자〉

**12** 아미노 카보닐 반응이라고도 하며 아미노기와 카보닐기가 합쳐져 특유의 색과 향(좋은 풍미)을 생성하는 반응이다.

**13** 청명(4월 5일) 이전에 수확한 차

# 03

## 차는 설레임, 레리시르 다모르(L'elisir d'amore)

"저랑 차 한 잔 하실래요?"

적어도 밀레니엄 이전 청춘기를 보낸 사람들이라면 너무도 익숙하고 간절했던 이 한마디, 바로 마음이 가는 이성에게 건네는 데이트 메시지였다. 예를 들어, "저와 밥 한 끼 하실래요?" 하면 초면에 뭔가 밥을 함께 먹을 사람이 없어 부탁하는 것으로 들릴 뿐 아니라, 말 속에 설렘의 포인트 또한 없다.

찬 한잔을 앞에 놓고, 혹은 손에 쥐고 진땀을 흘리며 어떤 이야기로 대화를 이끌어야할지 고민하며 분위기를 띄우기 위해 노력했던 시절이 있었다. 이때 탁자에 놓인 한 잔의 차(커피)가 큰 위안이 되었음은 두말할 나위가 없다. 찻잔 속의 카페인이 더욱 젊은 가슴을 설레게 하고 분위기를 고조시켜 그녀의 마음을 녹이는 데 기여했기 때문이다. "남자는 차 한 잔으로 여자를 사냥하려고 하지만, 여자는 차 한 잔으로 남자를 채집한다."라는 말처럼, 차 한 잔을 사이에 두고 남자는 설렘을 통해 어떻게 해야 이 여자를 녹여내어 내 울타리 안으로 끌어들일지 고민한다. 반면 여자는 이 남자의 좋은 점, 나쁜 점, 나와 통하는 점, 다른 점 등을 천천히 감별하는 것이다. 알고 보면 찻잔 속의 카페인은 남녀 사이 관계 형성을 돕는 합법적인 향정신성 약물이다.

《사랑의 묘약》(이탈리아어: L'elisir d'amore)은 이탈리아의 도니제티가 1832년에 작곡한 2막짜리 오페라다. 2막에서 시골청년 네모리노가 부르는 아리아 〈남몰래 흘리는 눈물(Una furtiva lagrima)〉가 특히 유명하다. 네모리노는 자신의 사랑을 이루기 위해 떠돌이 약장수 둘카마라에게서 사랑의 묘약을 구입한다. 묘약의 정체는 싸구려 포도주였

도니제티 오페라 사랑의 묘약 〈레리시르 다모르 L'elisir d'amore〉

지만, 네모리노는 그에게 구입한 묘약의 효과를 믿게 되고 행복한 결말을 맞이하게 된다.

괴테가 자주 드나들던 베니스의 플로리안 카페

알고 보면 행복한 결말은 알코올의 힘에서 온 것이 아니라 '진실한 사랑의 힘'이었던 것이다. 묘약을 마시면 사랑을 얻게 된다고 믿는 네모리노의 순진함은 낭만적이다. 어리석다고 생각하면서도 사랑을 이루어주는 묘약의 존재를 믿고 싶은 것이 인간이기에 네모리노의 순진함에 우리는 인간미를 느끼게 되고, 더 나아가 행복한 결말을 기대한다. 사랑은 인류의 영원한 주제이고, 낭만이다. 이탈리아 오페라에선 싸구려 포도주였지만, 우리에게는 테이블에 위에 놓인 차 한 잔이 우리를 사랑으로 이끌어주는 묘약이 아니었을까? 카페인으로 가벼운 설렘을 동반하고, 낭만적 분위기를 만들어 서로의 호감을 확인시켜 주는….

테아 사피엔스는 언제, 어떻게 처음 카페인을 마시게 되었을까? 인류는 선사시대부터 카페인을 음용했을 것이지만 1820년, 〈젊은 베르테르의 슬픔〉의 작가 요한 볼프강 폰 괴테(Johann Wolfgang von Goethe)가 페르디난트 룽게(Friedrich Ferdinand Runge)라는 화학자에게 던진 질문은 카페인의 정체를 밝히는 단서가 된다. 당시 지식인과 예술가를 중심으로 커피가 크게 유행하자 괴테가 잠이 오지 않고, 가벼운 흥분을 일으키는 이 물질의 정체를 알려달라고 친구 룽게에게 문의했다는 것이다. 괴테도 단골 커피하우스가 있었고, 하루에 20~30잔까지 마셨다는 기록을 보면 카페인 중독(?)이었던 모양이다.

괴테의 문의를 받은 룽게는 커피나무의 열매에서 쓴맛이 나는 하얀색 분말을 분리한다. 카페인(Kaffein, 영어 Caffeine)의 발견이다. 명칭은 단순히 '커피'의 'Coffe'에 알칼로이드(amine) 물질을 뜻하는 'ine'가 붙은 것. 커피 안의 카페인은 중추신경계를 자극해 졸음을 쫓고, 뇌를 각성시키는 효능을 가지고 있다. 일종의 중추신경 자극제다. 이것이 바로 카페인을 '사랑의 묘약'이라고도 부르는 이유라고 하겠다. 남녀 간에 놓인 커피 한 잔, 차 한 잔이 가슴을 설레게 만들어 사랑의 결실을 이끌어 낼 수 있으니 '사랑의 묘약'이 아니고 무엇일까. 이것이 바로 카페인의 긍정적 효과라고 할 수 있다.

카페인은 식물이 만들어내는 알칼로이드 계열의 염기성 물질로 곤충이나 유해 미생물로부터 자신을 보호하고 근처의 다른 종자의 발아를 방지하는 역할을 한다고 알려져 있다. 니코틴, 필로폰과 같은 알칼로이드계의 독성 물질들이다. 카페인을 함유한 커피나무가 병충해에 강하며 잘 자라고 주변에 잡초가 잘 생기지 않는 이유이기도 하다.

카페인은 세계에서 가장 널리 사용되는 향정신성 약물(psychoactive drug)이다. 영어로 싸이코액티브 드러그, '싸이코를 활성화시키는 약'이다. 다른 많은 향정신성 물질과는 달리, 거의 모든 나라에서 합법적이며 규제가 없지만, 일일 권고량은 있다. 우리나라의 경우 일일섭취 최대 권고량은 400㎎(성인기준), 임산부는 하루 200㎎이다. 하지만 개에게 카페인을 주었을 경우 구토, 심계항진증 등을 일으킬 수 있으며, 죽음에 이르게 할 수도 있다고 한다. 인간이 치사에 이르는 카페

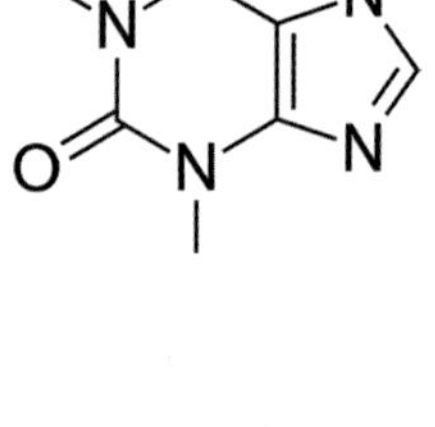

인의 섭취량은 약 10g이다. 이는 대략 커피 100~130잔에 해당하는 양이다.

그런데 차에도 이 카페인 존재한다는 사실이 오드리(Oudry)에 의해 1827년 밝혀졌다. 발견 초기에는 커피와 차에서 발견된 물질의 이름이 달랐으나 1838년 동일 성분으로 판명되었다. 이들은 화학구조가 완전히 일치하는 똑같은 화학물질인 것이다. 하지만 차를 우려낼 때 카페인은 커피의 경우에 비해 약 60% 정도밖에 우러나지 않기 때문에 실제 섭취량은 커피의 절반에 불과하다고 본다. 또 녹차보다는 홍차에 카페인이 더 많은 것으로 나타난다. 한 연구에 따르면 홍차의 경우 한 컵당(237㎖, 이하 기준 동일)당 47㎎의 카페인이 들어있으며, 이는 최대 90㎎까지 높아질 수 있다고 한다. 녹차는 한 컵당 20~45㎎, 백차는 6~60㎎이 들어있다.

말차 역시 카페인 함량이 높다. 가루 형태의 말차는 1g당 35㎎의 카페인이 들어있다. 그래서 통상 빈속에 마시지 않는다. 녹차의 경우 여러 번 덖은 덖음차(釜炒茶: 부초차)가 증제차(蒸製茶: 증기로 찐 차)보다 카페인 함량이 조금 더 높고, 이른 봄 일찍 딴 차가 일조시간이 짧아 함량이 높다. 차광재배, 즉 해가림으로 재배한 고급 말차일수록 함량은 좀 더 높다. 보이차는 후발효로 시간이 흐를수록 카페인의 양이 줄어든다고 알려져 있다. 20년 정도 묵힌 노차(老茶)의 경우에는 카페인의 양이 현저하게 줄어들거나 아예 검출되지 않는다고 한다.

카페인은 기본적으로 쓴맛이다. 차 안의 카페인은 물의 온도와 시간에 따라 추출된 함량이 크게 달라지는데, 홍차의 경우 90~95℃로 가열한 물에 1분간 티백을 담그면 40㎎의 카페인이 나온다. 그리고 3분 후에는 59㎎으로 증가한다. 동일한 조건에서 녹차 티백을 1분간 담가두면 16㎎, 3분 이후엔 36㎎으로 두 배 이상 증가한다. 같은 조건 하에서는 홍차가 녹차보다 카페인 함량이 많다.

녹차는 홍차보다 더 짧은 시간에 우린다. 카페인이 적게 추출되면 쓴맛이 덜하고

상대적으로 단맛과 감칠맛이 더 좋게 느껴진다. 우리가 녹차를 우릴 때 홍차보다 추출 온도를 낮추거나 개완(뚜껑이 있는 찻잔)을 사용해 짧은 시간에 반복적으로 차를 우리는 이유가 바로 여기에 있다. 카페인의 각성작용 때문에 차를 찾아 마시면서, 카페인을 최대한 적게 마시려는 테아 사피엔스의 노력은 또 하나의 아이러니다.

커피와 차는 모두 카페인을 함유하지만, 커피의 카페인은 체내에 흡수되자마자 빨리 치솟고 금방 사라진다. 반면 차는 체내 카페인 흡수치가 치솟지 않고 완만한 포물선 형태로 시간이 오래 지속되는 특징이 있다.

그 이유는 2가지로 정리된다.

첫 번째는 테아닌 성분 때문이다. 차에는 카페인도 들어있지만, 테아닌 성분이 많이 들어있어 길항작용[14]이란 것이 일어난다. 즉, 각성효과를 나타내는 가페인과 진정효과를 나타내는 테아닌이 서로 상충하면서 길항작용을 하기 때문에 커피보다 카페인 부작용이 덜하게 되는 것이다.

두 번째는 탄닌 성분이다. 차에는 탄닌 성분이 많이 들어있다. 그리고 탄닌은 수렴성을 일으키는 물질로 수렴성이 변성효과를 나타나게 한다. 특히 탄닌의 수렴성은 알칼로이드 성분과 쉽게 결합하는 특성을 갖는다. 이 알칼로이드의 대표적 성분이 바로 카페인이다. 즉, 탄닌의 수렴성이 카페인의 체내 흡수를 방해하는 것이다.

---

**14** 길항작용(拮抗作用, antagonism)은 생물체 내의 현상에서 두 개의 요인이 동시에 작용할 때 서로 그 효과를 상쇄하는 것이다. 이렇게 함으로써 몸의 항상성을 유지한다. 생물체 내의 상쇄작용이다.

• TEA TIME •

## 테아 사피엔스의 원초적 갈망을 저격하는… 웨딩 임페리얼(wedding imperial)

차에 대한 모든 것이 낯설던 시절, 웨딩임페리얼(wedding imperial)을 처음 만난 기억은 아직도 생생하다. 살짝은 충격적이었고 많이 놀라웠으며, 조금은 황홀했었던 기억. 그 당시 한참 피곤하고 예민한 시간대였다는 것을 고려해 보면 본능적으로 달달한 향에 끌렸던 것이 아닌가 하는 생각이 들기도 한다. 그럴 만도 한 것이 즉각적인 집중력이나 에너지를 내는 데에는 단(甘) 음식만 한 게 없기 때문이다. 먼 옛날 호모 사피엔스가 천적을 피해 도망 다니던 시절, 가장 중요한 것은 순발력과 스피드, 언제나 깨어 있는 상태였다. 그것에 집중한 결과 호모 사피엔스는 수많은 호모들을 제치고 지금의 인간으로 진화할 수 있었다. 단맛은 인류의 원초적 갈망인 셈이다.

과거에는 생존본능으로 인해 단 것을 찾았지만, 지금 우리는 가벼운 기분전환을 위해 단 것을 찾는다.

대체로 남성에 비해 여성들이 단 음식을 더 선호하는데, 그 이유가 흥미롭다. 우리의 뇌는 에너지원으로 포도당을 사용하기에 뇌에서 필요로 하는 에너지를 채우기 위해서는 당이 필수적으로 필요하다는 것이다. 남성의 경우 여성에 비해 육체적 활동이 많고 스트레스가 적어 뇌에서 많은 에너지를 필요로 하지 않는 편이다. 그러나 여성의 경우 비교적 육체적 활동이 적고 생각과 스트레스가 많아 뇌에서 많은 에너지원을 필요로 한다는 사실.

남녀를 떠나 우리는 머리를 많이 쓰는 일이 생기면 은근히 당을 찾게 된다. 머리 아픈 일을 오래 붙들고 있을 때 "당이 떨어졌다."라고 이야기하는 것은 나름 과학적 근거를 지닌 말인 것이다. 또, 당분을 섭취하면 세로토닌이 분비되어 기분을 좋게 만들어 주기도 한다. 기분이 좋지 않을 때 단것을 먹으면 기분이 나아진다는 이야기도 제법 근거가 없지 않다.

마리아쥬 프레르 웨딩임페리얼

달달한 디저트는 당기지만 칼로리가 걱정될 때, 난 늘 마리아쥬 프레르(Mariage Freres)의 웨딩임페리얼(wedding imperial)을 떠올린다. 다크 초콜릿과 캐러멜, 발효된 버터, 그리고 바닐라향이 균형감 있게 어우러져 웨딩임페리얼은 잘 만들어진 초콜릿 디저트를 앞에 두고 있는 듯한 느낌을 준다.

다크 초콜릿색의 찻잎에 중간중간 노란빛이 감도는 색상은 고급스러운 향에 비해 너무 단촐한 색 조합이 아닌가 하는 느낌이 들기는 한다. 진한 호박색의 탕색을 음미해 보면 캐러멜과 초콜릿 향이 코에 감돌고 뒤이어 부드러운 버터의 맛으로 넘어간다. 입이 느끼해질 때쯤이면 우디한 아쌈 홍차의 몰트향이 입속을 씻어내려 준다. 마시고 난 후에도 달큰하게 올라오는 초콜릿 향과 입안에 살짝 감도는 단맛이 충분한 여운을 즐길 수 있게 해준다.

부드러운 차를 즐기길 원한다면, 3g의 찻잎에 95℃, 300㎖의 물을 부어 2분간 우려내는 것을 추천한다. 개인적으로는 단 것이 생각나는 오후 시간, 가벼운 디저트처럼 즐겨보는 것을 추천한다. 색다르게 즐길 수 있는 건강한 간식이 될 것이다.

– 〈티마스터 손현아〉

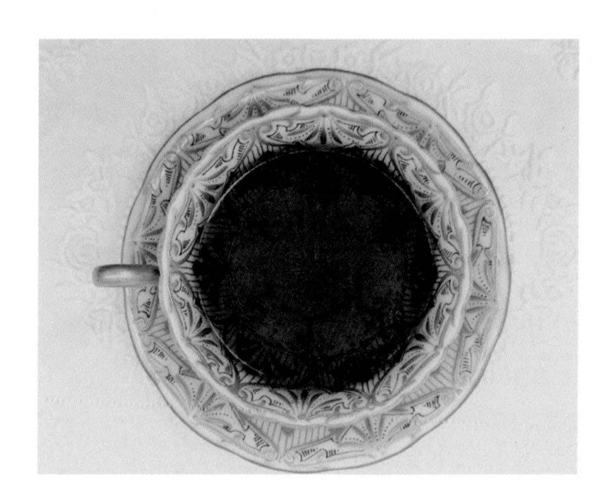

# '차의 길,<br>길 위의 차이야기'<br>테아 슈트라쎄<br>Tea straße

# 01

## 23.5°가 만든 길

23.5°는 태양의 적도에 대한 지구의 기울기 수치이다. 지구는 태양에 대해 정확히 수직으로 회전하지 않고 23.5°의 기울어진 상태로 공전한다. 그래서 태양은 늘 적도 위에 있지 않고 북회귀선과 남회귀선을 왔다 갔다 하는 것이다. 북위 23.45°, 중남미와 북아프리카, 인도 북부를 지나 중국 남부, 타이완을 지나는 북회귀선(Tropic of Cancer)는 태양이 머리 위 천정을 지나는 가장 북쪽 지점을 동서로 잇는 위도선이다. 매년 북반구의 여름 하지 때 태양이 머리 위를 지나기에 하지선이라고도 한다. 그 선을 영어로는 'Tropic + 게자리'로 부른다. 'Tropic'은 "회귀한다. 돌아온다."라는 뜻이다. 따라서 태양이 "게자리로 돌아온다."라는 말이다. 남회귀선의 'Capricorn'은 염

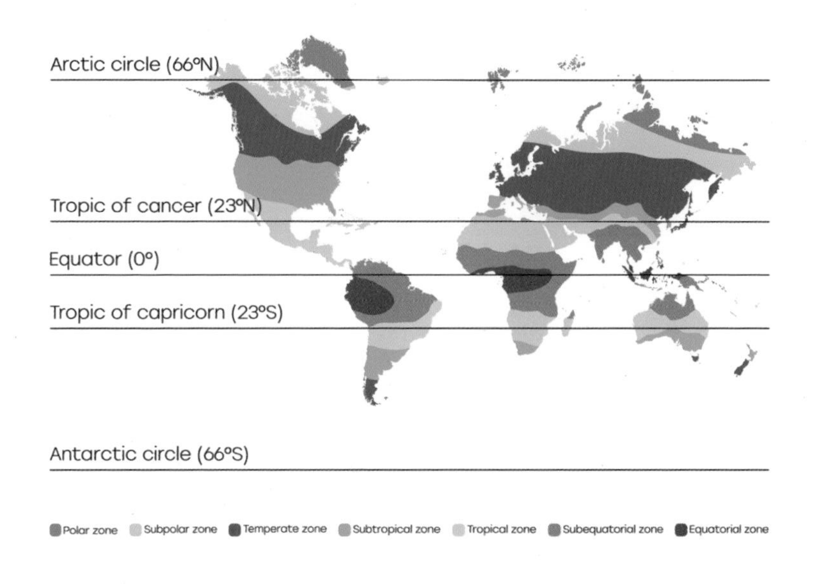

소자리다. 지리학적으로 열대 지방의 경계가 된다. 북회귀선에 걸치는 지역은 차나무 재배의 최적 환경으로, 인도 북부와 중국의 운남성, 광동성, 복건성, 타이완 등에 걸쳐 있으며, 지구상에서 가장 많은 차를 생산하는 곳이다.

정확한 통계인지는 알 수 없으나, 현 세계의 지구상 무역 물동량에서 1위는 석유, 2위는 커피라는 말이 있다. 석유나 커피는 모두 특정 지역, 바로 북회귀선과 남회귀선 사이에서 생산되며 먼 거리의 타지역에서 많은 소비가 이루어지는 물건들이다. 찻잎의 경우도 크게 다르지 않다. 테아 사피엔스의 음료, 테아(차)는 아열대 식물로, 특정 지역에서만 성장할 수 있는 특성 때문에 생산지가 고정될 수밖에 없었다. 찻잎은 물류 이동이 원활하지 못했던 시절, 험난한 육로와 해로를 통해 어렵게 타지역으로 이동할 수밖에 없었다. 찻잎과 함께 사피엔스들이 만들어낸 음다문화는 육지와 바다의 길을 따라 전해졌다. 차가 전해진 곳에서는 새로운 문화의 충격과 경제적·군사적 충돌로 예기치 못했던 역사의 전환점을 만들기도 하였다.

차의 시작은 중국이었다. 특별히 중국의 남부지역이다. 차나무의 성장환경으로 가장 좋다는 북회귀선이 중국의 남부, 운남, 광서, 광동, 복건, 타이완을 지난다.

자연환경이 차나무의 성장에 적합한, 중국 남부에서 생산되던 찻잎은 목숨을 건 상인들에 의해 남북으로, 동서로, 가혹한 보행로 path와 뒤를 이은 바닷길을 통해 타지역으로 이동되었고, 의료·예술·정치·종교 등 새로운 문화의 기폭제가 되었다. 차는 한편으로 영혼을 치유하고, 건강을 증진하며, 진보적 사상을 이끌어내는 등 고품격의 문화를 일구는 데 기여했지만, 밀수·아편·전쟁·노예무역 등의 문제를 일으키는 부정적 역할을 수행하기도 하였다.

근대의 고고학자들은 동서양을 이어주던 희미한 고대의 교역로, 보행로를 '실크로드'라는 이름으로 불렀다. 물론 실크로드란 길 이름은 실제 역사 속에 존재했던 명칭은 아니다. 20세기 말 독일의 지리학자 리히트호펜이 처음으로 중앙아시아, 인도로 이어지는 교역로를 연구하던 중 주요 교역품이 비단이었던 것에서 착안하여 이 길을 '자이덴 슈트라쎄(Seiden Straße)'로 명명하면서, 영어로 실크로드(Silkroad), 즉 '비단길'로 번역되어 사용되었다.

'자이덴 슈트라쎄'란 말을 중국에서는 '사주지로(絲綢之路)'라고 번역하여 부르게 되었고, 처음엔 사막과 오아시스를 거쳐 히말라야를 넘고 유럽으로 향하는 육지의 교역로인 '오아시스 길'만을 지칭하는 것이었다. 양측 기점을 동양 쪽은 중국의 서안(장안), 서양 쪽은 동로마 제국의 콘스탄티노플로 표시하는 경우가 많았다. 하지만 이후 이 '비단길'이란 명칭은 역사를 통해서 더 다양한 교역품들을 전달하는 통로의 개념으로 확대되었고, 더 나아가 문화가 유통되는 통로로 이해되면서 그 동쪽 끝은 한반도의 경주(금성), 동해를 건너 일본까지 확장되었다. 이에 이후의 학자들은 비단길이 단순히 동서를 잇는 횡단축이 아니라 남북의 여러 통로를 포함해 동서남북으로 사통팔달한 하나의 거대한 교통망으로 개념을 확대하여 사용하게 되었다. 즉, 지금의 실크로

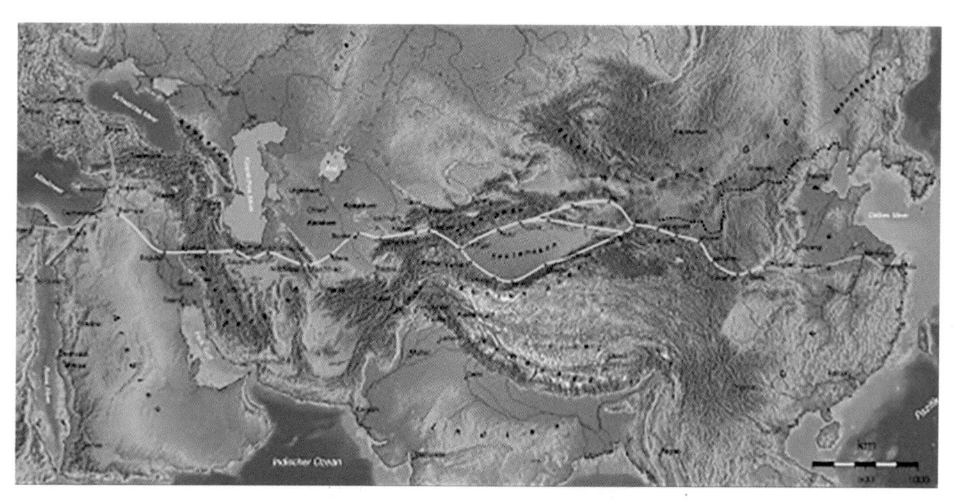

실크로드

드 개념은 3대 간선과 5대 지선을 비롯해 수만 갈래의 길로 구성된 범세계적인 그물 모양의 고대 교통로를 통칭하는 말이 되었다.

최근에는 여기서 더 나아가 중국 주도의 '일대일로 프로젝트'를 '신(新)실크로드 전략'이라고 부르며 미래의 추상적 길에까지 적용하기에 이르렀다. 중국이 주도적으로 고대 동서양의 교통로를 다시 구축해 중국과 주변국가의 경제·무역 합작 확대의 길을 열어가겠다는 정책적 프로젝트가 새로운 미래형 '실크로드'인 셈이다. 중국 입장에서는 고대무역 중심 국가로서의 위용을 되찾아 보겠다는 야심찬 계획이지만, 중국이 독주와 경제적 영향력 확대를 통해 '패권국'으로 가는 길이란 문제점이 드러나면서 주변 국가들의 강한 견제를 받고 있기도 하다.

기원전부터 중국의 당대까지 천년이 넘는 기간 동안, 소위 '실크로드'라는 무역로에서는 비단이 최고의 인기 교역물품이었다. 하지만 당·송대에 이르러서는 중국 남부의 차가 북쪽으로 전해져 음차문화가 흥성함에 따라, 주변 유목민족에게 차를 전파하게

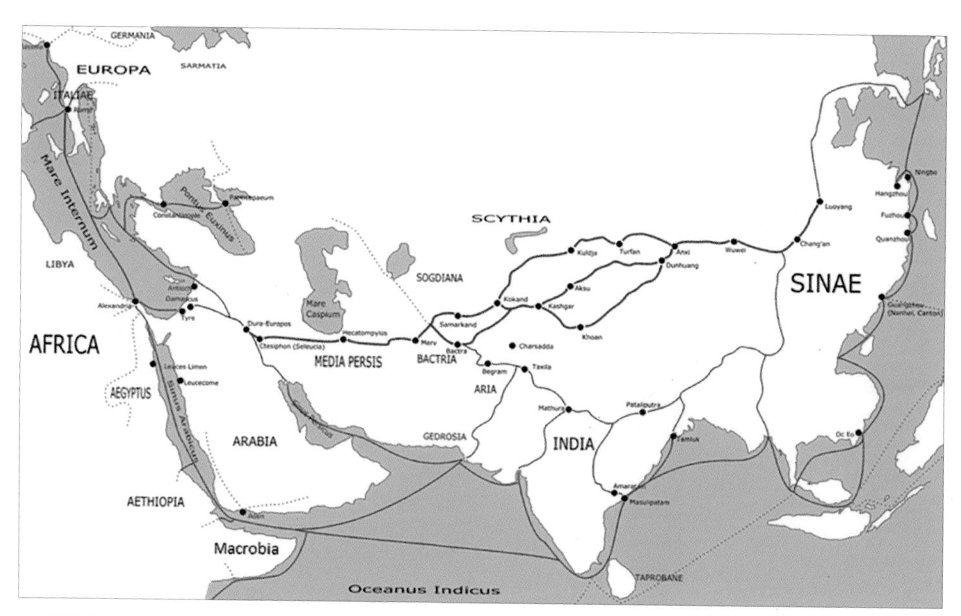

고대무역로

된다. 특히 수(隋)대에 북쪽의 황하와 남쪽의 양자강을 잇는 경운대운하(京杭大運河) 개통은 찻잎의 이동이 실크 무역의 뒤를 잇는 물류의 중심이 되는 토대를 마련하였다.

찻잎 수송이 중심이 되는 차문화의 전파는 당연히 고대의 육로를 이용한 이동이 먼저였지만, 수·당대에 시작되는 찻잎과 도자기 등 고품격의 차문화 교역은 중국 내륙의 물길과 바닷길을 이용하여 속도를 내게 되며, 주변 상인들에게 큰 부(富)를 안겨 주게 된다.

중국 명·청대에 동서양 문명의 본격적인 만남을 열었던 '대항해시대(Age of Discovery)'의 도래는 바닷길이 중국에서 유럽 사회로 가는 급격한 차문화의 전파를 가능할 수 있도록 했다. 찻잎과 차문화라는 최고의 교역품으로 주변 상인들에게 부를 안겨주었고, 지역경제, 더 나아가 전쟁과 혁명을 이끌어 국가경제를 좌지우지했던 그 육지와 바다의 찻길을 우리는 '테아 슈트라쎄(Tea straße)'라고 불러도 무방할 것이다.

차마고도를 걷다. 2020년 1월. 한남티마스터

•≡• TEA TIME •≡•

## 실크로드의 차, 복차(茯茶)

중국의 장안(현재의 시안: 西安)에서 로마를 이었다는 고대 무역로, 실크로드(Silk road)에서는 한나라와 흉노 사이에 견마무역(絹馬貿易)이란 형태로 말과 비단을 맞바꾸던 교역이 있었다. 또 실크로드보다 먼저 존재했지만, 비교적 늦게 이름 지어진 차마고도(茶馬古道)가 중국에 있다. 중국의 차와 서쪽 이민족의 말을 서로 바꾸던 교역로다. 하지만 이 길들이 말이나 차, 비단만을 위해 따로 존재하거나 전적으로 그 물건만을 실어 날랐던 것은 아니다. 주로 그런 품목들을 실어 날랐기에 후대 사람들이 붙인 이름이다. 이런 고대 무역로를 이용해 운반되었던 차를 우리는 흑차(黑茶: dark tea), 혹은 후발효차(後醱酵茶: postfermented tea)라고 한다. 운반이나 저장 과정에서 미생물에 의한 발효가 진행되기 때문에 붙여진 이름이다.

오랜 기간 동안 후발효차, 흑차의 대표는 운남성의 보이차(普洱茶)였다. 하지만 최근 중국에서는 운남성의 대엽종이 아닌 내륙의 소엽종이나 중엽종으로 만들어 유목민족에게 공급해왔던 흑차들이 다시 복원되고 대거 시장에 나와 인기를 끌고 있다. 잃어버렸던 옛 차를 다시 마신다는 의미도 있지만, 발효 과정에서 녹차보다 건강에 더 유익한 성분들이 생성되었다고 보기도 한다.

역사적으로 유목민족과 대외 무역이 왕성했던 도시나 차 생산량이 많았던 지역이 흑차 생산의 중심이다. 최근에는 지방 정부의 강력한 뒷받침도 큰 힘이 되는 듯하다. 블랙티란 단어를 이미 홍차가 사용하고 있다 보니 흑차는 영어로 다크티(dark tea)로 번역된다.

요즘 중국의 흑차들은 모두들 성인병에 좋다는 노란 금화, 혹은 관돌산낭균(冠突散囊菌, Eurotium cristatum)이란 곰팡이를 만든다. 예전에는 세월과 비바람이 만들었을 곰팡이지만 지금은 기술적으로 단기간에 만들어낸다. 금화가 핀 흑차들은 보이차에서 피는 매변과 달리 차탕이 맑고 투명하다. 물론 구감도 부드럽고 시원한 특징이 있다.

최근 흑차의 부흥과 새로운 유행을 선도하는 지역은 바로 13개 왕조가 1,100년 동안 수도로 삼았던 역사 도시, 섬서성 시안(西安)과 함양(咸陽)이다. 옛 실크로드의 출발점이기도 하다. 이 지역의 차에는 경위(涇渭), 혹은 진령(秦嶺)란 이름이 달려 있다. 무슨 뜻일까?

흑차(dark tea)

경위는 중국 섬서성의 경수와 위수를 말한다. 위수(渭水)와 경수(涇水)는 황하의 중요한 지류로 황하에서 만나 하나가 된다. 함양(咸陽)은 중국을

경위복차

관돌산낭균

최초로 통일한 진(秦)의 수도였던 곳이다. 차의 이름은 진령지전(秦嶺之巓), 진령의 정상이 3,767m다. 관중(關中)과 한중(漢中)을 가르는 진령산맥은 예로부터 험하기가 이를 데 없지만, 사천 지역으로 통하는 길목으로 천하를 손에 넣으려는 영웅호걸이 수만의 병사와 함께 넘어야만 했던 산이었다.

긴압 상태는 그다지 긴결(緊結)하지 않고, 작은 줄기가 많이 섞여 잘 부서진다. 자세히 들여다보면 겹겹이 노란 포자들이 가득하다. 관돌산낭균이다. 흑차류의 복전차나 장차(藏茶: 티베트 공급차)보다는 부드럽고 편안하다. 탕색은 등황으로 아직 흑차의 깊은 컬러가 나오지 않는다. 좀 더 세월이 쌓여야 할 듯하다. 역시 흑차는 '세월을 마시는 차'인가보다

– 〈티마스터 이국희〉

# 02

## 차와 말의 길

### (차마고도: 茶馬古道 Teahorse straße)

차(茶)와 말을 교역하던 중국의 높고 험준한 옛길을 '차마고도'라고 부른다. 물론 예전부터 실제 사용하던 길 이름은 아니다. 서양 학자에 의해 붙여진 무역로의 이름, '실크로드'란 명칭에 대한 중국학자의 자각? 아니 반동이라고 할까? 중국인에 의해 개척되고 주도되었던 고대 무역로의 이름이 서양인에 의해 먼저 만들어졌기에, 이번에는 중국의 학자들이 앞다투어 나섰던 것이다. 1980년대 후반에 이욱(李旭) 등의 중국학자들에 의해 운남, 사천, 티베트 일대 답사가 시작되었고, 이후 문헌 고증을 통해 실크로드에 버금가는 차와 말의 교역로가 존재했었다는 사실을 확인하면서, 2002년에 학술대회를 통해 '차마고도'란 이름이 공식 확정되었다. 실크로드보다 200여 년 앞서 존재했다는 인류 최고(最古)의 교역로에 공식적으로 '차마고도'란 이름을 붙인 것은 21세기의 일인 셈이다.

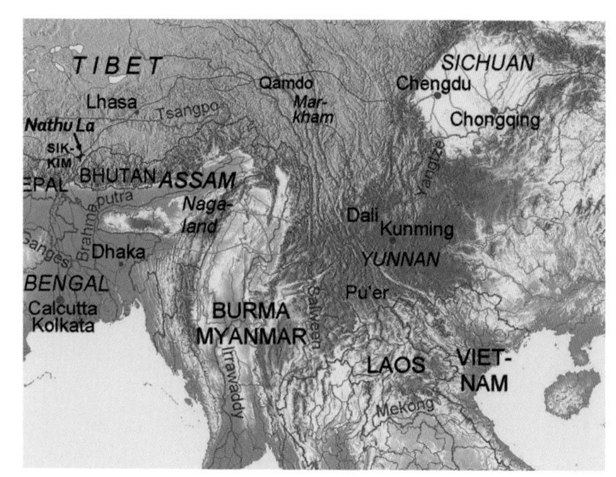

차마고도 루트

사실 한대 이전인 기원전 시기부터 이 길은 중국 서남부 운남성과 사천성을 연결하는 옛길이었다. 당·송 시대를 거치면서 이 길들이 중국에서 생산된 차와 티베트의 말 교역으로 번성하였으며 이후 네팔, 인도,

유럽까지 연결됐다. 이 길로 일천 년 전 티베트 불교가 티베트의 중심 도시인 라싸에서 운남과 사천 지역으로 전래되기도 했다.

길이가 약 5,000㎞에 이르며 평균 해발고도가 4,000m 이상인 높고 험준한 길이지만 눈에 덮인 5,000m 이상의 설산들과 금사강(金沙江), 란창강(瀾滄江), 노강(怒江)이 수천㎞의 아찔한 협곡을 이루어 세계에서 가장 아름다운 길로 꼽힌다. 세 강이 이루는 삼강병류 협곡(Three Parallel Rivers of Yunnan Protected Areas)은 2003년 유네스코에 의해 세계자연문화유산으로 등재되었다.

이 길을 따라 물건을 교역하던 상인 조직을 마방이라고 하는데, 수십 마리의 말과 말잡이로 이루어지며 교역물품은 차와 말 외에 소금, 약재, 금은, 버섯류 등 다양했다.

8세기 말, 당대 봉연(封演)의 저술인 《봉씨문견기(封氏聞見記)》에 의하면 중국 북쪽 사람들에게 차를 마시는 풍속이 일반화된 것은 성당(盛唐: 626~741)시기다. 또 만리장성 밖의 유목민족들에게 차가 전파된 것도 이 무렵일 것으로 추측된다. 그리고 차 마시는 것은 중국 본토로부터 멀리 떨어진 유목민족에게까지 전파되어 회홀(回鶻)이 입조(入朝)한 이래 많은 명마를 끌고 와서 그것으로 차를 사서 돌아가게 되었다는 이야기는 차마호시(茶馬互市)의 명확한 증거라고 할 수 있다.

그렇다면 유목민들이 좋은 말을 끌고 와서 차를 사 가지고 갔던 그 길은 어떤 길이었을까? 당대에 새롭게 만든 길이 아니라 옛길, 바로 우리가 실크로드라고 부르는 '자이덴 슈트라쎄'다. '자이덴 슈트라쎄'가 8세기경부터는 차와 말을 맞바꾸는 교역로 '테아 슈트라쎄'로 자연스럽게 승계된 것이다.

그런데 왜 중국에서는 하필 말과 차를 맞바꾸게 되었을까? 근대 이전까지 국가나

민족 간의 전쟁에서 승패는 어느 쪽이 훌륭한 군마를 보유했느냐가 결정했기 때문이다. 탁월한 기동력과 수송력을 자랑하는 말은 가장 뛰어난 전쟁 무기였다. 한무제 때부터 중국인들에게 유목민의 말, 특별히 대완(페르시아)의 말은 동경의 대상이었다. 비단길의 개척자로 알려진 장건은 기원전 139년경, 13년의 서역 정벌에서 돌아와 유목민의 말을 '핏물 같은 땀을 흘리는 한혈마(汗血馬)라는 좋은 말이 있는데, 그 조상은 천마(天馬)'라고 보고하였다고 한다.

마답비연상(馬踏飛燕像) '제비를 밟고 뛰어 오르는 천마상'

고대 전투에서 말을 탄 기병(騎兵)은 언제나 선봉에 섰고, 그 역할은 지금의 탱크 부대와 같은 위력을 가지고 있었다고 할 수 있다. 농경민족이던 중국인과 달리 만리장성 밖의 유목민들은 어려서부터 말과 함께 생활하며 말 다루기에 능숙했다. 그리고 좋은 명마를 키워낼 수 있는 노하우를 알고 있었기에 그들의 말은 중국인들이 가장 좋아할 만한 교역품이 될 수 있었다.

반면 초원에서 이동생활을 하는 유목민은 육류 중심의 식생활일 수밖에 없다 보니, 차를 통한 비타민 공급은 필수적이었던 것이다.

다산 정약용(丁若鏞)의 저작인 〈각다고(榷茶考)〉에 의하면, 당대에 시작된 차 세금

〈장건출사서역도〉

마방의 이동

제도, 각다제는 송대로 들어와 더욱 강화된다. 세금으로 내는 차를 제외하고는 모조리 관청에서 매입하고, 관리도 엄격해져서 각종 규제와 처벌이 까다로워졌다. 변방 유목민족의 말과 차를 맞바꾸는 차마교역(茶馬交易)은 당 때부터 회홀(지금의 위구르족)이 조공을 바치면서 시작되었다고 하지만, 본격적으로 이루어진 것은 남송의 효종 건도(乾道: 1165~1173) 말년부터였다. 이전까지는 품질이 낮은 거친 차를 오랑캐의 말과 교역하던 것을 바꿔 처음으로 고급품인 세차(細茶)를 주었는데, 다산은 차의 생산량이 비약적으로 늘어나서 차마사(茶馬司)에서 확보한 차의 양이 이처럼 늘어났기에 가능한 일이었다고 분석했다. 당시 국가의 차 관리가 한층 세부적인 조직을 갖춰 나가고 있었음을 보여주고 있는 것이다.

운남성 보이차는 청대에 이르기까지 관마대도를 통해 공차로 황실에 보내졌고, 남쪽으로 베트남, 미얀마, 태국, 서쪽으로 인도, 티베트에까지 차를 공급하던 차마교역의 흔적을 남기고 있다. 현 운남성에 가보면 곳곳에 차마고도란 표식이 세워져 있다.

조로서도(鳥路西道): 새나 쥐가 다닐 수 있는 좁은 길이란 뜻이다.

운남성 차마고도 비석

예전부터 있던 것은 아니고 모두 근대에 표기된 것이다.

이 차마고도는 단순히 말과 차만 오고 간 교역로가 아니었다. 교역을 통해 사람과 역사가 만나고 문화가 교류되는 소통의 길이었다. 차마고도를 따라 형성된 마을들 한 복판에는 어김없이 사방가(四方街)라는 광장이 열려 있다. 광장 주변으로는 식당과 숙박업소, 상점들이 밀집해 있었다. 말 등 가득 짐을 가득 싣고 온종일 산길을 걸어 온 마방들이 지친 말들에게도 휴식과 음식을, 또 허기진 마부들이 주린 배를 채우고 한 잔 술로 고향집의 향수를 달래며 서로의 안부를 묻고 전하며 어우러지던 공간이 바로 사방가인 것이다.

"거의 수직으로 깎아지른 산허리는 아득히 먼 옛적 지각 변동으로 생겼을 것이 틀림없는 바위틈 사이로 빠져들고 있었다. 멀리 희미한 녹색으로 뒤덮인 계곡의 밑바닥은 보는 이의 눈을 황홀하게 했다…. 만약 거기에 사람이 살고 있다면, 그곳은 평화로운 은총으로 가득 찬 땅이리라."

제임스 힐튼의 소설 《잃어버린 지평선》에서 샹그릴라(Shangri-La)를 묘사한 대목이다. 이상향의 대명사 샹그릴라가 어디인지는 분명하지 않다. 하지만 중국은 2001년 윈난(雲南)성에 있는 티베트족 자치주 적경(迪慶)의 중전(中甸)을 샹그릴라(香格裏拉)로 개명했다. 그 중전이 바로 차마고도의 중간 기착지였고, 말 등에 가득 차를 실어나르던 마방들의 휴식처인 사방가가 위치한 곳이다.

《잃어버린 지평선》 표지

• TEA TIME •

## 흑차(Dark green tea)의 시조, 거강박편

거강박편

흑차는 차의 분류, 6대다류 가운데 후발효차(後醱酵, Post-fermentation)에 속한다. '흑차(黑茶)'란 두 글자는 중국 역사에선 명대의 가정 3년(1524)에 처음 보인다. 하지만 가장 이른 흑차는 한대(漢代) 호남성 익양시(益陽市) 안화현(安化縣) 거강진에서 훈연 방식으로 생산된 거강박편(渠江薄片)으로 본다. 진(秦)에서 시작해서 당송시기에 유행했고 명청시기에는 공차(貢茶)로 조정에 바쳐졌으니 천 년의 역사, 5백 년의 공차 역사를 가진 차인 셈이다.

제조과정 중 퇴적(堆積) 또는 악퇴(渥堆)란 공법을 거쳐 긴 시간의 발효를 통해 만들어진 차로 찻잎은 흑갈색을 띤다. 옛 동전 모양으로 우려 마시기에도 편리하다.

우리나라 최초의 차도 흑차로 동전 모양의 전차(錢茶)로 알려져 있다. 2018년 국가중요농업유산 제12호로 지정된 전남 장흥의 청태전(靑苔錢)도 바로 전차다. 제조과정 중 수분, 습도, 산소와 미생물 등의 대사활동 작용 아래 찻잎 속의 카테킨이 산화, 취합 및 다당류의 분해 등 복잡한 화학적 변화를 통해 특유의 색향미를 형성하는 과정을 말한다. 이러한 공정을 '악퇴변색(渥堆變色)'이라고 한다. 바로 미생물에 의한 발효다.

우려낸 거강박편에선 진한 붉은 벽돌? 호주 쉬라즈 와인의 탕색에, 세월이 주는 진향(陳香)이 더해져, 품격 있고 고아한 아취 가득하다. 세월의 차향은 더없이 아름답고 신비롭다.

– 〈티마스터 강명숙〉

# 03

## 차의 유통으로 부를 이룬 사람들, 진상 휘상

차 사업으로 상업의 기틀을 이루었던 중국 역사 속 최대의 상인 조직은 산서성을 기반으로 한 진상(진상)과 안휘성 휘주를 기반으로 한 휘상이었다.

> "부유하도다, 휘주 상인들이여, 짐도 그대들에게 미치지 못하노니!"
>
> – 청(淸) 건륭제

휘주 상인은 어떻게 황제도 부러워할 부를 쌓는 데 성공할 수 있었을까? 휘주는 절강성과 강소성의 경계 지역으로 주변에 산이 많고 농사지을 토지가 적어 식량이 부족하였다. 농사보다 장사를 선택할 수밖에 없었고, 이 지역을 관통하는 신안강(新案江)이 항주까지 연결되고 주변에 작은 지류들이 많아 수상교통에 유리했다. 따라서 일찍부터 이 지역 사람들은 해상교통을 따라 부족한 식량은 인근 강소성에 의지하고 이곳에서 많이 나는 목재, 칠기, 차와 뛰어난 손기술이 돋보이는 문방사구류를 내다 팔아서 장강 하류지역의 시장에서 많은 활약을 했다. 이 지역 인구 중 '농부가 셋이면

〈수대 운하 분포〉

장사하는 사람이 일곱'일 정도로 많은 사람이 외지에 나가 있는 경우가 많아 만력 연간에는 장강 유역에 "휘상이 없는 도시가 없다."라는 말이 회자될 정도였다.

상인들의 조직체를 상방(商幇)이라 부른다. 초기에는 주로 산서지역 사람들로 구성된 상방과 마찬가지로 휘주 상방도 명나라 중엽 강남지역에서의 소금유통을 독점해 부를 쌓았다. 어찌 보면 북방 경계가 느슨해지면서 국가가 소금 전매권을 회수하게 되니 그동안 진상이 독점하였던 소금 유통의 이윤을 휘상이 나누게 되었다고 할 수 있다.

휘주 지역 사람들이 장사로 나선 주된 이유가 바로 농지 부족과 양자강과 대운하로 이어지는 수상유통의 유리함이었다. 북경에서 양주를 연결하는 대운하는 정작 대운하를 개통했던 수대(隋代)에는 감당하기 어려운 대규모 공사와 고구려와의 전쟁으로 쇠락했지만, 그 뒤를 이은 당대부터는 대운하의 경제적 혜택을 톡톡히 보았으며, 운하가 지나는 지역의 경제 구조를 크게 바꾸어 놓았다.

하늘에서 본 신안강. 강 주변에 농경지가 거의 보이지 않는다.

휘주는 대부분 산지로 둘러싸여 농업 생산의 한계가 분명한데, 명대 중기부터 인구는 늘고 세금 부담이 증가하자 많은 남자들이 농촌을 떠나 경제적 중심지인 대운하 주변 중소도시로 몰려가 상업에 종사하게 되었던 것. 아울러 중소도시의 기득권 세력과 경쟁하기 위해서는 자연스럽게 집단적인 상호부조가 발전하게 되어 상방(商幇)의 형성으로 성장했다는 것이다. 초기에는 염업(소금거래), 목재, 전당이 주거래 업종이었으나 점차 차의 교역이 늘어가게 된다.

휘주 지역에는 오래전부터 명차들이 많았다. 휘주 상인들은 초기에 휘주 토산차로 원거리 교역을 시작했는데, 여러 자본을 모아 대규모의 차 유통사업을 일으키고 경덕진(景德鎭)에서 생산되는 도자기까지 거의 모든 사업에 뛰어들었다. 차는 휘주 상방의 여러 아이템 가운데에서도 그들의 탄생에 원동력이 된 가장 중요한 품목이었다. 그들은 우리가 익히 알고 있는 세계 3대 홍차 가운데 하나인 기문홍차와 육안과편, 황산모봉, 태평후괴 등의 명차를 만들어낸 주역이었다. 차를 거래하면서 차를 담는 경덕

진상 일승창(日昇昌) 표호에 청 황제가 내린 회통천하(匯通天下) 편액

진의 청화백자, 의흥 자사호의 생산과 유통에 크게 기여하였음은 두말할 나위 없다.

중국 최고 상인의 집단인 휘주 상인의 성장 과정에 대운하라는 유통로가 끼친 영향 또한 절대적이라 할 수 있다. 바다로의 진출을 억제하던 중국의 명·청시대에 이 거대한 제국의 내부에서 수도 북경과 경제·문화의 중심지 강남을 잇는 유일한 국가적 물류 통로는 장장 1,600㎞의 물길 대운하였다.

회·양 지역에 정착한 휘주 상인이 막강한 지배력을 발휘할 수 있었던 배경은 대운하가 관통하는 회·양 지역의 사회, 경제적인 여건의 변화였다. 대운하를 중심으로 상인들의 활발한 경제활동은 경제력의 상승과 함께 상인의 사회적 지위를 격상시키는 효과를 가져왔다. 물론 휘주 출신 상인들 휘주 지역의 차를 적극적으로 판매하여 본인들의 고향차를 지명도가 높은 명차로 만들었다는 점도 묵과할 수 없다. 황산을 중심으로 안휘성의 명차들이 즐비하다. 중국 십대명차의 30%(황산모봉, 육안과편, 기문홍차)가 휘주 지역 차인 것을 보면 휘주 상인들이 열심히 지역 차를 판매함으로써 지명도와 품질 향상에 기여했음을 짐작하게 한다. 또 민국시기(1912~1949, 중화민국 시기) 상해의 차가게 주인 80%는 휘주 상인이었다는 점으로도 차 관련 사업에 휘주 지역 사람들의 공헌이 지대하였음을 알 수 있다.

중국에서 차무역을 통해 휘주 지역 상인을 능가하는 경제력과 가졌던 상인조직은 원래 산서성의 진상(晉商)이었다. 위진남북조 시대 진나라가 위치했던 곳이 산서성이었다. 진상차도(晉商茶道)라는 말이 있을 정도로 진상의 경제는 차 무역과 밀접한 관계가 있다.

중국의 운하

재물의 신으로 받들어지는 관우(關羽)

진상의 발원지는 바로 중국 황하 문명의 발원지 가운데 하나인 산서성(山西省)이다. 명대 초기(1368~) 명 왕조의 몽골 남침 저지를 위한 장성 축조와 전방의 야전군 배치에 보급을 담당하는 조건으로 소금의 전매권을 받았고, 이로써 큰 자본을 축적한 산서성 상인들은 차무역으로 중국 제일의 부호가 되었다. 러시아, 몽고, 조선, 일본과 남양에까지 그 활동영역을 넓혀 중국을 대표하는 상인으로 우뚝 섰다.

진상은 삼국지에 나오는 관우를 재물신으로 모시며 곳곳에 관우묘를 지었다. 관우가 주판을 만들었다는 전설을 만들며 의리(義利)와 신용을 목숨처럼 받들었던 진상은 '표호'라는 은행을 운영했는데, 중국 내에 647개, 일본에 5개, 조선에도 3개의 표호 지점을 둘 정도로 국제적 금융그룹이었다. 현 지구상 최대의 금융 거리가 뉴욕의 월 스트리트라면, 19세기에는 산서성 평요(平遙)거리였다고 한다. 물론 그 토대는 소금과 차였다.

중국에서는 최근 진상을 소재로 한 소설이 출판되었고 드라마도 인기리에 방영되었다. 바로 진상의 대명사로 알려진 교치용(喬致庸: 1818~1907)의 이야기 〈교가대원(喬家大院: 교치용이 살았던 저택으로 313개의 방을 가진 웅장한 건축물. 교치용은 거상의 집안에서 태어났으며, 청나라 정부가 정한 토지제도마저 위태롭게 할 정도로 많은 재산을 모았다고 한다)〉, 장이모 감독의 〈홍등〉도 이곳에서 촬영되었다고 한다.

교치용은 끊어진 고대의 차 운반로를 다시 개척하며 차 거래로 큰돈을 벌었다. 태평천국 시대에 자금을 모아 남방에서 차를 구매하며 끊어졌던 찻길을 회복시켰는데, 이런 일에는 아주 큰 위험이 따를 수밖에 없었다. 하지만 신용과, 넉넉한 덕으로 거래를 했다고 한다. 천신만고 끝에 남방에서 찻잎을 운반해 와 자금을 대준 차 가게에 차를 넘겼는데, 찻잎 가게 사장이 무게를 달아보니, 한 근짜리 자루마다 한 근 두 냥씩이 들었더란다. 교치용이 매 한 근에 두 냥을 더 얹어준 것이었다. 옆에서 있던 노인이 이렇게 말했단다.

"끝났어, 앞으로 이 찻길은 모두 교치용의 것이야!"

교치용 같은 진상에 의해 러시아로 향했던 '테아 슈트라쎄'를 후세 사람들은 '진상

19세기의 월스트리트, 평요고성

차도'라고 불렀다. 진상에 의해 낙타에 실려 복건성의 무이산을 출발한 차는 호남, 하북, 하남, 산서를 지나고 내몽고, 외몽고를 지나 러시아 변경의 캬흐타를 거쳐 러시아의 상트 페테르부르크, 모스크바에 이르렀다.

중국 북부의 '테아 슈트라쎄'를 개척한 또 다른 진상, 직원 6천 명에 2천 마리 낙타를 운영했던 산서지역 대상단 대성괴(大盛魁)의 창업주인 왕상경의 스토리도 드라마로 제작되어 유명세를 탔다. 장장 56부작이었다. 몽골과의 접경지역인 산서성, 척박한 땅에서 무일푼으로 시작한 왕상경이 몽골 대초원으로 가서 온갖 시련과 수많은 난관을 극복하고 마침내 몽골 대초원에서 제1상인으로, 청대의 최대 무역상사를 일구어낸 이야기다.

일부 학자들은 대항해시대 이후 내륙의 실크로드가 교역루트로서는 아예 몰락했다고 단정하기도 했지만, 16세기 이후에도 이들 유라시아 내륙교역로 무역의 절대량은 계속 증가했으며, 티무르 제국과 제국 붕괴 이후의 코칸트 칸국, 부하라 칸국, 히바 칸국 등 중앙아시아의 여러 나라가 러시아, 페르시아, 인도, 중국을 엮는 삼각무역의 요충지로서 전성기를 지내며 번성하였다.

근대 실크로드를 장악한 러시아는 이곳에서의 모피무역을 비롯한 각종 교역에서 얻은 자본을 통하여 표트르 대제의 서구화와 러시아의 주요 열강 등극으로 나아가는 발판을 마련한다. 그러나 대항해시대 이후 동서양 무역의 전체 파이가 커지면서 상대적으로 '테아 슈트라쎄'의 존재감이 줄어든 것은 부인할 수 없는 사실이다.

TEA TIME

## 진상(晉商)의 차, 러시안 캐러밴 티 Russian Caravan Tea

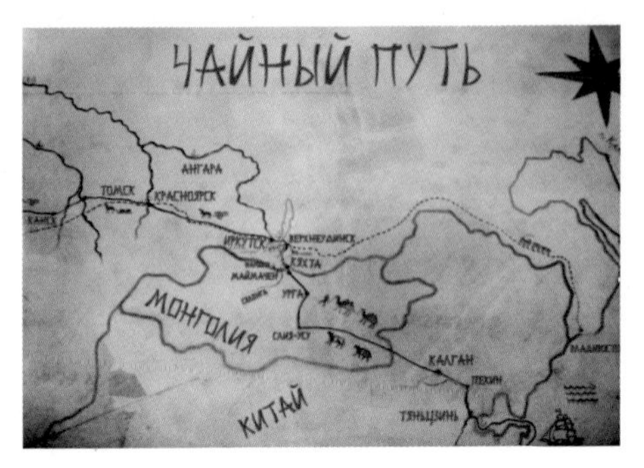

진상의 러시아 길

중국의 차는 17세기 초에 러시아에 소개되었다. 일찍이 몽골의 통치자 알티운칸은 차르 마이클 페도로비치에게 차 선물을 보냈다고 하고, 1618년에는 명나라 사신이 러시아 황제에게 차를 선물하였다고 한다. 그 후 1689년 네르친스크 조약 체결로 양국 간의 정기 무역이 성립되었다. 1720년대에는 이미 산업 규모로 차가 공급되기 시작했고, 1727년 캬흐타 조약 체결로 6천 킬로미터에 달하는 테아슈트라쎄가 개척되었다. 이 길을 개척한 사람들이 바로 진상이었다.

처음에 러시아에서 차는 엘리트 계층의 전유물이었지만, 점차 일반화되어 러시아만의 독특한 차문화를 만들어 나갔다. 러시아에서 차는 단순히 마시는 것이 아니라, 딸기 잼이나 빵, 파이, 쿠키 같은 음식과 곁들여 먹는다. 짙게 우려낸 찻물을 찻잔에 따른 후 사모바르에서 끓인 물로 희석해 마시는 것도 러시아 차문화의 특색이다.

포트넘 앤 메이슨의 러시안 캐러 밴 티

러시아의 차문화를 상징하는 러시안 캐러밴 티(Russian Caravan Tea)란 이름을 가진 차를 여러 회사들이 내놓고 있다. 러시아 캐러밴 티의 찻잎은 중국에서 온 것이지만, 이 이름은 중국에서 차를 유럽으로 가져가기 위해 '진상의 찻길'을 따라 거대한 거리를 대륙횡단 여행한 18세기 낙타 캐러밴을 가리킨다. 이 노선은 중국 만리장성 뒤의 카슈가르에서 고비 사막을 지나 몽골의 우르가, 캬흐타를 넘어 모스크바에 이르는 대장정이었다. 기후 조건은 가혹할 수밖에 없었다. 절세의 영웅 나폴레옹도 극복하지 못했던 길이 아닌가. 대상의 행렬은 보통 반년이 걸려 도착했다. 그러고 보니 당시 유럽과 러시아가 알고 있는 차의 맛은 서로 달랐을 것이다. 유럽은 영국 무역선에 의해 차를 들여왔기에 항해 도중 눅눅해진 차를

러시안 캐러밴 티의 찻잎과 탕색

건조시켰으므로 열처리로 인해 차 맛이 변했고, 육로로 낙타 캐러밴에 실려 러시아에 온 찻잎은 캠핑 도중에 캠프파이어의 연기를 흡착하여 스모키한 향미를 가지게 되었을 것이다.

포트넘 앤 메이슨은 러시아 황실에 보내졌던 차를 재현하기 위해 중국 기문(Keemun)티와 우롱(Oolong)티를 블렌딩하였다고 설명하고 있다. 붉은 탕색, 황실의 차라고 하는 고급스러움과 '테아 슈트라쎄' 상에서 낙타의 등에 실려 광활한 대륙을 횡단하는 캐러밴의 낭만을 불러일으키는 몰트향, 너티(nutty)하며 스모키한 향을 가득 담은 차다.

– 〈티마스터 우승자〉

# 04

## 대항해시대(Age of Discovery)의 차

13세기 말, 마르코 폴로가 17년간 중국을 여행하고 돌아와 《동방견문록》이란 여행기를 써서 서양에 중국을 소개했다. 대몽골국의 5대 군주 쿠빌라이의 재위시기(1260~1294)였다. 중국에 갈 때는 육로를 이용하였고 돌아올 때는 뱃길이었다. 그런데 이상하게도 견문록에는 중국의 차 이야기가 보이지 않는다. 하지만 12~3세기 송·원대의 바닷길로는 당근, 호박, 양파 등 농작물과 상아, 진주, 인삼, 사향 등 약재가 들어왔고 화약, 나침반 기술과 함께 실크, 도자기, 차 등 문물이 수출되었다고 확인된다. 동서를 잇는 육로, 해로의 무역로가 이미 존재했으며, 유럽에서도 차의 존재를 이미 알고 있었다.

14세기 후반 대몽골국이 무너지기 시작하면서 동서를 잇는 무역로는 더 이상 안전을 보장받지 못하고 서서히 사양길로 접어들기 시작했다. 그리고 동양으로부터 물자를 공급받거나 '약탈'해오던 유럽은 새로운 길을 찾아 바다로 나아가기 시작했던 것

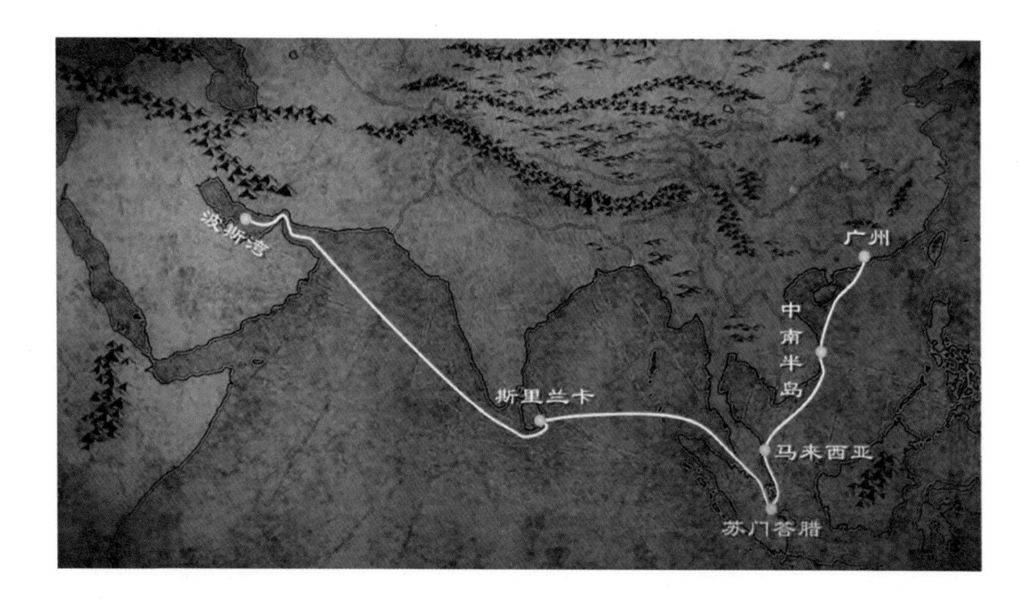


이다. 중국에서 유럽으로의 본격적인 차 전파는 대항해시대에 들어서였다. 대항해시대란 유럽인들이 항해술을 발전시켜 아메리카로 가는 항로와, 아프리카를 돌아 인도와 동남아시아, 동아시아로 가는 항로를 발견하고 최초로 세계를 일주하는 등 다양한 지리상의 발견을 이룩한 시대를 말한다. 대항해시대를 뜻하는 '에이지 오브 디스커버리(Age of Discovery)'는 직역하면 '발견의 시대'라는 뜻이다. 신대륙, 신항로의 개척으로 이해하면 될 것이다.

대항해시대의 시발은 유럽의 변방으로 원양으로 눈을 돌릴 수밖에 없었던 포르투갈이었고, 그 뒤를 이은 것은 스페인이었다. 스페인은 지중해 해상 무역권을 쥐고 있던 아라곤과 카스티야 국왕 간의 국가 혼인에 따른 국가통합으로 탄생했다. 대항해시대의 발생원인 중 하나로 향신료(특히 후추)를 꼽기도 한다. 비록 중반 이후부터는 너도나도 향신료 무역에 뛰어들어, 수요보다 공급이 배로 급증하는 바람에 향신료 무역이 시들해져 버리긴 했지만, 대항해시대를 열게 만든 결정적 원인 중 하나였던 것은 틀림없는 사실이다 향신료가 고가의 사치품 취급을 받았던 이유는 당시 유럽의 향신료 무역은 '인도-아라비아-콘스탄티노플-그리스-베네치아'를 거치는 독점에 독점을 거듭한 중개무역 형태였기 때문으로, 대항해시대 이전부터 동방의 향신료는 귀중품 취급받는 고가의 물건이었다. 이에 '돌아서 인도에 가면 그 비싸고 구하지도 못하는 향신료를 (비교적)싸게 얻을 수 있지 않을까'하는 생각에서 출발하게 된 것이다. 이는 국왕, 귀족을 비롯한 수많은 투자자들의 귀를 솔깃하게 할 만한 요소가 되었고 덕분에 많은 탐험가들이 신항로 개척을 위한 재정적 지원을 받을 수 있었다. 향신료는 대항해시대 자체를 열게 만든 기폭제 역할을 했으나 대항해시대 중반부터는 개척된 항로를 바탕으로 무역이 과열되어 예전의 메리트를 잃어버리고 만다. 그 이후 새롭게 유럽인들의 시각에 들어오게 된 아시아의 차, 도자기와 아메리카 대륙의 금, 은, 노예, 설탕과 같은 것들이 향신료 위치를 대신했다.

17세기, 스페인과 포르투갈이 눈을 대양으로 빠르게 돌린 덕분에 이를 바탕으로 막대한 이익을 거머쥐자, 북해의 영국과 네덜란드, 그리고 대륙의 프랑스 또한 이에 동참하게 된다. 이들은 포르투갈과 스페인 양자 간의 합의인 토르데시야스 조약을 간단히 무시해버렸고 몇 차례의 분쟁과 전쟁을 걸쳐 앞선 두 나라가 얻어낸 영토와 이권을 어느 정도 뺏어오는 데에 성공한다. 이중 영국과 네덜란드는 해상무역과 거점 확보를 총괄하는 동인도회사를 각각 설치하여 본격적인 범세계적 무역 활동에 나서기 시작했다.

영국과 네덜란드가 뒤를 이어 뛰어들면서 실질적인 국제해상무역의 중심으로 떠오르게 되는데, 결국 제한된 시장을 놓고 마찰이 잦아지던 와중 영·란전쟁(英蘭戰爭)[15]을 통해 충돌하게 된다. 여러 차례의 싸움 끝에 최종적으로 승리한 영국은 해양 무역로의 패권을 거머쥐고 대영제국이라는 전성기를 열게 된다. 영어의 tea란 단어는 대항해시대의 산물이다. 17세기 이후 전 세계에서 무역선이 밀려든 중국 복건성과 타이완

15 17세기부터 18세기까지 제해권(특히 대서양)을 두고, 네덜란드와 잉글랜드가 맞붙은 총 네 차례의 전쟁이다

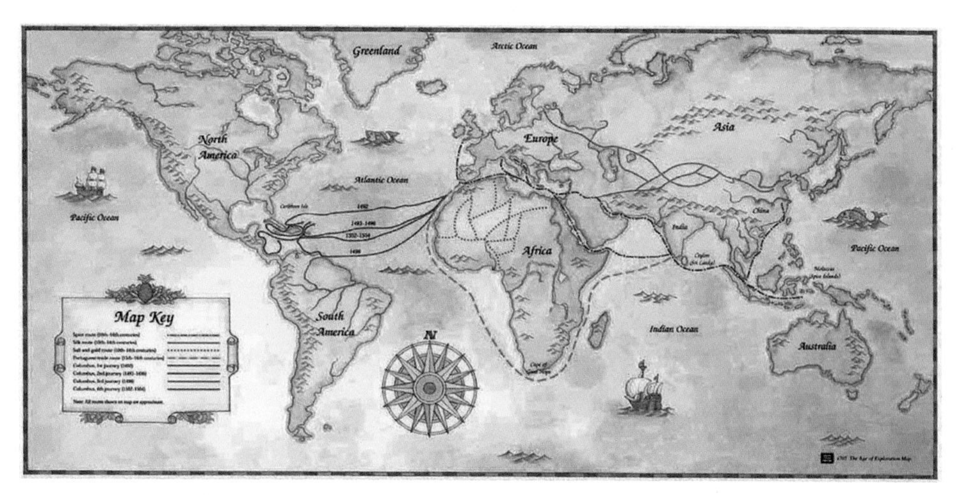


대항해시대 지도

등에서 쓰는 민남어에는 차가 te로 발음되었다. 처음 네덜란드 사람들이 동인도회사를 통해 차를 유럽으로 가져갔고 유럽엔 자연스럽게 'te' 계열의 발음으로 차가 전래된 것이다. 네덜란드인은 1606년에 처음으로 유럽으로 차를 공식적으로 수출하였고 포르투갈이 그 뒤를 따랐다. 프랑스어로 'the', 독일어는 'tee', 영어는 'tea' 등 모두 같은 계열의 발음이다. 포르투갈은 마카오에서 차를 수입했기 때문에 지금까지도 'te'가 아닌 'cha'를 사용하고 있다. 마카오와 그곳에 살았던 포르투갈 사제들과 상인들은 차의 전파에 중요한 역할을 했다. 그들은 16세기에 유럽에 처음으로 차를 소개했고, 17세기에 포르투갈 공주[16]가 영국에 이 음료를 가져가 센세이션을 일

영국네덜란드 전쟁, ©위키백과

16 Catherine이 1662년 영국 왕 Charles II세와 결혼하면서 차를 영국으로 전파하게 된다. 처음에는 높은 가격과 이국적인 분위기가 차를 강력한 신분의 상징으로 만들었다. 손님에게 그것을 제공하는 것은 지위와 재력을 보여주는 것으로 영국에서 초기 차문화의 번영을 불러왔다.

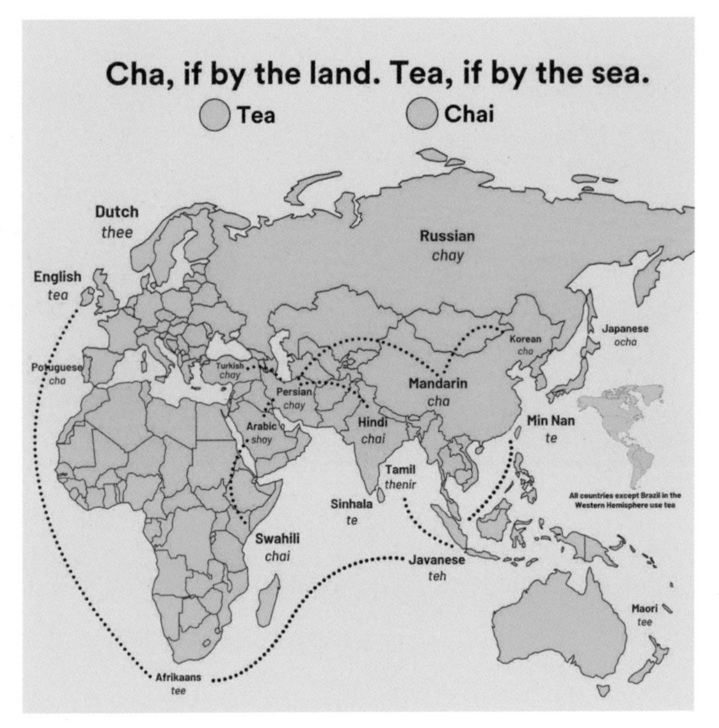

Tea계열 발음 전파와 Cha계열 발음 전파 지도

으켰다. 엘리트층에서의 차문화 수용은 결국 일반인에게까지 확장되었으며, 오늘날까지 영국은 인구 대비 세계에서 가장 큰 차 소비국이다.

서양에서 불리는 '보헤아(Bohea)'는 '무이(武夷 우이)'의 복건성 옛 방언이다. 예전에는 무이산 지역이 유일한 홍차 생산이었지만, 이후 '우이'나 '보헤아'는 곧 홍차를 지칭하는 용어가 되었다. 청 왕조(1644~1911) 중기에는 우롱차와 홍차의 수출이 비단을 추월하여 중국의 가장 중요한 수출 상품이 되었다.

'茶'의 두 갈래 발음 중 '차(cha)' 계열 단어의 전파는 고대 중국의 문명과 문화가 수천 년에 걸쳐 육로를 통해 동서로 뻗어 나간 역사의 증거이며, '테(thea)' 계열 단어의 전파는 이른바 유럽의 대항해시대 이후 지난 400여 년간 전 세계 바다를 주름잡은 유럽인들에게 중국의 문화가 끼친 영향의 흔적이라고 볼 수 있을 것이다.

우리의 경우는 '차'와 '다'의 두 발음 모두를 '다방', '다식', '차례', '한방차'처럼 정확한 기준이 없이 혼용하며 지금까지 사용하고 있다. 한자를 우리발음으로 표기하는 방식을 훈독, 훈차라고 하는데, 우리가 한자인 '茶'를 '차 다'라고 읽는 것을 보면, '차'란 발음이 먼저 육로를 통해 전래되어 우리말화되었고, '다'란 발음은 중국 남쪽 지방 발음으로 뒤에 전래되었음을 추측할 수 있다.

중국에 커다란 부를 가져다준 찻잎은 아이러니하게도 그들에게 한 세기의 고통과 굴욕을 안겨주게 된다. 지구상의 유일한 차 생산자로서 200년을 보낸 뒤, 중국과 유럽 사이에는 막대한 무역 역조 문제가 발생한다. 차에 대한 독점은 은의 유출로 인한 영국의 경제적 어려움과 함께 아편이라는 대안을 만들어내도록 한다. 영국은 은의 유출을 막기 위해 식민지 인도에서 재배한 아편을 청나라에 밀수출하여 무역 적자를 상쇄하고, 삼각무역을 정립하게 되었다.

영국 상인들은 처음에는 육체노동으로 지친 중국의 하층민들을 대상으로 아편장사를 했고, 아편은 19세기 중국의 히트상품이 되었다. 청나라에서는 이미 1796년에 아편의 수입을 금지하고 있었다. 금지령은 19세기에 들어서서도 여러 번 발령되었으나, 아편 밀수입은 그치지 않고, 또한 국내산 아편 단속도 효과가 없었으며, 청나라에서 아편 흡입의 악폐가 널리 펴져, 건강을 해치는 자가 많아지고, 풍기도 퇴폐해졌다. 모든 계층에 퍼져 나간 아편 흡입 풍조로 청나라에서는 관료의 부패와 전투 능력 상

임칙서의 아편 폐기

실, 국가 기강 해이, 농촌 경제 파탄, 재정 타격 같은 폐단이 날이 갈수록 커져만 갔다.

결국 청 왕조는 아편을 금지시키고 1,210톤의 아편을 압수, 파괴하면서 대외 무역 봉쇄를 단행한다. 이에 영국이 군사력으로 대응하니, 이것이 바로 '아편전쟁(1839~1842)'이다. 영국은 청국 함대를 궤멸시켰고, 1842년 8월 29일 영국군이 광저우를 포위해 난징 조약을 맺고 전쟁은 종결된다. 영국은 배상금 600만 달러를 받고 철수했다.

1842년 아편전쟁을 종식시킨 후, 스코틀랜드의 식물학자 로버트 포춘(Robert Fortune)이 차나무를 밀반출, 기후와 지리가 중국의 재배 지역과 비슷한 인도 북동부의 다르질링에 약 2만 그루의 차 묘목을 이식함으로써 중국 밖에서의 차 재배가 시작된다. 결국 인도의 차 생산량은 세계 최대의 생산국, 중국을 추월하게 된다.

세계사에서 차와 관련된 또 하나의 큰 사건으로 보스톤 티파티를 언급하지 않을 수 없다.

"No taxation without representation."

"대표 없는 곳에 과세 없다"

보스톤 티파티 사건은 미국 독립 전쟁의 불씨가 된 사건 중 하나로 유명하다. 1773년 12월 16일 밤, 차조합의 사주를 받은 미국 보스톤 항구의 주민들이 영국 본토로부터의 차(茶) 수입을 저지하기 위하여 영국적 선박을 습격해서 차 상자들을 바다에 폐기했다. 당시 영국은 전쟁으로 인한 어려운 재정상황을 자신의 식민지인 아메리카 대륙에서의 세금으로 충당하려 하였고, 이것이 큰 반발을 야기하게 된 것이다. 자신들이 뽑은 대표 없이 일방적으로 결정한 과세에 대해 용인할 수 없다는 미국 사람들은 영국의 모든 제품을 보이콧 하게 된다. 영국은 이에 대한 보복으로 1774년, 해군 함대를 동원하여 보스턴 항을 폐쇄해버린다. 이는 식민지배를 하는 영국에 미국인들이 자유와 독립을 위해 항거한 첫 사건으로 기록된다. 1775년 바로 보스턴에서 독립전쟁의 첫 총성이 울렸기 때문이다.

보스톤 티파티 기념 우표(미국, 1973)

티파티를 우리말로 직역하면 '다과회' 정도? 하지만 정확하게는 '차동맹', '차조합'으로 해석된다. 사건의 발단은 그동안 차 밀무역으로 돈을 벌었던 차상인 조합이었던 것이다. '티파티'라는 우아한(?) 이름이 생겨난 것은 사건이 일어난 지 50여년 후인 1830년대였고, 그 이전까지 이 사건은 '홍차 파기 사건(Destruction of the Tea)'이라고 불렸다. 미국의 우익 단체(정당) '티파티'의 이름은 여기서 유래했으며, 지금은 안티텍스(Anti-tax, 조세저항)의 의미로, 혹은 미국 공화당의 일부 정치세력을 의미한다. 현재 보스톤의 티파티 기념박물관(Boston Tea Party Ships and Museum)에는 바다에 내던져진 차 상자 324개 가운데 유일하게 살아남은 차 상자 하나가 전시돼 있다.

〈바다에 내던져진 차 상자 324개 가운데 유일하게 살아남은 존 로빈슨(John Robinson) 차 상자〉

## • TEA TIME •

### 세계에서 가장 큰 티폿에 빠진 차, 보스톤 티파티

영국의 이스트 인디아 컴퍼니(동인도회사)에서 출시한 'Boston Tea Party' 블렌딩 티. 물론 이 동인도회사는 똑같은 문장을 사용하고 있지만, 실제 사건이 벌어진 당시의 동인도회사와는 무관하다. 틴에는 보스톤 티파티 사건을 묘사한 그림과 함께 1773년 대서양의 푸른 바다로 떨어져 물속에 잠기는 차 상자의 모습이 멋지게 그려져 있다. 현재 메사추세츠 보스톤 티파티 박물관에 소장된 로빈슨의 차 상자에 대한 스토리도 틴에 자세히 쓰여 있다. 이제는 '세금 걱정 없이' 동인도회사가 아메리카 대륙에 보내던 신선한 무이암차, 당시 이름 보헤아(Bohea) 티를 마실 수 있음을 강조하면서….

틴을 열자마자 진한 훈연향이 후각을 압도한다. '정로환을 연상시키는 이 훈연향이 과연 유럽인을 사로잡았던 무이산 차의 향이었을까? 어떻게 이런 매케한 향을 즐길 수 있지?'

인간의 후각은 미각에 우선한다. 어떤 음식물을 만나면, 우리는 본능적으로 우선 '킁킁' 냄새부터 맡는다. 먹어도 좋을지 어떨지 상태를 알아보기 위해서다. 그리고는 무슨 냄새인지를 고민한다. '향은 기

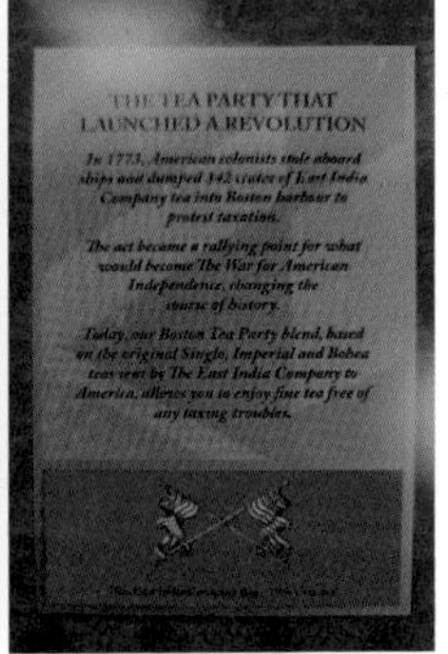

억이다.'라는 말처럼, 우리는 이전에 맡아보지 못한 향을 만나면 '이게 무슨 냄새지?'라며 기억을 떠올리게 된다.

헌데, 우리에게 훈연향의 기억은 정로환이다. 어린 시절 설사를 하고 배앓이를 할 때, 아픈 배를 쓰다듬으며 할머니께서 먹여주신 약, 바로 정로환의 냄새가 좋은 기억으로 남아 있을 수 없을 것이다. 젊은 세대들은 기억 속에도 없는 냄새일 것이다. 당의정으로 나오기 때문에 훈연의 냄새가 없단다. 정로환이라는 이름은 러시아와의 전쟁에서 승리한 뒤 정복했다는 뜻의 '征(정)', 러시아라는 뜻의 '露(로)'를 붙여 만든 것으로 러·일전쟁에 투입된 일본 병사들이 원정길의 물갈이로 인한 배탈 방지를 위해 매일 먹던 약이었다.

훈연향이란 나뭇가지를 태워서 나는 연기 냄새를 말하는데 무이산 쪽의 차에서는 생솔가지를 태워 입힌 송연향이 압도적이다. 이런 훈연향은 농경사회였던 한반도나 중국에서보다 유목민의 후예인 서구사회에 훨씬 친숙했을 것으로 보인다. 원시 수렵 사회부터 먹고 남은 육류와 어류를 오래 보존하는 가장 손쉬운 방법이 나무를 태워 연기를 입히는 것이었다.

수렵으로 얻은 고기를 실컷 먹고도 남아서, 모닥불 가에 걸어놓고 기분 좋게 한참 자고 일어난다. 자고 일어났더니 연기에 그을렸지만, 수분과 지방이 쪽 빠지고 쫄깃한 식감의 훈제식품이 만들어졌던 것. 육포, 훈제 연어, 훈제 베이컨 등은 아주 오래전부터 유럽에서 만들어졌을 것이고, 이것은 유럽인들에게 즐거운 기억의 DNA로 남아 있을 것이다. 18세기 유럽을 사로잡았던 무이산의 정산소종(랍상쇼유총)은 지금도 강렬한 훈연향이 코를 찌른다.

– 〈티마스터 강화숙〉

# 05

## 한반도의 차는 어디에서 왔을까?

식용이든 약용이든 음용이든, 인류가 차나무의 잎을 따서 먹기 시작한 것은 3000년이 넘었을 것으로 추정된다. 그럼 우리 한반도는 언제부터 차를 마시게 되었을까? 차나무는 원래 한반도에 있었을까? 다른 지역에서 인위적으로 옮겨왔을까? 원래 있었다는 설이 '자생설'이고, 중국이나 인도에서 전해졌을 것이라고 보는 것은 '전래설'이다. 전해졌다면 어떤 길로 한반도에 오게 되었을까? 육로? 해로?

아유타국 공주로 김수로왕에게 시집온 허황후의 동상(김해시)

전래설은 AD 48년경 신라 김수로왕의 왕비인 허황옥(許黃玉: 33~89)이 인도에서 처음으로 차 종자를 가져와 심었다는 설이 가장 이른 주장이다.[17] 허황옥은 인도 아유타국(아유디아) 공주로 보주태후로 불린다. 《삼국사기》의 〈가락국기(駕洛國記)〉조 신라 30대 법민왕 관련 기록은 가락국 시조 수로왕의 제사에 차(茶)를 제수품목에 넣고 있다.[18] 이 해가 서기 661년이었는데, 이 연대는 육우(733~804)가 태어나기 72년이나 앞선 것이다. 현재 김해시는 경상남도 김

**17** 이능화(1869~1943)의 《조선불교통사》 "김해의 백월산에 죽로차가 있다. 세상에 전하기로는 허 씨가 인도에서 가져온 차씨라고 한다."

**18** "수로왕의 17대손 갱세급간이 조정의 뜻을 받들어 매년 명절이면 술, 떡, 밥, 차(茶), 과일 등을 갖추어 제사를 지냈는데, 거등왕이 즉위한 기묘년(199)부터 구형왕 말년에 이르는 330년 동안 변함이 없었다."

해시 동상동에 있는 차 서식지를 가야 시대 '장군차' 나무 재배지로 지정하고, 2000년 역사의 김해시 특산물로 홍보하고 있다.

차나무가 원래부터 서식했다는 '한반도 자생설'도 있다.[19] 하지만 일반적으로는 신라 시대 김부식의 《삼국사기》 기록을 근거로 대렴의 전파설에 신뢰를 보낸다. 《삼국사기》에는 신라 선덕왕(632~647년) 때부터 차를 마시기 시작했고, 흥덕왕(828년) 때 당(唐)으로부터 대렴(大濂)이라는 사람이 가져온 차씨를 지리산에 심도록 한 후부터 차를 마시는 풍습이 성행했다는 기록이 남아 있기 때문이다.

차시배지 기념물(하동)

또 신라 승려 충담(忠談)이 경주 남산 삼화령의 미륵에게 차를 공양하고 돌아오던 길에 경덕왕(742~764)을 만나 왕에게 차를 달여 준 것이 서기 765년의 《삼국유사》 기록이며, 이는 육우의 《다경》보다 무려 100여 년이나 앞선다.

또한 중국에서 지장보살의 현신이라 추앙받는 신라의 지장[地藏, 김교각(金喬覺): 696~794]은 중국 구화산에 들어가 그곳에 정착하여 많은 제자를 양성했다. 이때 신라의 차를 가져가 구화산에 심어 구화산차의 시조가 되었다고 전한다. 지장스님이 신라에서 자라는 차의 종자를 가지고 중국 구화산으로 가서 차씨를 심어 퍼뜨린 것은 728년, 이 연대는 육우가 《다경》의 초고를 완성한 760년보다 32년이나 앞선다.

---

**19** 차나무는 고생대 식물이고, 우리나라는 백두산, 울릉도, 한라산 등 지역을 제외하고는 한반도의 거의 대부분이 고생대 토양이라는 사실, 또한 우리나라 영 · 호남 지역 각지에 야생의 토종차가 자생하고 있으며 백두산에 '백산차'가 있었다는 기록에 근거하여 토종설을 주장하기도 한다.

• TEA TIME •

## 이천 년의 신비, 가락국 장군차

《삼국사기》에는 대렴공이 AD 828년 중국에서 차씨를 들여왔다는 기록으로 왕의 명으로 지리산에 심었다고 한다. 신라시대다. 하지만 《삼국사기》에는 대렴공이 차씨를 들여오기 전에 이미 차가 있었다고 하고 있다. 여기에 이능화(1869~1943)가 쓴 《조선불교통사(朝鮮佛教通史)》에는 "김해 백월산에 죽로차가 있는데 수로왕비인 허씨가 인도에서 가져온 차 씨앗이라고 전한다."라는 대목이 있어 눈길을 끈다. 또 《삼국유사》에도 김수로왕의 15대손(孫)인 법민왕이 신유년(AD 661년)에 가락왕묘에 제향을 올리도록 조칙을 내렸는데, 제물로 '차(茶)'가 올려졌다는 기록을 남겼다. 이는 지리산에 차가 심어지기 전 김해 지역에 이미 차문화가 존재했을 가능성을 말해준다고 할 것이다.

이에 더하여 조선시대 기록이지만, 《신증동국여지승람》에는 김해 금강사에 산차나무가 있는데 충렬왕이 가마를 멈추고 그 튼실한 모양을 본 후 장군(將軍)이라는 이름을 내렸다고 한다. 이 기록을 근거로 김해에서는 지금도 '장군차'라는 명칭을 사용하고 있다.

최근 이 장군차로 잘 알려진 김해에서는 '가바차'를 생산하여 차의 차별화와 고급화를 시도하고 있다. '가바(GABA)'란 뇌에 쓰이는 신경전달물질로 '감마아미노부티르산(Gamma Amino Butyric Acid)'의 약어다. 뇌의 흥분성을 조절하는 아미노산의 전달물질이다. 인간이 체내에 적절한 가바 수치를 유지하면 평온함을 느끼며 스트레스가 줄고 불안함을 덜 느끼게 된다고 한다. 이 감마아미노부티르산 함량이 높은 차가 가바차다.

장군차밭(김해시)

일반적으로 녹차는 잎을 딴 후 바로 쪄서 만들지만, 이 차는 찌기 전 공기 접촉을 차단하고 질소나 이산화탄소에 5시간 정도 보존한 후, 일반적 방법과 같이 차를 만든다. 이렇게 하면 찻잎 속의 글루탐산탈탄산효소의 작용으로 감마아미노부티르산이 생성되는데, 일반 녹차의 GABA 함량 3배 이상을 함유하게 된단다.

산소를 차단하는 이런 가공법은 무산소 발효(Anaerobic Fermentation)가공 방식 중 하나로 사실 와인·맥주 발효에 널리 사용되어왔다. 요즘은 커피체리 가공에도 많이 활용되고 있다. 산소가 차단된 커피체리는 산소가 없는 환경에서 활동하는 혐기성 미생물을 통해 다양한 향미 성분을 생성해 낸다. 혹은 와인과 같은 산미를 내기도 한다. 발효과정 중 산소의 차단은 향미를 보다 안정적으로 가져가게 하고, 외생변수로부터 완벽히 독립적인 발효가 가능케 해준다. 무산소 발효를 통한 가바차 생산은 차의 기능성과 향미 강화의 지평을 넓히는 데 큰 의미가 있다고 할 것이다.

최근 김해 장군차는 중엽종이란 특성을 살려 중국식 반발효차 제조에도 힘을 쏟고 있다. 우리 차의 풍미를 다양화하여 경쟁력을 높이겠다는 긍정적 몸부림이다.

녹엽홍양변(綠葉紅鑲邊)의 특성을 보여주는 장군청차 – 차를 우린 후 엽저를 살펴보면 찻잎 주면이 산화작용으로 인하여 빨갛게 변해있다.

– 〈티마스터 조성훈〉

# Party.3

# 차는 먹는 것인가, 마시는 것인가
# Drink tea? Eat tea?

# 01
## 차 마시는 방법의 변천사

차는 액체 형태로, 전통적으로는 따뜻하게 마시는 음료이다. 인류의 역사 속에서 차의 시작은 식용(食用)이나 약용(藥用)이었다가, 점차 음용(飮用)으로 전개되었다. 어찌됐든 그릇에 담긴 액상음료가 그릇으로 흡수되거나 밖으로 흐르지 않고, 장시간 적정 온도를 유지하며, 자신을 더 돋보이도록 담는 그릇의 소재는 도자기(陶瓷器)를 넘어설 것이 없었다. 차를 담는 그릇, 도자기의 역사를 잘 살펴보면 차의 역사가 보인다.

거꾸로, 시대별로 달랐던 '차 마시기 방법'의 변천사를 먼저 이해하는 것이 차 그릇, 특별히 도자기의 역사, 더 나아가 차문화를 이해하기 위한 첩경이라 할 것이다. 중국 고대에 시작된 차 마시기 습관은 생활 곳곳에 스며들어 도자기의 제작을 넘어 시·서·화 등 다양한 문예활동에 자연스럽게 융합되었고, 중국문화의 대표적인 음다문화를 형성하여 우리, 일본을 비롯한 세계의 음료문화에 지대한 영향을 주었기 때문이다.

차를 처음 마셨다는 신농씨가 어떤 그릇으로 어떻게 마셨는지는 알 수 없지만, 중국 남쪽에서 출발해 중국 강남지방에서 유행하던 음다풍속[20]은 수왕조의 대운하 건설로 북방지역까지 확대되었다. 그 후 당왕조에 들어서면 음다와 제다 방법은 커다란 발전을 이루게 되었다. 중국에서 차를 마시는 방식, 즉 음다 방식은 크게는 두 가지, 세분하면 4가지로 나눌 수 있다.

2가지 분류는 끓여 마시기 방식인 자다법(煮茶法)과 우려마시기 방식인 포다법(泡茶法)이다.

---

**20** 위진남북조(221~589) 시대의 음료 풍습은 남차북락(南茶北酪), 즉 차 마시기는 화남지방에서 유행하였을 뿐 유목민이 장악한 화북지역에서는 유제품을 먹었다. 하지만 당나라 시대에 기후가 온난해져서 차 생산이 늘고, 숙종(756~762)이 금주령을 반포하자 술 대용으로 차를 마시면서 차 마시는 풍습이 중국 전역에 유행하게 된다. 승려, 도사, 문인이 중심이 되어 차문화가 성행하기 시작했다.

4가지 분류로는 자다법(煮茶法)과 전다법(煎茶法), 점다법(點茶法)과 포다법(泡茶法)이 있다. 시대별로 정리해보자면 아래와 같다.

| 자다법(煮茶法) | 전다법(煎茶法) | 점다법(點茶法) | 포다법(泡茶法) |
| --- | --- | --- | --- |
| 찻잎 끓여 마시기 | 차 가루 끓여 마시기 | 차 가루 거품 내어 마시기 | 찻잎 우려 마시기 |
| 서한(西漢) 말<br>파촉(巴蜀)에서 출발 | 당대의 주류 | 남북송 음다의 주류 | 명대에서 현재까지 |
| BC 202~AD 8 | AD 618~ 907 | AD 960~1279 | AD 1368~ |

## 당대의 전다법

육우(陸羽, 733~804)의 《다경》은 차문화의 중요한 지표가 된다. 차를 본격적으로 마시기 시작한 당대의 기록을 보면 이미 여러 방식의 음다법이 존재했다고 보인다. 하지만 당나라 초반에는 그 음용법이나 제다법, 그리고 차에 대한 개념이 아직 정리가 되어 있지 않다가 8세기에 《다경》의 출현에 이르러 차에 관한 각종 이론과 개념이 비로소 체계화되었고, 차를 마시기 위한 전용 다구들도 만들어지기 시작했다고 할 수 있다. 육우의 《다경》에는 이미 차를 마시기 위한 전용 도구 24가지가 개발되어 있다. 또 차에는 추다(觕茶), 산다(散茶), 말다(末茶)와 병다(餠茶) 네 종류가 있었다고 기록하고 있다. 학자마다 해석에 이견이 있기는 하지만, 우선 네 가지 차의 형태에 따라 마시는 방식이 구체적으로 어떤 형식인지를 정리해보자.

<table>
<tr><td>추다<br>(觕茶)</td><td>추(觕)는 조(粗)로 해석한다, '거칠다'는 뜻으로 채집한 찻잎을 새싹, 잎, 줄기를 구분하지 않고 칼로 절단한 후에 솥에 넣고 삶아서 마신다.</td><td rowspan="2">엽차<br>(잎차)</td></tr>
<tr><td>산다<br>(散茶)</td><td>산(散)은 오(熬)로 해석되는데, 찻잎을 어떠한 가공도 하지 않고 직접 솥에 넣고 오랜 시간 끓여서(졸여서) 마신이다.</td></tr>
<tr><td>말다<br>(末茶)</td><td>말(末)은 불에 쬘 양(煬)으로 해석한다. 찻잎을 떡으로 만든 후, 센 불에 구운 다음 갈아서 거친 분말로 만들어 끓여서 마신다.</td><td rowspan="2">말차<br>(가루차)</td></tr>
<tr><td>병다<br>(餠茶)</td><td>병(餠)은 떡, 절구 용(舂)이라고 해석하는데 찻잎을 쪄서 절구질하여 떡판으로 찍어 눌러 모양을 만든 후에 말렸다 절구에 빻아서 고운 분말로 만들어 끓여 마신다.</td></tr>
</table>

육우가 제창한 방법은 전다(煎茶)였다. 전다의 방법은 네 번째 병다와 같이 떡으로 만든 차를 빻아서 가루로 만든 뒤 끓여 마시는 방법이라고 할 수 있다. 전다법은 당대 음차의 주류 형식이 된다. 일본, 한국에도 전해지며 역사적으로 광범위한 영향을 일으켰다. 육우는 또 대용음료가 아닌 찻잎으로 만든 차만이 진정한 차라고 주창했다. 즉 아무 양념도 하지 않은 방법이 전차법이고 이를 견진차(見眞茶)라고 했다. 당시 사람들이 차에 파, 생강, 대추, 귤피, 수유, 박하 등을 넣고 오랫동안 끓여 마셨는데, 이것을 암차(痷茶: 차 가루를 큰 병 속에 담아 끓는 물을 끼얹어 마시는 방법)라 부르며 한탄하였다.

시대마다 차를 만드는 방법과 그에 따라 마시는 방법도 달라져 왔다고 할 수 있다. 물론 차를 마시기 위한 도구들도 달라졌다. 차를 마시는 사람들은 그 시대 사람들이 추구하는 미감과 환경의 영향에 따라 시대마다 특색을 가진 차문화(제다법, 음다법)를 형성해갔다. 용어의 혼란을 피하기 위해 우선 전다법 이외 당대까지의 음다법 용어를 정리해보자.

| | |
|---|---|
| **자다 (煮茶)** | 가장 오래된 식용, 약용으로서의 음다법. 차를 솥에 넣어 끓여 수프로 마시는 방법이다. 찻잎과 함께 생강, 계피, 후추, 귤껍질, 박하 등을 넣고 끓인다. 이것은 요즘의 블렌딩 티에 해당한다고 할 수 있는데, 조음(調飮)이라고 한다. 즉 찻잎과 어울리는 다른 재료를 섞어서 조리하는 것이다. 보통 소금 간을 하여 즙이나 죽의 형태로 마시는 초기 방법이다. 격식을 갖춘 다기가 따로 있을 수 없다. |
| **팽다 (烹茶)** | 자다와 큰 차이는 없지만, 제다기술과 보급의 향상으로 생찻잎이 아니라 긴압고형차(緊壓固形茶), 즉 압력으로 누른 덩이차(떡차)를 끓여 마시는 방법으로 지금도 여전히 티베트, 몽골, 회족, 투르크계의 위구르 등 소수민족 지역에 존재하고 있다. 역시 소금 간을 하며 보통은 우유나 양젖을 함께 넣어 마신다. |
| **암/옥다 (痷/沃茶)** | 차 가루를 탕병(湯瓶)이나 부(缶)에 넣고 끓인 물을 붓고 흔들어서 풀어 마시는 방법으로, 넓게는 포다법에 넣을 수 있다. 명대 포다법, 촬포법(撮泡法)의 초기 형태로 보기도하지만, 육우의 반대로 많이 행해지지 못했다고 보인다. |

**송대의 점다법**

육우가 주창하고 당대에 유행했던 전다(煎茶)에서는 물이 끓을 때 차를 넣지만, 점다는 물이 끓은 다음에 차를 넣는다는 점이 다르다. 즉 차를 끓이는 것 아니라 끓인 물을 차에 붓는 것이다. 당에서 송으로 넘어오면서, 병차(떡차) 중심의 음다문화가 오대(五代: 907~957)에 개발된 연고차(研膏茶)의 시대로 바뀐다. 점다법의 차 마시기 방법은 우선 차를 구운 뒤 잘게 부수어 가루로 만들고 체에 거르는 것까지는 큰 차이가 없다. 그러나 차를 끓이는 것이 아니라 가루로 된 차에 물을 부어 걸쭉한 차를 마신다는 것이 다르다. 바로 현재 일본의 전통 다도 방식으로 알려진 말차 마시기와 같다.

'점다'의 점(點)이란 '물방울'이란 뜻이다. 즉 거품이 물방울처럼 일어나게 차를 우려낸다는 것이다. 전다에서의 죽협(竹夾)은 다선(茶筅: 가루차를 물에 넣어 푸는 도구)으로 변화·발전되고, 뒤섞는 것을 '격불(擊拂)'이라 부르게 되었다. 대나무 솔로 만든 다선의 발명은 점다와 차 겨루기를 위해 생겨났다고 할 수 있다.

송대는 왕실, 귀족에서 서민에 이르기까지 사회 전체가 차를 즐기는 차문화 융성의 최고 황금기를 맞게 된다. 송대에 검은 천목 다완이나 건주 다완의 유행은 투다(鬪茶)의 유행에 따른 사회적 수요에서 생겨난 것이라고 할 수 있다.

송대에 점차를 할 때 병에 물을 끓이고 잔에 차를 넣은 후 다시 물을 붓는 방법은 중국 음차사의 중대한 개혁이었다. 점다법(點茶法)은 청음(淸飮)에 속한다. 소금을 넣지 않을 뿐만 아니라, 기타 임의의 조미료도 더하지 않는다. 이 점다법은 만당(晩唐)에 싹트기 시작하여 오대에 시작되고, 남북송 때 흥성하였지만 원대에 쇠퇴하다가 명대 후기에는 소실되었다고 보인다. 하지만 점다의 5요소인 차의 선택, 도구의 선택, 물의 선택, 불의 강약, 그리고 차와 물의 비율을 강조하는 것을 보면 점다법이 실제는 육우의 전다법을 계승했음을 알 수 있다. 이후 점다법은 일본과 고려에

다선

유송년, 〈투차도권〉, 남송 견본채색

전해졌고 일본 말다도(抹茶道)의 전통을 만들게 된다.

위의 그림은 송대의 〈투다도〉다. 송대에는 독특한 유희인 투다(鬪茶 차 겨루기)[21]가 유행했는데 주로 두 가지, '차의 색'과 '흔적의 결과'로 승패를 겨루었다.

1. 점다를 한 차탕(茶湯) 표면의 탕색[22],
2. 탕화(湯花), 즉 탕 표면에 띠는 거품의 균형. 잔의 내측과 찻물이 닿는 곳에 물의 흔적 유무를 살펴 우열을 다투었다. [23]

양측이 서로 차를 겨루게 되면 일반적으로 한 번에 그치지 않았다. 예를 들면, 세 번 겨루어 먼저 흔적이 두 번 나타나면 패배하게 되는 식이었다. 투차는 차의 맛을 보는 것까지 포함하였는데, 색(色)·향(香)·맛(味), 세 가지가 뛰어나야 최후의 승리를 얻

---

**21** 투다는 오대(五代: 907~960)에 시작하여 송대에 성행한 일종의 차 겨루기로서 다구품평과 다엽의 질량 및 팽다 · 점다 기예의 우열을 가리는 일종의 다예다. 송대의 투다는 음다 풍속을 크게 변화시켰다. 차는 마시는데 그치지 않고 점차 종합성을 띤 기예로 발전하여 다구의 예술성과 차의 색 · 향 · 미 · 부(浮)를 품평하고 오감을 충족시키는 종합예술로 승화된다.

**22** 차색은 백색이 귀하니 청백이 황백에 이긴다.

**23** 수흔(물자국)의 출현이 이르면 지는 것이고, 늦으면 이기는 것이다.

을 수 있었다. 검은색 위에라야 물의 흔적이 잘 나타나기 때문에 그림 속 투다에는 모두 검은색 다완이 출현한다. 건주의 다완, 천목다완 등 흑유다완(黑釉茶碗)이 인기가 높았다.

당말 오대 때 건안의 민간에서 비롯된 투다는 송대에 들어서는 황제로부터 사대부, 일반서민에 이르기까지 가장 대중적인 차문화로 자리하게 되었다. 황실 및 사대부를 비롯하여 일반 도시민 사이에 사교와 오락을 겸비한 투다가 발전하였고, 또 이에 따른 찻잔의 미학적 감상 태도는 도자기의 발전을 선도하는 중요 요소가 되었다고 할 것이다.

### 명대의 포다법

명대에는 가루차를 사용하지 않고 초청(炒靑, 덖음) 제조한 찻잎(엽차)을 끓는 물에 직접 타서 마시는 방법을 택하여 차 마시는 방법이 혁신을 맞는다. 끓인 물에 엽차를 넣어 우려내는 방식은 '담글 포(泡)'를 써서 '포다(泡茶)법'이라 불렸고, 명대에서부터 시작되어 지금까지 이어오는 방식이다. 지금 전 세계가 차를 마시는 방법인 잎차우림 방식은 바로 명 태조 주원장이 1391년 내린 칙령으로부터 시작되었다.

유송년, 〈명원도시도〉, 남송 견본채색, 27.2x25.7㎝ (대북고궁박물원)

"백성을 심하게 노동시키는 용단차 제조를 금지한다."[24]

–1391년 9월 16일 〈태조고황제실록〉

명 태조인 주원장은 귀족 출신이 아니었다. 본인이 어릴 때 겪은 단차(떡차, 덩어리차)

잎차 우림의 시대를 연 명태조 주원장

제조의 힘든 노역을 잊지 않고, 황제가 된 이후 떡차 제조를 금지한 것이다. 이 칙령을 내린 이유에 대해 여러 가지 추측이 있지만, 노동력이 많이 소요되는 떡차의 폐지는 명대에 이르러 차가 귀한 신분의 전유물이 아니라 일반 백성들이 폭넓게 즐기는 대중 음료로 자리 잡았음을 보여주는 단면이라고 생각할 수 있다.

더 이상 조정에서 단차(떡차)를 마시지 않자, 민간에서도 자연히 단차의 제조가 쇠퇴되었고 산차(散茶, 잎차)가 전면적으로 대중화되었다. 이에 따라 산차를 생산하는 농가가 광범위하게 증가했으며, 다양한 제다법이 출현했다. 그리하여 당대 이래로 음차의 주도적인 지위를 누리던 단차(떡차)가 역사의 무대에서 물러났다. 그리고 덖어서 차를 만드는 초청(炒靑)제조법이 천하의 주류를 차지하여 오늘까지 차업계의 주요 방식으로 면면히 이어진 것이다. 황제 칙령 하나가 아득한 후세, 바로 현재까지 지대한 영향을 끼쳤음을 알 수 있다.

포다는 기본적으로 청음(淸飮)으로 차를 끓일 때 생강 소금 또는 어떤 과일이나 향료도 가미하지 않고 찻잎의 진정한 색(眞色), 진향(眞香), 진미(眞味)만을 즐겼다. 요즘 표현으로는 스트레이트 티이다. 좀 더 세분하면 촬포법(撮泡法)과 호포법(壺泡法)으로 나누어 이야기할 수 있다,

찻잎을 직접 찻사발에 넣고 끓는 물을 부어 우려내는 방법을 촬포라고 하는데 지금의 개완을 생각하면 쉽다. 주전자 안에서 차를 우린 다음 찻잔에 번갈아 붓고 마시는 방식을 "찻주전자(다호)를 사용한다."라고 하여 호포(壺泡)라고 했다.

### 청대의 포다법

청대에는 명대의 음다법인 포다법을 기초로 더 세밀한 발전을 이루게 된다. 차 가운데 복건성의 무이암 반발효차(우롱차)가 점차적으로 유행함에 따라 우리는 방법과

도구들이 새롭게 만들어졌다. 바로 일찍부터 차문화가 발전했던 광동성 동북에 위치한 조주·산두(潮州·汕頭) 지역에서 유행했다 하여 조산다법이라 불리는 공부차(工夫茶)다.

현재 공부차 우림법은 중국의 국가 비물질문화유산(무형문화재)이 되어있다. 공부(工夫)란 어떤 것을 '세밀하게 배우고 익힌다'는 말로 청대에 이르러 차 마시기와 차 서비스가 기술과 예술성을 강조하는 격식화된 형태로까지 발전한 것이다. 차와 다구의 선택, 물 끓이기, 차 우리기, 차의 품평에 이르기까지 어느 것 하나 소홀히 하지 않고 정성을 다하며 정교한 아름다움을 추구하고 있는 중국의 대표적 차문화가 바로 조주 공부차다.

중국 다예(茶藝)로 자리매김한 조산공부차(潮汕工夫茶)의 특징은 차를 마심에 있어 찻잎이 중심이 되기보다는 다구의 정교함과 이상적 배치, 차우림에 정성을 다하는 동작에 예술성을 부여한다는 것이다. 차 우림을 예술의 한 영역으로 승화시키고 다예(茶藝)란 명칭을 부여한 결과물인 셈이다.

조산화로의 덮개, 물고기 어(魚)가 남을 여(餘)와 비슷한 발음으로 물고기 문양과 年年有餘는 해마다 풍요롭기를 기원하는 말이다.

• TEA TIME •

## 월광백차 Moonlight white tea

명대 전예형(田藝衡)이 1554년에 지은 《자천소품(煮泉小品)》이란 책의 '의차(宜茶)' 조에는 다음과 같은 기록이 있다.

'불을 이용해 말린 차가 버금이요, 생잎을 햇볕에 말린 차가 으뜸이며, 자연과도 더 가깝다. 〈…중략…〉 볕에 그대로 말린 차를 찻잔 속에 넣으면, 기창(旗槍)이 푸르고 선명하게 서서히 펴지는데 한층 아름답다.'

물론 이 기록에 백차(白茶)란 이름을 사용하지는 않았지만, 불을 사용하지 않고 자연의 빛과 바람으로 말린 차가 명대에도 선호되었음을 알 수 있다. 백차란 명칭은 근대에 와서 차를 여섯 가지 종류, '6대다류'로 분류하면서 생긴 명칭이라고 할 수 있다. 현재 중국의 백차는 복건성의 정화, 복정이 주도하고 있지만, 운남지역에서는 '월광'이란 이름의 대엽종 백차를 생산하고 있다.

다른 지역의 백차와 달리 월광백은 외양은 우람하고 희고 검은 빛이 선명하다. 태고의 모습을 간직한 듯 백호(솜털)로 뒤덮인 덩치 큰 어린싹의 자태는 신비롭고 그 맛은 달다. 또 오래 우려도 쓴맛이 우러나지 않는다. 유념이나 살청과 같은 공정을 거쳐 만들어지는 녹차보다 단맛이 좋고 내포성이 뛰어나다. 백차는 자연 그대로이다. 찻잎을 괴롭히지 않고 채엽 후 자연에서 그대로 건조하였으니, 오롯이 찻잎이 본래 가지고 있던 향미를 간직하고 있는 것이다.

– 〈티마스터 이낭주〉

# 02
## 떡으로 만든 떡차?

‘떡차’란 쌀로 만든 우리 전통음식 떡으로 만든 차가 아니라 떡처럼 뭉쳐 납작한 덩어리 형태로 만들어진 차, 병차(餠茶)를 번역한 말이다. 우리는 공식적인 명칭이 없이 그냥 ‘덩어리차’, ‘고형차’라고도 한다. 보이차 가운데 우리가 많이 본 둥글납작한 개떡 형태가 바로 떡차다. 좀 더 넓은 범위로 본다면 떡차는 잎차 개념의 산차(散茶)와 상반되는 긴압차(緊壓茶)의 범주에 넣을 수 있을 것이다. 긴압이란 압력을 가해 꽉 눌러서 뭉치는 작업을 말한다.

눌러놓은 형태의 긴압차는 그 모양에 따라서 달리 불린다. 개떡처럼 둥글게 뭉쳐놓았으니 ‘떡 병(餠)’자를 써서 병차라고 부르고, 동그랗게 뭉쳐놓으면 단차(團茶), 벽돌처럼 사각형으로 뭉치면 전차(塼茶)다. 꽃 모양의 틀에 넣어 지금의 월병처럼 찍어낸 차는 화과(花銙)라고 이름했다. 이밖에도 구슬 모양 용주차(龍珠茶), 버섯 모양 타차(沱茶), 호박 모양의 과차(瓜茶) 등 다양한 형태의 떡차가 전다법과, 점다법 등 가루차 방식 음다가 유행하던 중국의 당송대에서 유행했고 현재까지도 전통을 잇고 있다.

우리는 추사 김정희의 작품으로 알고 있는 〈세한도〉를 기억할 것이다. 2018년 국보 180호로 지정되며 세상을 떠들썩하게 했다. 바로 국보 〈세한도〉가 ‘용원승설’이란 떡차와 관련이 있다. 이 차의 발견 시점은 대원군과 관련이 있다. 1846년, 바로 흥선

천하제일의 명당이라는 예산군 덕산면 흥선대원군의 아버지, 남연군 묘

대원군 이하응(李昰應)이 부친인 남연군 이구(李球)의 묘를 충남 예산군 덕산면으로 옮길 때 이곳에 가야사(伽倻寺)라는 절이 있었는데 위치가 천하명당이었단다. 대원군은 주지스님에게 일만 냥을 주고 불을 지르게 했고 폐허가 된 절터의 탑을 부수게 했는데, 탑을 해체하는 과정에서 여러 물건과 함께 이 이 차가 나왔다는 것이다.

"흥선대원군이 충청도 덕산현에 묫자리를 보러 갔다가 고려 옛 탑에서 용단승설 네 덩이를 얻었다. 내가 하나를 얻어 간직하였다."

통역관으로 중국을 열두 번이나 다녀왔다는 추사의 제자 이상적(李尙迪)이라는 사람의 기록이다. 여기서 말하는 용단승설이 바로 떡차다. 정확하게는 용원승설이라고 해야 할 것이다. '단(團)'은 둥근 모양을 의미하기 때문이다. 이상적(李尙迪)이라는 사람이 흥선대원군으로부터 용원승설을 얻었고, 그 차가 김정희 손에 들어갔다는 뜻이다.

〈세한도〉 오른쪽 위를 보면 이렇게 적혀있다. '우선시상(藕船是賞): 우선, 감상해보시게.' 우선은 이상적의 호다. 이상적은 귀양으로 점철된 세월을 보낸 김정희를 변함없이 스승으로 모셨던 사람이다. 그 제자에게 김정희가 그려준 그림이 〈세한도〉인 것이다. 〈세한도〉는 두루마리 형태로 되어있는데, 전문에 이상적이 대원군으로부터 기이한 보물, 700년 된 송나라 차 '용원승설'을 얻었고 이를 선물로 추사 김정희에게 주었으며, 그 답례로 이 그림 〈세한도〉를 준다는 내용이 쓰여 있다. 언뜻 보기엔 초등학생

〈세헌도〉, 1844년

이 그렸을 듯 윤곽선으로만 그린 지극히 단출한 그림이다. 이 그림의 주제는 추사를 향한 이상적의 변함없는 의리를 겨울철 푸른 소나무, 잣나무로 표현한 것이다. 인위적인 기술, 허식적인 기교주의에 반발한 추사의 대표작으로 '극도의 절제와 생략'이라는 절정의 문인화 기법으로 평가받아 우리의 대표적인 국보로 인정받고 있다.

"추운 겨울이 되어야 소나무와 측백나무가 시들지 않음을 알겠다."[25]

이상적은 김정희의 애제자였다. 스승 김정희는 벼슬살이 기간 세 차례의 유배를 겪었다. 고금도, 제주도, 그리고 함경도 북청이었다. 그 세 차례 유배 동안 변함없이 뒤를 돌봐주고 중국의 학계에 추사를 알린 사람이 제자 이상적이었다. 승설(勝雪)이라는 이름은 휘종 선화(宣和) 2년(1120년)에 처음 쓰인 공차의 이름에서 시작되었는데 추사의 자호이기도 하다. 스물세 살 때 북경에서 맛본 승설차를 잊지 못해 스스로 지은 자호였다. 제자 이상적은 유배 생활에 지친 그의 스승, 승설 선생이 700년 묵은 '용원승설차'의 주인이라고 생각했던 것이다.

---

**25** 歲寒然後知松柏之後凋也

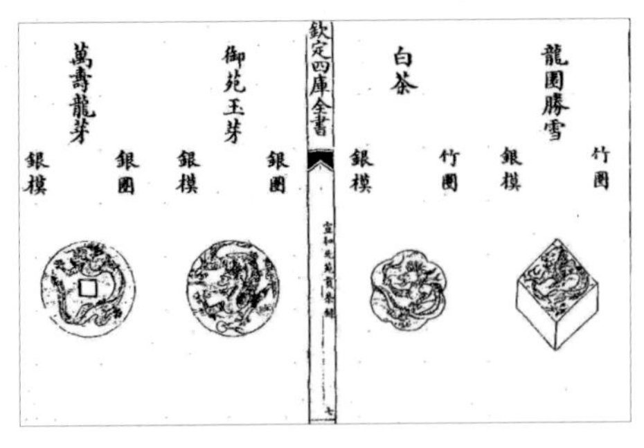

《북원공다록》 용원승설 기록

이상적의 기록에 따르면 탑에서 나온 차는 '표면에 용을 만들어 넣었고 옆에는 勝雪(승설) 두 글자가 음각돼 있었다. 사방 한 치에 두께는 절반'이었다. 지금 우리가 흔히 녹차라 부르는 잎차가 아니라 바로 떡차인 것이다. 이 덩어리를 떼서 차 맷돌로 곱게 갈아 물에 타서 마시는 방식이 바로 점다(點茶)였다. 송대에서 원대까지 중국에서 유행했던 음다방식이었고, 고려에서 조선까지도 사랑받던 음다법이었다.

차는 고려시대 송과의 교역에서 빠질 수 없는 필수 품목이었다. 이는 고려의 수준 높은 문화에 어울리는 기호품이자, 신심 있는 승려와 신도들의 공양물이기도 했다. 기록으로만 전하는 용원승설차가 오늘날 발견되어 지금까지 전해지고 있다면 어땠을까. 대원군이 가야사의 탑을 허물지 않고 그냥 두었다면? 900년 숙성된 차의 맛도 궁금하긴 하지만, 아마도 한국은 물론 중국에서도 희귀한 국보가 되어 언감생심, 맛을 볼 엄두를 내지 못했을 것이다.

• TEA TIME •

## 황제에게 바치는 차, 《북원공다록》의 백차

중국의 송대(960~1279)는 황제에서부터 서민에 이르기까지 차를 마시는 풍습이 널리 확산되어 차는 쌀이나 소금과 같은 일상용품이 되었던 시기였다. 이때 북원은 황제의 차를 재배하던 전용 다원이 있었던 건안(복건성 건구시)지역에 설치된 황실 공납차 생산기지로, 남당(937~975)부터 원대(1271~1368)까지 300여 년간을 유지되었다.

목록 가운데 백차와 승설차만은 경칩 이전에 차를 만들기 시작해 열흘 이내에 완성하고 날쌘 기병을 시켜 3천5백 리 길을 빨리 달리게 하여, 음력 2월을 벗어나지 않게 황성에 도착시켰다. 이 차가 바로 두강(頭綱), 한 해의 첫 번째 차인 셈이다.

구양수는 "용봉단차 한 개의 가치가 금 두 냥인데, 금이 있어도 차는 구할 수가 없다."고 하였다. 전운사(공차 감독관) 조여려는 "용원승설(龍園勝雪)은 최고로 정교하다. 건안 사람들은 4만 전의 가치가 있다."라고 하였다. 이와 같이 북원에서 만들어진 용봉단차는 황제의 권위를 나타내는 최상의 공납차였다.

황실에 진공하는 북원공차는 종류가 50여 품목에 달했다고 하는데, 대원군의 아버지 남연군묘를 만들 때 발견했고 이상직이 추사의 〈세한도〉와 바꾸었던 '용원승설차'가 바로 북원공차였다. 고려시대에 조성된 탑 안에서 나왔다니, 분명 13세기 고려의 왕이 송의 황제에게 선물로 받은 귀한 차였을 것이다. 《사고전서》 〈공다록〉의 '용원승설차'란 옆에 매화꽃 모양의 '백차' 그림이 보인다. 지금의 6대다류 분류 기준에 맞는 백차는 아닐 것으로 보이지만 장식이 무척 화려하고 맵시가 두드러져 보인다. 채양의 《다록》에는 송대 단차 제조의 특징은 '다색귀백(茶色貴白)'라고 했다. 백색의 차를 귀하게 여겼기에 백색차를 만들기 위해 찻잎을 쪄서 틀에 넣고 차의 진액인 다고를 짜냈다. 결국 이 백차는 흰색의 연고차였을 것으로 보인다.

백차

운남 고수차를 표방하면서 언제나 고풍스러우며 모던한 디자인으로 눈길을 끄는 우림고차방에서 운남 고수로 만든 백차를 내놓았는데. 그 모양이 바로 〈공다록〉의 백차와 일치한다. 고수 어린잎으로 만든 백차다. 운남 대엽종으로 만든 백차이니 '월광백차'라고 해야 하겠지만 송대 〈공다록〉에 보이는 백차를 자꾸 떠올리게 된다. 이 회사의 제품이 늘 그렇지만 포장 디자인은 눈길을 끌기에 충분하다. 빨간 로고 밑으로 차 이름은 '고수은화(古樹銀花)'라고 썼고, 작은 글씨로 우림고수차·백차, 포장 바닥에는 열대우림의 모습이 새겨져 있다. 큰 차나무 밑으로 코끼리가 지나는데 요염한 공작이 뒤를 바라본다.

우림고수차 백차(© 우림고수차)

정 중앙에는 은색의 매화 휘장이 번쩍인다.

낱개 포장으로 전통 한지에 이중으로 싸인 차는 30g씩이다. 꽃잎이 5개니 5~6회로 나누어 마시기 좋게 만들어져 있다. 찻잎은 대엽종의 은침과 쇄청으로 산화된 검은 잎이 적절히 어우러져 있으며 복정백차의 백목단에 해당한다. 담황의 탕색은 맑고 깊이가 있으며, 보이생차에서 올라오는 원시림의 향기가 가득하다. 일반 월광백에서 보이는 단맛의 감미로움에 고수 보이 생차의 바디감과 숙성에서 오는 어슴푸레한 계피향과 꽃향이 어우러져 있다. 차를 마신 뒤 찻잔에 남는 잔향은 무척이나 매혹적이다. 몇 년을 지나면 또 어떤 맛과 향을 보여줄지 기대감을 준다.

– 〈티마스터 김윤숙〉

# 03
## 엽차(葉茶)의 정체는?

엽차는 보리차? 한자어인 '엽차(葉茶)'란 정확하게는 '차나무 잎을 물로 우려 마시는 차'를 뜻하겠지만, 우리나라에서 엽차라고 하면 우리는 쉽게 보리차를 떠올린다. 젊은 시절 다방이란 곳에 가서 자릴 잡으면, 짙은 화장의 여종업원이 난로 위의 커다란 양은주전자에서 김이 모락모락 오르는 보리차를 따라 들고 와서는 탁자 위에 올려놓고 주문을 받았었다. 다방에서 시간을 죽이던 그 시간에도 그냥 오래 앉아있기가 거북하니까 엽차를 연거푸 시켰었다. 다방, 중국집, 만둣가게…. 어디를 가도 한국에서는 손님이 테이블에 앉으면 엽차를 내오는 것이, 적어도 2000년대 이전에는 접객 서비스의 기본이었다. 수돗물을 그냥 마시지 않고 집집마다 물을 끓여 마시는 것이 일반적이었던 옛날에는 볶은 보리나 옥수수, 결명자 등을 넣어 끓인 물을 통틀어 그냥 '엽차'라 불렀었다.

중국인 친구가 내게 이런 질문을 던진 적이 있다.

"너희 한국에서는 보리를 끓여서 차로 마신다며?"

좀 당황스러운 질문이었다. 그 질문에는 한국이 중국인이 자랑스럽게 생각하는 차 문화가 없는 나라, 혹은 좀 수준이 낮은 음료문화가 있는 나라라는 경멸의 뜻을 담고 있었기 때문이다. 그러면 나는 이렇게 대답했다.

"그럼. 한국에서는 차의 개념이 너희 중국인들과는 좀 달라. 그냥 마실 거리는 다 차라고 해."

중국인 친구는 고개를 갸우뚱한다. '보리 끓인 물을 어떻게 차라고 하지?'라는 의문인 것이다. 중국인에게 차(茶, tea)란 단어는 정확하게 차나무의 잎만을 의미하기 때문에, 보리를 차라고 부르는 한국인이 이해가 가지 않았을 것이다. 왜 우리는 보리 끓인 물을 엽차라고 불렀을까? 곡물을 주식으로 하던 한국인은 적당히 탄 곡물이 주는 구수함, 메일라드(마이야르) 갈변 반응에 의한 풍미에 익숙했기 때문이다. 물론 한국에서 찻잎을 구하기가 어려웠다는 것도 이유가 될 수 있었을 것이다.

한국 사회에서의 보리차는 정수기와 생수의 보편화로 옛 추억의 한편으로 물러난 듯하지만, 최근 중국의 마트 진열대에는 한국산 보리차가 가득하다. 한류와 함께 한국인들이 보리차를 마시고 건강하다는 소문 덕분이다. 한국의 보리차가 명성을 얻자 캉스푸(康師傅), 통이(統一) 등 중국의 유명 음료업체들이 앞다투어 보리차 계열의 음료를 시판하고 있다. 《본초강목》의 보리 효능까지 인용해가면서 보리차를 전통 차시장의 새로운 레트로 상품으로 등장시키고 있다. 한국도 최근에는 독감, 장염 등의 전염병이 유행하며 보리차를 찾는 사람들도 꾸준하다. 누구에게나 맞는 순한 성질의 보리차는 물 대용으로 마셔도 탈이 없고, 탈이 난 속을 달래고 수분을 보충하는 효과가 탁월하기 때문이라고 보인다.

한국에도 하동, 보성, 제주를 중심으로 많은 찻잎이 많이 생산되고 있지만, '차'라는 단어는 여전히 한국인에게 있어 차는 마실 거리, 음료의 의미로 인식되고 있다. 국내에서 녹차는 다양한 방식으로 가공되지만, 그중에서도 티백에 담긴 '현미녹차'가 가장 대중적으로 소비되고 있기 때문이다. 시중에 판매되는 현미녹차 제품은 현미의 고소함이 녹차 본연의 맛을 가리는 편이고, 대부분 '현미 70% + 녹차 30%' 형태다. 사실상 녹차를 첨가한 현미 음료에 더 가깝다.

알고 보면 차에 곡류를 섞어서 마시는 방식 자체는 상당히 오래된 음다법이다. 당장 육우의 《다경》만 봐도 온갖 곡식에 파 같은 것까지 섞어 끓여 소금을 쳐서 마셨다는 기록이 있다. 육우가 제시한 음다법과는 달리 그 당시 암차가 성행했으며 또한 파, 생강, 대추, 귤껍질, 수유, 박하 등을 넣어 끓여 마시기도 했다고 기록하고 있다. 그런 차를 육우는 도랑에 버릴 물인데 풍속에 젖어 그치지 않는다고 한탄하였다. 이렇게 차에 다른 식재료를 섞어 섭취하는 것을 조음법(調飮法)이라고 한다. 차의 약리적 효능을 더 끌어올리기 위해 차와 건강에 유익한 첨가물을 배합해서 섭취하는 방법이다. 차보다는 탕, 혹은 죽의 형태라고 보인다. 당대 이전 삼국시대에는 주로 조음(調飮)법으로 차를 섭취했다. 지금의 블렌딩이다. 적어도 송대까지는 소금을 넣어 간을 잘 맞추는 것도 필수 조건이었다.

중국 표준어에서는 '차를 마신다(허차: 喝茶)'는 표현과 함께 '차를 먹는다(츠차: 吃茶, 스차: 食茶)'는 표현을 사용하기도 한다. 그 이유를 설명함에 있어 중국인은 차를 마실 때, 혹 찻잎이 입안에 딸려 들어온다고 해도 찻잎을 뱉지 않고 씹어 먹기 때문이라고도 한다. '츠차(吃茶)'는 화동(華東) 지역 사람들이 주로 쓰는 말이다. 화동은 중국 동부 지역이다. 산동에서 쭉 아래로 강소성, 안휘성, 강서, 절강과 복건, 타이완 지역을 화동이라 한다. 모두 명차를 생산하는 지역이다. 쓰지 않은 여린 찻잎을 먹을 수 있는 지역이라는 공통점이 있다. 지금도 화동 지역 찻집에서는 녹차를 주문하면 거름망이 없이 유리컵(글라스)과 뜨거운 물, 찻잎만을 제공한다. 차를 마실 때 찻잎이 딸려오면 씹어서 넘긴다. 부드러운 여린 잎은 입으로 들어와도 쓰거나 떫지 않다.

남송 시기 '츠차'는 '허차'와 혼용되는 일반적인 표현이었다고 한다. 남송의 큰 도시였던 임안(臨安)에는 '츠차'가 많고 '허차'하는 사람은 적었다고 하는데, 현재의 항주(杭州) 사람들도 대부분 '츠차'라는 용어를 사용한다. 《몽양록(夢粱錄)》의 기록에 의하면, 건안에 가면 사계절 특별한 차와 탕을 맛볼 수 있었다고 한다. 송대에는 용뇌향이나 국화 같은 여러 가지 향신료를 차에 넣어 먹는 사람들이 많았다. 겨울에는 칠보뢰차(七寶擂茶)란 것이 있는데 찻잎과 함께 땅콩, 참깨, 호두, 생강, 아몬드, 용안, 고수풀을 넣어 죽 형태로 만든 음식이다. 만들기는 떡보다 쉽고 맛은 팔보죽(八寶粥)보다 좋았다고 하는데, 중요한 포인트는 당시 차는 '마시는' 것이 아니라 '먹는' 것이었다는 점이다. 오늘날 항저우 사람들은 여전히 남자와 여자가 키스하는 것을 "키스 먹는다"라고 표현한다.

차를 식용 형태로 섭취한 역사는 유구하다. 운남의 소수민족들은 지금도 여전히 찻잎을 음식으로 취급한다. 운남 서쌍판납(西雙版納) 태족(傣族) 자치구에 사는 기락족(基諾族)은 차를 나물처럼 먹기를 좋아한다. 금방 딴 찻잎을 기름과 간장, 마늘과 함께 섞어서 무쳐 먹는다. 태족과 포랑족(布朗族)은 차를 절여 먹는 습속이 있는데, 잘 절인 후 무쳐서 먹기도 하고 고추·소금을 넣어 무쳐서 반찬으로 삼거나 그냥 먹기도 한다. 이렇게 중국에선 태초에는 찻잎을 야채처럼 먹다가 점차 음료수로 발전하였다고 볼 수 있지만, 중국의 각 민족 역사 속에서 차를 먹는 습관은 지금도 계속 남아 있다. 바로 먹는 차, 식차(스차, 食茶)문화의 전통이라고 할 수 있다.

녹차굴비(한국)

오차즈케(일본)

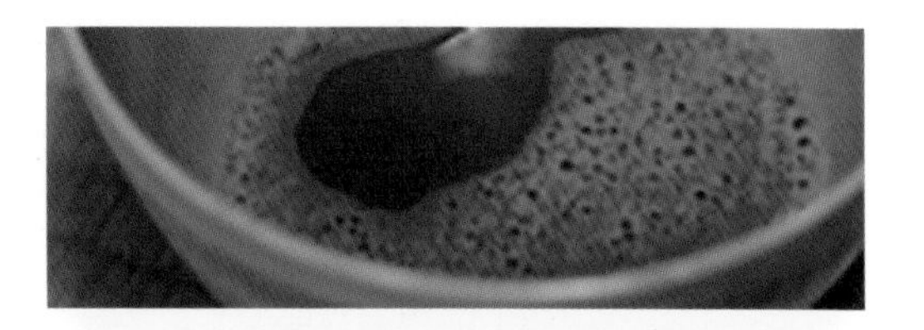

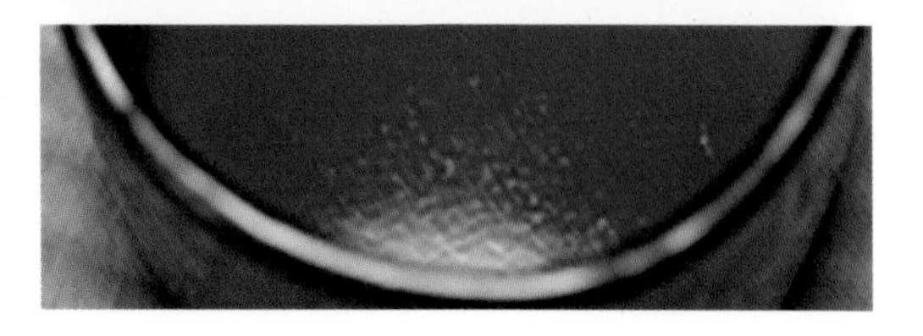

곡류와 함께 차를 마시는 전통은 한국이나 일본에도 남아 있다. 보리 굴비정식은 차에 만 밥에다 보리 굴비 같은 걸 얹어 먹는 남도음식이다. 일본의 오차즈케(おちゃづけ)란 음식도 비슷하다. 말 그대로 따뜻한 녹차(お茶)에 담가(漬ける) 먹는다는 뜻으로 쌀밥에 녹차를 부어 먹는 음식이다. 한국에서 악명 높은 도요토미 히데요시의 주군, 오다 노부나가가 즐겨 먹었다는 스토리가 있는 음식이다. 요리 이름이라고 하기보다는 '차를 밥에 부어 먹는 식사법' 그 자체를 가리키기도 한다. 빠르게, 간편하게 먹을 수 있는 장점으로 일본에서는 전쟁에 나가는 사무라이들이 즐겼다고 한다. 일본의 말차 다도에는 농차(濃茶: 코이차)와 박차(薄茶: 우스차)가 있다. 박차는 연한 차, 농차는 진한 차이다. 박차는 음료에 가깝지만 농차는 음식에 가깝다. 어린 찻잎으로 만든 죽이라고 보아야 할 것이다.

찻잎과 함께 땅콩이나 호두 같은 견과류, 보릿가루나 쌀 같은 곡류를 넣어 식사하는 문화를 가진 사람들이 아직 중국에 있다. 바로 '하카'라고 불리는 중국의 객가인(客家人)이다. 대단한 문화적 자부심과 함께 그들은 소위 레이차(擂茶)라는 형태의 찻잎 비빔밥을 자신들이 지켜온 문화적 전통이라고 한다. '레이(擂)'는 '비비다', '갈다'는 뜻으로 우리의 비빔밥과 흡사하다. 객가(하카)인는 중국 한족의 한 갈래로 주로 동남아시아에 많이 퍼져 있다. 그들은 '중국의 집시'라고 불릴 만큼 중국 남부와 타이완, 동남아 등 여러 곳에 흩어져 살고 있지만, 자신들의 문화 정체성을 유지하고 있는 사람들이다. 그러고 보면 남송대 임안에서 맛볼 수 있었다는 '칠보뢰차'를 전승하고 있는 것이다.

타이완이나 복건성 지역 관광지에서는 우리 미숫가루나 선식과 비슷한 차음료를 체험 형태로 판매한다. 관광객들에게 여러 가지 재료를 주고 직접 빻고 절구에 곱게

레이차1

레이차2

간 다음 따뜻한 물을 부어 마시도록 한다. 객가인의 가정에서 레이차는 한 끼의 식사다. 밥과 야채를 넣은 큰 대접에 녹차 물을 부어서 비빈 후 개인 그릇에 나누어 먹는다. 비비고 섞어서, 함께 만들어, 같은 맛의 음식을 나누어 먹는다는 것은 일종의 공동체 의식 함양 효과가 있어 보인다. 정도는 다르지만 마치 전쟁에 나가는 사무라이들이 박차, 농차를 만들어 돌리며 공동운명체임을 확인하는 것처럼 말이다.

우리의 비빔밥 문화를 이해하는 데 있어서도 섞음과 공식(共食)은 주요한 키워드다. 우리 선조들은 음식을 섞어 먹고, 큰 그릇에 비벼서 함께 나누어 먹는 것을 좋아했다. 한류 음식의 선두주자인 우리의 대표 음식 비빔밥이 그렇다. 또 다양한 곡물을 빻아서 미숫가루처럼 마시는 선식도 객가인의 레이차와 크게 다르지 않다. 비빔밥과 선식의 개념을 참조하여 찻잎과 곡물이 어우러지는, 한 끼의 식사가 될 수 있는 '곡물차음료'를 개발하는 것도 우리 차의 대중화에 좋은 방안이 될 수 있다고 생각한다.

• TEA TIME •

## 찹쌀향 가득한 나미향 보이차

중국 운남성에서 생산되는 보이차 가운데 차에 입문하는 초보자나 일반인들도 특별히 호감을 보이는 보이차가 있다. 바로 구수한 찹쌀 향기가 나는 나미향(糯米香) 보이 소타차. 나미는 찹쌀이란 말이고, 소타란 작은 사이즈의 타차(它茶)를 말한다. 실제 찹쌀이 들어가는 것은 아니고, 운남성에 자생하는 식물인 나미향 잎을 함께 섞어 만든 보이차다.

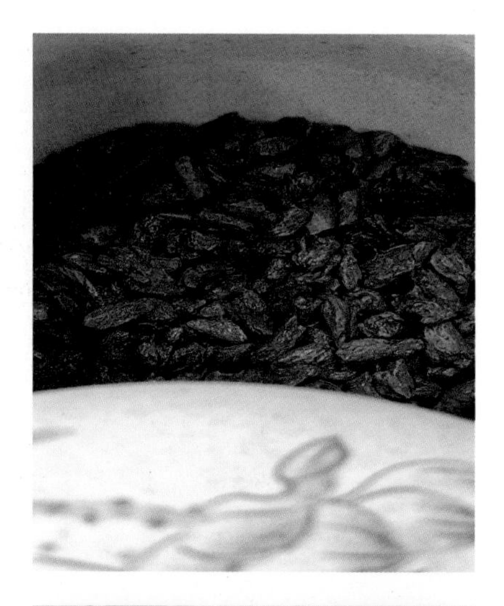

나미향은 운남성 야생의 다년생 초본식물로 40여 종의 향기 성분과 아미노산을 포함하고 있다. 나미향이 블렌딩된 나미향 보이차는 보이 숙차의 달고 부드러운 맛에 잘 익은 누룽지의 구수한 풍미가 어우러져 편안하고 자극적이지 않다. 보리차를 마시는 느낌과 크게 다르지 않다.

좋은 차란 무엇일까? 우리에겐 굳이 코를 들이대고 킁킁거리지 않아도, 후루룩 소리 내며 테이스팅 하지 않아도, 입에서, 그리고 위에서 편안한 차가 아닐까? 보이차의 퀴퀴함이나 쓰고 떫은 맛에 적응되지 않은 보이차 초심자에게는 꼭 권하고 싶은 차이다.

– 〈티마스터 김수연〉

나미향 (糯米香) Semnostachya menglaensis H. P. Tsui

Party.4

# 차와 찻그릇 이야기

# 01
## 최초의 찻그릇

중국 당대 이전 음다풍은 강남 이남의 차 생산 지대에서 유행하여 당대 이후 점차 전국으로 보편화되었다. 북방은 기후 및 지리 환경 때문에 찻잎이 강남에서 북으로, 또 한반도를 비롯한 유목민족들에게까지 운반되다 보니 소금 다음으로 중국 고대의 경제, 특히 상업 활동에 있어서 중요한 물류가 되었다. 물론 찻잎의 뒤를 잇는 물류 이동은 그 차를 담아 마실 그릇이었다. 차를 담는 그릇으로는 도자기를 넘어설 것이 없었다.

도자기(陶瓷器)란 도기와 자기를 합친 말이다. 점토를 빚어 모양을 만들고, 유약을 발라서 1,300° 이상의 고온에서 구워낸 것을 자기라고 한다. 높은 온도에서 흙이 녹아 자기질로 변화하는 자화(磁化)가 일어나야 비로소 자기라고 할 수 있는 것이다. 자기의 생산은 높은 온도를 만드는 기술력과 높은 온도에서도 무너져 내리지 않는 특별한 흙이 있어야 가능한 하이테크 기술이었다. 중국에서는 B.C. 2천 년 경 고대국가인 상대에 도자기의 전신이라고 할 수 있는 회유도기(灰釉陶器)가 제작되었다. 한대에는 원시적인 도자기의 형태라고 할 수 있는 녹유도기(緑釉陶器)가 만들어지기 시작했으며, 당대에 이르러 화려한 색감을 자랑하는 당삼채(唐三彩)가 제작되었다. 모두 자기보다 낮은 온도에서 구운 도기였다.

최초의 찻그릇은 어떤 형태였을까? 고대에는 음식을 먹는 그릇과 찻그릇은 겸용이었을 것이다. 자기가 만들어지기 전이니 당연히 도기 형태였을 것이다. 차 전용그릇에 대한 최초의 기록은 기원전 59년 한대에 왕포(王褒)가 작성했다는 노비 매매문서 《동약(僮約)》이다. 문서에 왕포는 편료(便了)라는 노비를 살 때 편료가 해야 할 일 가운데 차와 관련된 내용으로 "무양(武陽: 사천성 팽산현 강구진)에 가서 차를 사오는 일과, 차를 다려서 대접하는 일, 다구를 씻을 의무가 있다."라는 기록을 해 놓았다. 이 기록은 찻그릇이 일반 식기와 구분되어 사용되었음을 말해준다고 할 것이다. 차만을 위한 그릇이 존재했다는 말이다. 하지만 자기가 만들어지기 전의 시기이니 도기였을 것이다.

다음으로는 삼국시대 후위의 장읍(張揖: 220~265)이 쓴《광아(廣雅)》란 책에 찻그릇에 관한 정보가 있다. 당시의 제다법과 다기를 이야기하고 있다. "먼저 찻잎 가루를 자기 그릇에 넣고 끓는 물을 부은 다음 파, 생강, 귤을 넣어 차죽으로 만들어 마시면 술이 깨고 졸음이 사라진다"라고 하였다. 그런데 차죽을 담았던 자기 그릇이 있던 것은 분명하나 그 정체가 분명하지는 않다.

남북조시대에 이르러서야 비로소 자기, 청자 다완이 만들어졌는데, 생산지는 절강의 월요였다. 당 현종 시기 상류층 사람들은 음다를 일상생활의 일부분으로 보았으며, 당 숙종 상원 2년(761) 육우(陸羽: 733~804)의《다경》에 이르러서 음다 행위는 곧 예술영역으로까지 확대되었던 것이다.《다경》에서 다기는 차를 마심에 필수적인 도구라고 이야기하면서 월주요(越州窯)의 청자완[26]을 으뜸이라고 언급한다. 월요는 절강성을 중심으로 후한대에서 당송시대에 이르기까지 생산하였던 청자자기를 말한다.

육우는 더 나아가 월요(越窯)와 형요(邢窯) 다완의 특징을 대비하여 월요의 우수성을 강조하였다. 육우는 월요청자가 옥과 같고, 얼음 같으며 차색은 녹색으로 보인다고 하였다. 형요는 은(銀)과 같고 눈 같아서 차색은 붉은색으로 보이는데, 차색을 두드러지게 하는 것은 백자가 아닌 청자라고 평가했다. 또 형요 백자는 입술 닿는 부위(구연부)가 말려 있어 차를 마실 때 완의 입구가 입술에 닿아 차를 즐기는 데에 방해가 된다고 보았다. 월요 청자가 끓여 마시는 차로서 적합한 것은 형요 백자처럼 입이 말려 있지 않고 벽이 직사선으로 완의 깊이가 얕아서 차 가루와 차탕을 같이 쉽게 다 마실 수 있는 구조였기 때문으로 볼 수 있다.

---

**26** 중국은 북방 황하중심의 백자가, 남방은 양자강 중심의 청자가 도자 문화를 대표하기에 남청북백이라 부른다. 월요(越州窯) 청자는 통일신라 말기 장보고를 통해 유입, 고려청자의 시발점이 된다.

| 비유·평가 항목 | 월요 청자 | 형요 백자 |
| --- | --- | --- |
| 보 석 | 옥 | 은 |
| 투명도 | 얼음 | 눈 |
| 탕 색 | 녹(綠) | 단(丹) |
| 구연부 | 직사선 | 곡선 |

육우의 월요와 형요 다완 비교표

은과 옥은 각각 백자완과 청자완 표면의 유약색을 의미한다. 옥은 보석처럼 맑고 투명하지 않지만, 돌처럼 탁하거나 단단하지 않고 재질이 보드랍고 뭔가 의미를 함축하고 있어 미에 대한 육우의 환상을 만족시켰다고 할 수 있다. 옥기는 유가에서 군자의 덕을 표현한다고 보아 상서롭게 취급했고, 도가에서는 영약이자 신물(神物)로 상징되는 기물이었다.[27]

투명도에 있어 형상이 변하기 쉬운 눈과 단단하고 미끄러운 얼음은 형요와 월요의 도자적 경도(硬度)를 의미하며, 이는 곧 기술적으로 높은 경도와 투명하고 맑은 공예적 세련미를 지닌 월요 청자완이야말로 찻그릇으로서 기능이 더 뛰어나다는 것을 표현한 것이다.

탕색 비교에 있어 단(丹)과 녹(綠)은 형요 그릇과 월요 그릇에 차를 담았을 때 각각 나타나는 붉은색과 녹색 다탕(茶湯)을 의미한다. 육우는 월주와 악주(嶽州)의 찻그릇은 청색이기에 차탕의 색을 도와주고, 수주(壽州) 그릇은 황색이라 차를 자주색으로 보이게 하고, 홍주 그릇은 갈색이라 차가 검은색으로 보이기 때문에 찻그릇으로 적합하지 않다고 평가했다. 그릇에 담긴 차의 탕색으로 그릇을 평가했다는 것은 비로 차

**27** 공자는 옥유십일덕(玉有十一德: 옥에는 11가지 덕이 있다)을 제창했다. 옥의 물리적 속성과 사회수요를 매우 절묘하게 결합하여 옥을 윤리, 정치적 가치관을 갖춘 '덕(德)'으로 발전시킨 것이다. "옥이 광택이 있는 것은 인(仁)이고 옥의 재질이 치밀한 것은 지(智)이다. 옥은 모가 났지만 사람을 다치게 하지 않아 의(義)이다. 옥의 밀도가 높아 묵직한 손 감촉이 느껴지니 예(禮)이다. 옥기를 두드리면 맑고 긴 소리가 나며 마지막엔 소리가 뚝 그쳐 악(樂)이다. 옥의 흠과 아름다움은 서로 숨기지 않아 충(忠)이다. 인품과 용모가 똑같아 신(信)이다. 옥의 기질은 무지개처럼 해와 달에게 부딪쳐 천(天)이다. 옥은 산천의 정신을 구현할 수 있어 지(地)이다. 옥으로 만든 규장(圭璋: 옥으로 만든 예기)은 성지순례에 사용되어 덕(德)이다. 천하의 사람들이 모두 옥을 고귀하게 여기기 때문에 도(道)이다."

를 마시는 일이 예술의 영역으로 격상되었음을 보여주는 것이다.

중국에 남아 있는 가장 이른 시기의 다화(차그림) 속에도 당시 찻그릇에 대한 정보가 남아 있다. 바로 〈소익잠난정도(簫翼賺蘭亭圖): 소익이 난정서를 편취하는 그림〉이다. 이 그림을 이해하기 위해서는 《난정집》란 서책에 대한 이해가 우선되어야 할 것 같다.

〈난정서〉는 우리가 많이 들어본 중국 최고의 서예가 왕희지가 쓴 친필 작품으로 《난정집》의 서문을 말한다. A.D.353년 회계 산음이란 곳의 난정(정자)에서는 액운을 떨치는 불교 행사인 수계 행사가 있었다. 난정에서 열린 수계 행사에서는 당대 최고 선비들이 모여 경치 좋은 곳에서 흐르는 물에 술잔을 띄워 술 한 잔에 시를 한 수씩 읊으며 풍류를 즐겼다. 이때 지은 시들을 모아 시집을 엮으면서 왕희지가 일필휘지로 28행 324자의 서문을 썼는데 이를 〈난정집서〉라 불렀고, 대대로 왕희지 집안의 가보가 되어 전해졌다. 왕희지 자신도 "지금까지 자신이 쓴 글 가운데 이렇게 잘 쓴 글을 만나지 못했노라."라고 하며 아꼈다고 한다.

당대에 이르러, 그의 7대손인 지영의 제자 변재화상이 진품을 보관하고 있었는데, 왕희지 글씨에 미쳐있던 당 태종이 이를 알고 여러 차례 사람을 보내 이 〈난정집서〉

당 염립본(閻立本: ?~673), 〈소익잠난정도(簫翼賺蘭亭圖): 소익이 난정서를 편취하는 그림〉, 비단에 채색, 27.4x64.7cm(대북 고궁박물원)

를 가져오게 하였으나, 변재는 매번 모른다고 잡아떼었다고 한다. 이에 태종은 모략과 재주가 있는 감찰어사 소익을 허름한 서생으로 꾸며 난정서를 빼내 오도록 하였다. 소익은 지략으로 편취에 성공하였고, 원본 난정서는 훗날 당태종의 능에 순장되었다고 전한다. 아쉽게도 당태종의 묘가 파헤쳐지면서 원본은 사라졌고 지금 전해지는 것은 모사본이다.

소익잠난정도 부분확대

그림의 장면은 바로 소익이 변재화상을 찾아가 차를 기다리며 이야기를 나누는 모습이다. 정확하게는 궁정화원으로 활동한 염립본(閻立本)의 그림을 송대의 화가가 모사한 작품이다.

중앙의 의자에 앉아있는 인물이 난정서를 가지고 있는 변재화상이며 당태종의 명을 받아 난정서를 뺏으러 온 소익은 오른쪽 작은 의자에 앉아있다. 그림 왼쪽에는 하인 두 명이 공손하게 차를 달이고 있다. 다관에 차를 넣고 끓여 잔에 나누어 담는 당대 전다법(煎茶法)이 사실적으로 표현되어 있다. 차 우림용 다호의 모습은 보이지 않는다. 이것이 당대에 차를 마시는 방법이다. 오늘날 우리가 찻잎이 담긴 찻잔에 뜨거운 물을 부어 우려 마시는 방법과는 전혀 다르다.

검은색 관을 쓴 하인은 한 손으로 화로 위의 다관을, 다른 손으로는 다협자를 쥐고 차탕을 젓고 있으며, 그 옆에 다동은 검은 차탁 위에 백자 다완을 들고 허리를 숙여 조심스럽게 분다(分茶)를 준비하고 있다. 검은 찻잔 받침에 올라가 있는 백자다완은 분명 북방 하북의 형요 다완일 것이다.

당대에 그려진 그림으로 당시 차를 즐기는 모습이 잘 묘사되어있는 〈궁락도〉를 들여다보자. 〈궁락도〉는 당시 유행하던 '사녀도(仕女圖)'로, 궁중에서 연주하고 음악을 감상하며 차를 즐기고 있는 여인들의 모습을 그린 그림이다. 그림 속에는 장방형의 탁자에 10명의 여인들이 둘러앉아 있고, 서 있는 2명은 시녀들로 보이는데, 모두들 화려한 옷차림을 하고 있다. 보름달같이 둥근 얼굴에는 흰 분과 붉은 연지를 칠했다. 이마, 콧잔등, 아래턱 부분이 모두 흰 전형적인 삼백법(三白法) 화장이다.

궁락도(宮樂圖), 작자미상(대북고궁박물원)

피리를 부는 여인 아래로 시선을 옮겨보면 한 여인이 긴 국자를 사용해 차를 뜨고 있다. 역시 오늘날과는 다른, 당대의 자다법으로 차를 마시는 모습이다. 탁자 중앙에 놓인 솥에서 차를 덜어 각자의 다완에 담아 마시고 있는데, 탁자 위에 놓인 찻그릇이 바로 육우가 최고의 찻그릇으로 극찬했던 월요의 청자 다완이다.

### 송대의 찻그릇

중국에서 송대야말로 도자기의 르네상스 시대다. 당말오대의 동란을 제압하고 중국 재통일에 성공한 북송은 150만 인구를 자랑한 임안을 수도로 삼아 남송까지 약 300년의 문화적 번영을 구가한다. 송대 중국은 차문화의 대중화와 함께 전국 각지의 요(窯, 가마)들에서 특색 있는 도자기들이 생산되면서 국제교역에 있어서 가장 중요한 거래품목이 되었다. 이어 원대에는 대량생산이 가능해졌고, 선박을 이용한 교역이 활성화되면서 '도자의 길'이라는 해상 실크로드가 생겨 세계로 수출되기에 이르렀다. 명청대에 이르러서 경덕진 청화백자를 중심으로 더욱 다양한 자기가 만들어졌다. 중국의 도자기 다구 수출은 서구사회가 동방무역로를 찾아 나서게 되는 대항해시대의 동

역삼각형흑유다완〈건잔〉

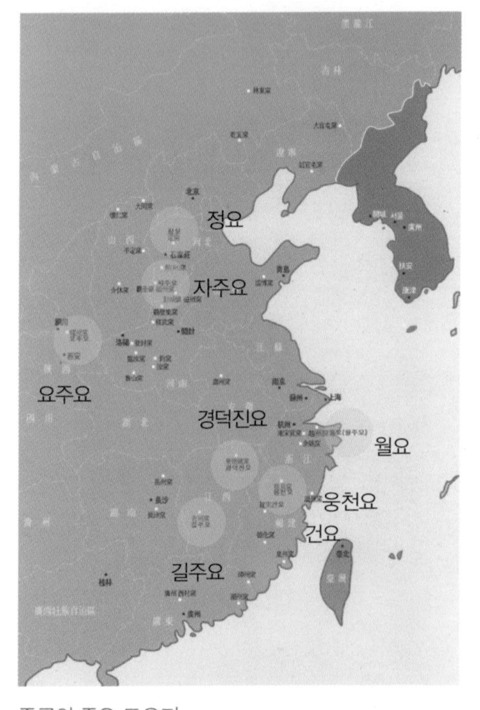


중국의 주요 도요지

기가 되기도 했으며, 유럽에 전해진 중국의 도자기 다구들은 서구사회의 생활모습을 크게 바꾸며 예술사조의 대전환을 가져오게 된다.

남청북백(南靑北白: 남쪽은 청자, 북쪽은 백자가 발달)으로 특징지어지는 중국의 도자 전통은 송대에 이르러 운송이 편리한 황하와 양자강을 중심으로 수많은 관요와 민요가 만들어지며 확립되었다. 북방지역에는 정요, 요주요, 여요, 균요, 자주요 등이 있고, 남방지역에는 월주요, 용천요, 건요, 길주요, 경덕진요가 있었다. 송대에는 점다법의 유행으로 차탕은 백색을 으뜸으로 쳤다. 이에 따라 검은 유약을 바른 흑유자기 잔이 많은 사랑을 받게 된다. 복건 건양현에서 생산된 토끼털, 토호(兔毫) 문양과 흘러내리는 물방울, 유적(油滴) 무늬의 흑유자기가 인기 최고였다. 이들 잔은 두께가 약간 두껍고 보온성이 뛰어나 투다를 좋아하는 사대부에게 인기가 좋았고 궁정에까지 공급되었다.

푸른빛을 띤 검은색의 흑유다완의 유행은 차의 빛깔을 조화롭게 드러낼 수 있기 때문이라고 할 수 있다. 다완의 바닥은 조금 깊고 약간 넓어야 좋다고 보았다. 바닥이 깊으면 차가 거품을 일으키기 좋고 유화를 쉽게 만들 수 있으며 격불에 방해를 받지 않기 때문이다. 송대에 사용하던 은호건잔, 요변건잔은 당대보다 잔의 크기는 전체적으로 작아졌으나 높이는 더 높아졌다. 당대의 잔에 비해 점다에 알맞도록 적당한 깊이가 있고 구연부는 넓지 않다.

송대에 건요의 흑유잔이 특별히 인기가 있기는 하였으나 백자나 청자가 배제된 것은 아니었다. 송대에는 다양한 도자기가 생산되었기에 흑유 외에도 다양한 종류의 찻잔이 사용되었다. 당시의 말차는 오늘날과 같은 초록색이 아닌 약간의 황색을 띤 녹색이었는데, 찻물을 섞으면 우유처럼 흰 거품이 났다. 그리고 흰 거품이 풍부하게 피어야 좋은 차로 여겼기 때문에, 당시에 청자를 고급으로 여겼지만, 음다용으로는 검

| | | |
|---|---|---|
| **여요 (汝窯)** | 여주(汝州) 현 하남성 보풍현 청량사(관요). 유약에 마노가 들어가는 청유(靑釉)자기로 유명하다. 북송의 종(1086년)에서 휘종(1106년)까지 20년 동안 생산된 자기로 궁정에서 사용하는 자기를 생산하였고, 민간에 유통되는 것은 극히 드물었다. 현존 유물은 극히 희귀하다. 비갠 뒤의 하늘 빛 같은 청색(雨過破雲淸天)으로 특징지어지며 표면에는 무수한 빙렬이 보인다. | |
| **관요 (官窯)** | 북송 말 (1111~1125)에는 변경(현재의 하남성 개봉시)에 관부에서 청자를 굽기 위한 도요지를 설치하여 북송관요라고 불렀다. 송이 남쪽의 항주로 옮아간 후 절강 항주의 봉황산아래 도요지를 만들고 내사요(內司窯)를 두었다. 후에는 항주시 남쪽 근교의 오귀산에 따로 신요를 설치하였는데, 이를 통틀어 남송관요라고 부른다. 관요는 청자에 가요와 같은 빙렬무늬를 구사했다. | |
| **균요 (鈞窯)** | 하남성 우주시 성내의 팔괘동이다. 균요는 철, 동을 이용하여 색을 냈고, 구운 후에는 푸른색에 붉은 빛을 띠고 있다. 송대부터 "황금에는 가격이 있지만, 균요도자기에는 가격이 없다", "집안재산이 만관이 있더라도 균요 한 점만 못하다"는 말로 명성이 있었다. 균요는 현대자기를 능가하는 유약의 변화를 추구했다. | |
| **가요 (哥窯)** | 가요도자기라고 하는 것은 전부 후세에 전해 내려온 도자기. 도요지가 어디인지 밝혀지지 않았다. 빙렬과 유약의 두께에 따라 미황(米黃)과 청회(靑灰)색으로 금사철선(金絲鐵線)으로 부른다. | |
| **정요 (定窯)** | 하북성 곡양 간자촌. 관요. 당나라말기부터 오대를 거쳐 북송에 전성기를 맞이하였고, 금, 원의 시기에는 쇠락했다. 북송 정요는 백색 위주다. 우아한 유백색 바탕에 음각이나 양각으로 그림을 그려 넣었다. | |

| | | |
|---|---|---|
| 자주요계 | | 조광고복(粗獷古樸): 거칠지만 질박한 느낌의 자요는 백자 바닥에 흑색이나 갈색으로 문양을 넣었다. 서민적 특색이 강하며 원·명대까지 성했다. |
| 요주요계 | | 정조세탁(精雕細琢): 정교하고 세밀한 느낌의 요주요는 당대에 시작해서 북송 중기에 가장 흥성했다가 금·원 시기에 쇠락했고 명대에는 완전 소실 되었다. |
| 경덕진요계 | | 빙청옥결(冰清玉潔): 얼음처럼 맑고 옥처럼 정결한 경덕진요는 북송초 청자에서 백자로 전환되는 시점에서 청백자기 생산으로 소기옥결(素肌玉骨)의 명기로 칭송되었다. 명성이 해외에 알려졌다. |
| 용천요계 | | 미여주취(美如珠翠): 비취처럼 아름다운 용천요는 북송시기 시들해진 월요청자의 뒤를 이었다. 원대에 들어와 남방에도 백자가 유행함에 따라 청자가 시들해졌지만 절강성 용천현 용천요만은 그 유명세를 유지, 명대 중엽까지 생산되었다. |
| 건요계 | | 고색고향(古色古香): 옛 정취 가득한 건요는 송대 복건에서 흑유다완을 전문적으로 제작한 저명한 자요이다. 송대의 차겨루기에 적합한 흑유다완을 생산했고, 토끼털 문양의 토호(兔毫)다완이 가장 유명하다. |

은 다완을 썼던 것이다. 그리고 거품이 좀 더 풍부하게 일어날 수 있도록 역삼각꼴로 찻그릇을 만들었다. 차 이외의 다른 음식을 담으면 균형을 못 잡아 넘어진다. 순전히 차를 마시기 위해 이런 디자인을 만들어낸 것이다.

송의 도자기는 전 세계를 풍미했던 명품이었다. 아울러 건안의 북원은 어차원이 있던 품질 좋은 차산지였고, 차를 즐기고 감별하는 투다의 진원지였으며, 찻그릇인 건잔, 토호잔을 만들어낸 건요가 있던 상징적인 곳이었다.

건안에서 생산된 건요의 흑유잔은 건잔이라 불리는데, 민요지만 진상품으로서 관요의 역할도 하였다. 이와 같이 송대는 공차제도의 흥성으로 투다 기술이 크게 발전하였고, 이에 아울러 도자산업의 최성기였다. 명대 〈선덕정이보〉(1428)에 열거한 6개의 요장 가운데 시요(柴窯)를 제외한 5개 명요를 후대에는 '5대명요'라고 칭송했다. 물론 '요'는 하나의 가마터가 아니라 그 지역의 집단 군집 가마터를 통칭하는 말이다.

송대 도자기의 전통은 명청대까지 이어져 5대요계로 분류된다.

몽골인은 중원을 정복한 후 몽골족의 민족풍속 생활습관이 유입되어 한족의 인문사회 환경에 새로운 변화가 발생하였다. 백 년이 못 되는 원나라 통치기간 동안 당시 사람들은 점차 간소함과 자연스러움을 추구하였다. 유목민의 특성상 차 마시는 일을 예술적 행위나 멋으로 보기보다는 비타민 성분을 얻는 일상의 음식 정도로 가볍게 생각하게 된다.

우리나라 신안 앞바다에서 건져올린 신안호 유물 가운데 다수의 차 도구가 당시의 차문화를 설명하고 있다. 당송대에 유행하던 전다법에서 간편한 잎차로의 변화를 엿볼 수 있기도 하다. 발굴 유물은 중국을 출발하여 일본으로 가던 배였다. 다양한 찻잔, 마상배, 다연, 잔탁, 흑유다완 등이 많다.

송대에 가장 사랑받던 찻그릇, 흑유다완

• TEA TIME •

## 차고(茶膏)/연고차

고(膏)는 기름이나 지방을 뜻하는 한자로 다고(茶膏)란 차의 진액이라고 할 수 있다. 상처에 바르는 항생제 연고처럼…. 특별히 약성이 좋다는 보이찻잎을 우리고 졸여서 고약처럼 농축시켜 만든 '보이차의 엑기스'인 셈이다. 당송대의 보이다고(普洱茶膏)는 황제에게 진상되는 공품으로 소수의 특권층만 즐기던 진귀한 약재였다. 당연히 일반백성은 구경도 할 수 없었던 아주 귀한 대접을 받았다. 청대에는 외국 사절들에게 약상자에 넣어 선물로 보냈다고 한다.

청대 조학민(趙學敏)이 편찬한 《본초강목습유(本草綱目拾遺)》에는 보이차고의 효능이 자세히 기록되어있다. 만병통치에 가까운 신비한 약이다.

'보이차고는 능히 백병을 고칠 수 있다. 복부 팽만이나 감기에 걸리면 보이차고를 생강 달인 물에 녹여 마시면 땀이 나면서 바로 낫는다. 소화를 돕고 담을 없애주며, 위를 건강하게 하고 진액을 생겨나게 한다. 입술이 트거나 인후나 목젖, 이마 등에 열이 나고 아프면 소량을 입에 물고 하룻밤 자면 곧바로 낫는다. 〈…중략…〉 햇빛에 난 상처나 찰과상으로 피부에 상처가 나면 가루를 내어 붙여도 회복하는 데 도움이 된다. 숙취에 탁월한 효과가 있다. 화농이 생겨 오래도록 낫지 않을 때, 보이차고를 붙이거나 상처 부위를 씻으면 신기하게 효능이 있다. 몸이 뚱뚱

한 것을 고치며 오래 복용하면 몸이 가볍고 장수한다.

아쉽게도 보이차고는 그 전통 제작 방법은 소실되어 전해지지 않는다. 명대 주원장의 폐단개산 칙령 이후 더 이상 만들지 않았기 때문이다. 요즘 시중에 유통되는 보이다고는 문헌과 박물관에 실존하는 보이차고를 토대로 새롭게 복원한 상품으로 예전의 보이차고와 똑같다고는 할 수 없지만, 최대한 '저온추출, 저온건조'의 옛 방식으로 재현했다고 한다. 고온에서는 찻잎 속의 많은 효소 성분이 파괴되기 때문에, 송대의 방식인 '약하게 쪄서 물기를 빼낸 다음 강하게 짜서 고를 얻는' 방식을 채택한 것이다.

음료라는 개념보다는 약이라는 생각으로 차를 마시니 생각보다 편안하게 느껴진다. 사각 모양의 금박 포장을 벗겨내고 한 톨을 다호에 넣어 뜨거운 물을 부으면 보이차고가 서서히 녹는다. 탕색(湯色)은 맑고 깨끗하며 붉은 와인을 연상시킨다. 구감(口感)은 부드럽고 매끄러워 목 넘김이 좋으며, 마신 후 회감이 오랫동안 남는다.

– 〈티마스터 김경민〉

## 02

## 명·청의 White&blue, 청화백자(靑畫白磁)

명 태조 주원장에 의한 포다법의 시행은 차문화에 큰 혁신으로 이어진다. 다양한 발효차도 생산되기 시작했다. 포다법(泡茶法)은 말 그대로 '마른 찻잎에 뜨거운 물을 부어 우려 마시는 방법'이다. 차를 끓일 때 생강 소금 또는 어떤 과일이나 향료도 가미하지 않고 찻잎의 진정한 색·향·미 만을 즐기게 되었다. 현대의 방식과 비슷해진 것이다. 찻잔은 작아지고 탕색을 즐길 수 있는 백색의 작은 잔을 선호하게 된다. 어떤 종류의 차를 마시든 차의 고유 빛깔을 온전히 드러낼 수 있는 그릇이 백자인 것이다. 또 차가 식는 것을 방지하기 위해 찻잔에 뚜껑이 있는 개완배를 사용하기 시작한다. 다호와 찻잔의 기능을 동시에 할 수 있는 실용성을 겸비하게 되는 것이다.

명대 이후에는 청화백자와 채색자기를 대량 생산했던 경덕진요가 중국을 대표하는 곳으로 도자기 생산지가 되었으며, 서구의 도자기 문화에도 많은 영향을 주었다. 중국 도자기가 해외에 전해진 건 9세기부터였지만, 본격적으로 수출되기 시작한 건 청화백자가 대량으로 만들어진 명나라 때부터였다. 명 영락제는 정화에게 사상 최대의 대선단을 주고 서방 원정을 단행하여 해상 실크로드를 개척했다. 또 경덕진 관요에서 본격적으로 아랍어·페르시아어 등으로 장식된 청화백자를 제작하기 시작했다. 14세기 명나라는 다른 나라와 무역을 금지하는 '해금 정책'을 취했지만 도자기 등 중국에서 나는 물건을 원하는 나라가 많아지면서 밀수가 성행하자 16세기 후반 해금 정책을 완화했다.

정책이 바뀌자 유럽 상인들은 너도나도 도자기를 구하기 위해 중국으로 몰려들었다. 당시 도자기 무역의 선두주자는 포르투갈이었는데, 이들이 개척한 대서양 항로를 통해 중국 도자기가 유럽에 대량으로 유입되었다. 포르투갈 왕의 별궁인 산토스 궁전에 '청화백자방'이 있다는 사실만으로도 이들이 얼마나 중국 도자기에 관심을 가지고 있었는지 알 수 있다.

돌이켜 보면 차를 담는 다완이나 잔의 선택은 시대에 따라, 차를 마시는 방법의 변화에 따라 선호도가 달라졌다. 당대에는 전다에 의한 붉은색(담황색)의 탕색을 도드라지게 하는 월주요의 청자를 선호하였으나, 송대에는 점다에 어울리는 건요, 천목 등의 검은 흑유잔이, 명대에 이르러는 잎차의 포다에 따른 연두색에 어울리는 백자를 선호하게 된다.

중국 경덕진 청화백자는 조선의 관요백자에 적지 않은 영향을 미쳤다. 실제로 광주 가마터 발굴에서 경덕진 백자가 출토되기도 하였다. 조선은 15세기 중국에 이어 두 번째로 청화백자를 제작했다. 하지만 하얀 순백자 위에 파란 문양이 돋보이는 조선 청화백자는 다른 백자와 달리 왕실 전용이었다. 페르시아에서 중국을 거쳐 수입되는 코발트 안료가 워낙 비쌌기 때문이다. 따라서 청화백자는 왕실 전용 가마인 경기 광주의 관요에서 제작된 백자 위에 당대 최고의 화가들인 도화서 화원들이 그림을 그렸다. 당연히 다구보다는 장식용 화병이나 대형 접시가 중심이 되었다. 조선에서 청화백자는 왕실의 품격과 취향을 오롯이 보여주는 고급 장식품이었다.

### 청대의 찻그릇

청화백자를 중심으로 하는 명대의 다양한 다구는 다예(茶藝)라는 민간유희를 통해 당송 이래 심평과 품차를 일체화시킨 다도형식으로 정신, 예의, 우려내는 기술이 융합된 '공부차(工夫茶)'를 만들어냈다. 청대에는 차문화는 광동의 공부차가 대표한다.

하루도 차가 없이는 살 수 없는 사람들이 바로 광동 사람들이다. 중국의 남부에 위치한 광동은 중국 명차의 성지라 할 수 있는 복건에 맞닿아 있기도 하고 상업이 발달하여 일찍부터 눈부신 차문화의 발전을 이끌었다. 특히 광동 동북에 위치한 조주는 일찍부터 차문화가 발달한 곳이다.

옹휘동(翁輝東)의 《조주다경(潮州茶經)》에는 정교하게 차를 다루고 다구를 준비해야 하며 차를 내는 단계마다 천인합일의 사상이 녹아있고, 정성스럽게 차를 내고 마시는 가운데 자연과 하나가 되는 경계에 도달하여야 함을 강조하고 있다.

"호는 의흥 자사호를 제일로 치고, 찻잔은 한두 모금에 다 마실만 한 크기로 얇아서 향이 잘 살아나며 찻물색을 잘 볼 수 있는 백색으로 청화무늬가 있어 아름다우며 바닥이 좁고 입이 넓은 것이 좋은 잔이다"

약심진장(若深珍藏)이라고 쓰여진 잔을 특별히 좋다고 했는데, 약심(若深)은 강희제 때 유행했던 표기이다. 경덕진의 백자잔은 하얗고 감촉이 옥과 같아 백옥배(白玉杯)라고 불렸다. 백옥배는 작고, 얕고, 얇고, 하얗고, 둥근 다섯 가지 특징으로 인기가 있었다. 계절에 따라, 다판과의 조화가 잘 이루는 잔을 선택하는 것도 공부차의 중요한 포인트였다.

•—≡ • TEA TIME • ≡—•

## 오랑캐의 차, 보이차

운남성의 차 역사는 오래되었지만, 보이차는 명·청대에 이르러서 중국 전역에 퍼졌다. 오늘의 명성을 얻게 된 것은 무엇보다도 청을 세운 만주족에 의한 것이었다. 만주족은 한족 입장에서 변방의 민족, 오랑캐다. 한족은 자신을 제외한 주변 민족을 모두 오랑캐로 치부했다. 청나라는 유목민족인 여진족(17세기에 이르러 만주족이라고 부르게 됨)의 누르하치(努爾哈赤)가 건국한 나라로 청나라가 들어서면서 지방 도시에까지 다관(茶館)이나 다루(茶樓)가 생겨났다. 또한 주로 변방지역에서 많이 소비되어 변소차(邊銷茶)라고 불리던 보이차는 청대 만주족 지배층의 필요에 따라 공차의 반열에 들게 되었다. 유목과 수렵을 하던 민족으로 이들의 식습관은 육류가 주류를 차지하고 있었으나 이들이 중국의 통치자로 북경을 중심으로 한 중원에서 지배생활을 하면서 풍부해진 음식문화로 인해 소화작용이 강한 음료가 요구되었는데 여기에 적합했던 음료가 바로 보이차였던 것이다.

대익보이차 8582

대익보이차 7572

대익보이차 7742

대익보이차 8592

오늘날 중국의 보이차를 대표하는 브랜드는 대익(大益)이다. 대익의 전신은 맹해차창으로 1940년, '불해 시범 차창'부터 시작된 기업이다. 특별히 맥호(嘜號)차라고 불리는 숫자가 표시된 보이차는 보이차의 표준으로 통한다. '병배'란 단어를 사용하는데 일종의 블렌딩차이다. 총 4자리 숫자로 표기한다. 앞 2자리 숫자는 최초의 생산 연도, 3번째 숫자는 배합 방법, 혹은 찻잎의 등급, 4번째 숫자는 공장 일련번호로, 대익의 전신인 맹해차창은 2번이다.

– 〈티마스터 다래 강연옥〉

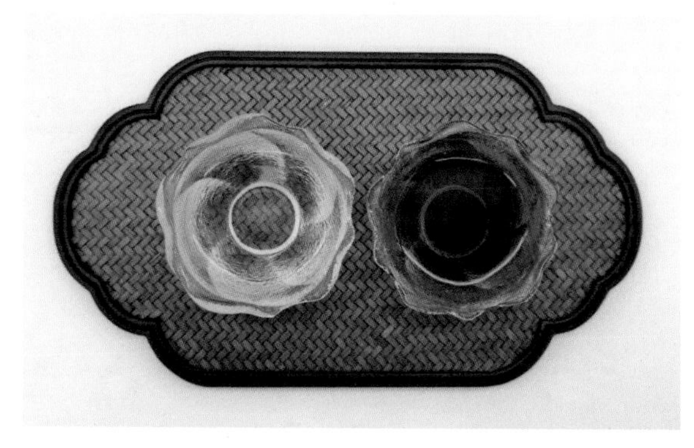

보이 생차와 숙차의 탕색

# 03
## 유럽의 명품 찻그릇

china의 원조는 China. 액체를 마시는 데는 china가 가장 좋은 그릇이다. 중국과 도자기의 영어 스펠링은 같다. 첫 글자를 대문자로 쓸 것인지, 소문자로 쓸 것인지에 따라 나라 이름과 도자기가 구분된다. 어떻게 도자기와 차이나는 같은 스펠링이 되었을까? 도자기는 중국에만 있었던 것인가? 아름다운 영국과 독일, 프랑스의 티 웨어들은 그럼 언제부터 만들어졌을까?

질그릇, 흙을 불에 구운 도기(陶器)는 동서양을 막론하고 어느 문명이나 만들어 썼지만 자기(瓷器)는 중국에서 최초로 발명되었고 세계로 퍼져나갔다. 우리는 도자기라는 말로 흙으로 만든 그릇을 묶어서 이야기하지만 도기와 자기는 다르다. 유럽의 고대 및 중세 도자기는 이집트나 그리스의 도기를 기원으로 시대별 지역별로 발전하여 갔다. 유럽의 도기를 동양의 도자기와 비교해 본다면 가장 큰 차이는 소성온도와 유약의 사용이다. 일찍이 중국과 한반도에선 고화도 유약을 사용할 줄 알았기 때문에 식기와 다기나 일상생활에서 다양한 도구를 생산하고 만들 수 있었지만, 이집트와 서아시아에서는 낮은 온도에서 녹는 저화도 유약을 택해서 주로 장식품이나 건축용 자재들을 생산하는 데 그쳤다. 고대에서 17세기까지 유럽은 항아리나 수전자, 서장용기, 장식용 접시, 타일 등 수준 낮은 도기로 장식용품들만을 만들 수 있었다.

하지만 13세기에 이미 당(唐)의 도자기는 마르코폴로에 의해 유럽에 도달해 있었다. 바로 포슬린(porcelain)이란 단어가 그 증거가 된다. 마르코폴로가 중국을 여행하고 돌아와 《동방견문록》에서 중국인이 사용하는 하얀 그릇을 포르셀라(porcella)라고 불러 중국 열풍을 일으키는 단서가 된다. 포르셀라란 이탈리아어로 표면이 하얗고 매끄러운 조개에서 유래했다. 포슬린은 고령토, 즉 카오린을 사용하여 1,200~1,400의 고온에서 소성되어 완성된 백색의 그릇이다. 15세기에는 예수파 선교사들이 청화자기를 샘플로 유럽에 가져왔고, 바스코 다가마에 의해 열린 뱃길을 따라 16~17세기에는 중국의 도자기가 대량 수입되어 유럽으로 들어온다. 유럽에 수입된 중국 도기는 희고 단단해서, '상상할 수 있는 것 중에 가장 아름다운' 물건으로까지 평가되었으며, 심지어는 도자기가 독을 풀어주며 병을 낫게 할 수 있는 신비한 힘을 지녔다고까지 믿어지게 되었다.

유럽이 중국 도자기에 열광한 이유는 무엇일까? 17세기 유럽인들에게는 중국에서 수입된 차가 중요한 생활음료로 자리 잡고 있었으며 이를 따뜻하게 데워 마시기에 좋은 안전한 그릇이 필요했을 것이다. 그때까지 유럽에서 생산되는 그릇들은 모두 저온에서 만들어져 강도가 약하고 안전하지 못했기 때문이다. 이런 유럽 그릇의 단점을 극복한 것이 바로 '중국 도자기'였다. 중국 도자기는 고온에서 구워졌기 때문에 단단

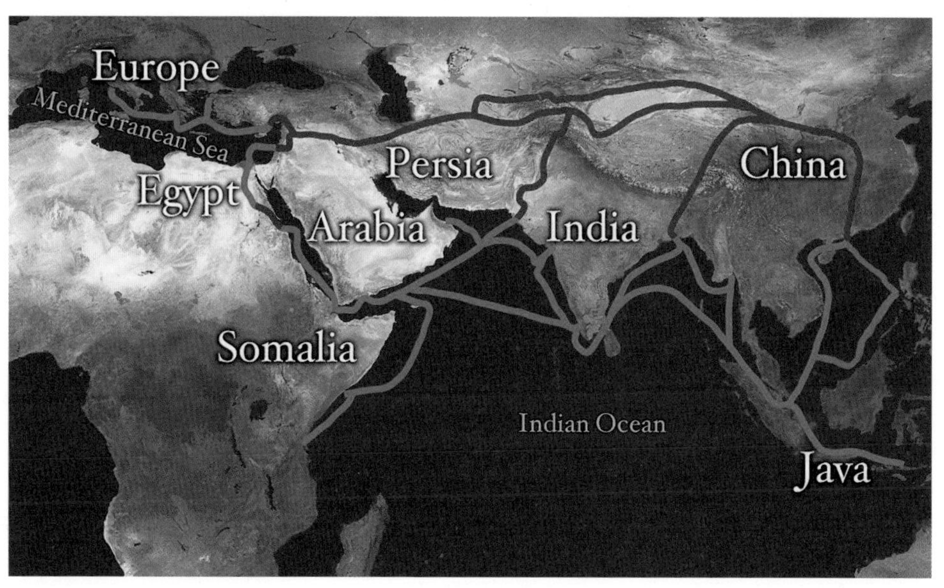


실크로드와 도자기 루트

했고, 특히 가볍고 단단하며 아름다운 순백에 그려진 이국적인 청화백자는 유럽인들이 가지고 있던 동양에 대한 호기심을 충족시키며 대단한 인기를 모았다.

바로 이런 중국 도자기가 해외에 본격적으로 수출되기 시작한 건 청화백자가 대량으로 만들어진 명(1368~1644) 때부터였다. 14세기 명나라는 다른 나라와 무역을 금지하는 '해금 정책'을 시행했지만, 도자기와 같이 중국의 물건을 원하는 나라가 많아지면서 16세기 후반 해금 정책을 완화했고, 도자기 수출로 세계 최고의 부유한 국가가 되었다. 또한 중국 도자기의 가치가 알려지면서 네덜란드 동인도회사 배들이 실어 나른 중국 도자기는 1년에 무려 10만 점 이상이었다.

초기에 중국에서 유럽으로의 도자기 수입은 차문화를 일찍부터 받아들인 포르투갈과 네덜란드가 주도했다. 식민지 개척으로 넘쳐나게 된 은을 가지고 유럽 여러 나라들은 배의 바닥짐(ballast)으로 은화를 가득 싣고 가서 그들이 열망하던 차와 도자기로 교환해 왔다. 왕족과 귀족들은 중국 도자기를 경쟁적으로 수집해 궁전이나 자신의 집을 장식했다. 중국 도자기를 누가 많이 소장하고 있느냐가 최고의 자랑거리였다. 당시 중국 고급 도자기 가격이 흑인 노예 7명을 사거나 중산층이 사는 주택 한 채를 살 수 있을 정도였다고 하니 얼마나 많은 사람이 중국 도자기를 갖기 원했는지 알 수 있을 것이다. 유럽 왕족과 귀족들은 중국 도자기를 수집하여 궁전이나 자신의 집을 장식하는 등, 중국 도자기는 단순한 식기가 아니라 부유함과 권력의 기준이 되었던 것이다. 당시에 만들어진 유럽의 궁전에는 도자기로 장식된 방이 따로 있는 것이 일반

독일 샤를로텐부르크 궁전

프랑스 퐁텐블로 궁전

영국 로열 파빌리온 궁전

적이었다.

1602년 네덜란드의 동인도회사는 중국에서 화물을 싣고 돌아오던 포르투갈 상선 산타리나호를 대서양 세인트헬레나섬 부근에서 나포해 암스테르담까지 끌고 왔다. 배에 실려 있던 청화백자들이 유럽 경매장에 나오자 사람들은 흥분을 감추지 못했고, 네덜란드 동인도회사는 엄청난 돈을 벌어들였다. 1604년 네덜란드 동인도회사는 포르투갈 상선 카타리나호를 또 한 번 믈라카해협 조호르에서 나포했는데, 여기에 약 16t에 달하는 중국 도자기가 실려 있었다고 한다. 물론 암스테르담에 커다란 경매시장이 열렸고, 지금까지 암스테르담은 도자기 경매의 전통을 이어가고 있다.

끌로드 모네의 〈기모노를 입은 까미유Camille Monet in Japanese Costume〉

이러한 중국 도자기 수집 열풍의 영향을 받아 17~18세기 유럽에선 화려한 바로크·로코코 양식의 미술에 중국풍 예술이 결합된 '시누아즈리(Chinoiserie)'라는 미술 사조가 크게 유행하게 된다. 소위 유럽 왕족과 귀족들이 열광했던 '중국 따라잡기'다. 시누아즈리는 당시 유럽의 인테리어 디자인, 장식미술, 건축 등 다양한 방면에 반영되었다.

19세기에는 또다시 자포니즘이란 사조가 유럽예술계를 휩쓸게 된다. 이러한 분위기는 19세기 유럽에서 30여 년 이상 지속적으로 일본을 동경하고 선호한 일본 문화에의 심취에서 비롯되었으며 이는 서양의 미학적 관점에 변화를 주게 된 새로운 미술사적 영향으로 평가받는다.

자포니즘은 시누아즈리와 마찬가지로 동양에 대한 판타지, 즉 '오리엔탈리즘'을 가진 유럽인들이 만들어낸 짝퉁 일본 미술이라고도 평가할 수 있다. 자포니즘의 시작은 일반적으로 1855년 만국 박람회에 일본의 채색화가 및 화가들이 제작한 100여 점의 작품이 전시된 것에서 찾는다. 당시 유행했던 인상주의 화가들은 일본 채색판화(우키

요에)에 크게 영향을 받았다.

강렬하고 화려한 일본의 색상과 디자인은 인상파 화가들에게 큰 영향을 주었고, 찻그릇에도 크게 영향을 끼친다. 바로 이마리 패턴의 유행이다. 이마리 패턴은 영국의 로열크라운 더비라는 회사를 떠올리게 한다. 하지만 이마리 패턴은 더비만의 패턴이 아니라 많은 도자기 회사들이 17세기에 생산했던 일본의 문양이다. 독일의 마이센도, 영국의 스포드, 엔슬리도 이마리 패턴을 생산했다. 물론 '이마리'는 일본 도자기의 원조인 일본 아리타의 수출 항구 이름이다. 이마리 도자기의 특징은 유약을 바르기 전에 바탕 물감으로 파란색을 사용하고 유약을 바른 후에 그 위에 금장과 빨간색으로 덧칠을 하여 만들어내는 화려한 패턴에 있다.

도자기 생산 기술과 흙(고령토)을 구하기 힘들었던 유럽은 오랜 기간 중국 도자기에만 의존해야 했다. 하지만 1708년 작센 선제후국의 군주 '강건왕' 아우구스트와 연금술사였던 요한 프리드리히 뵈트거(Johann Friedrich Böttger)에 의해 도자기 생산의 길을 연다. 이를 계기로 유럽인들은 도자기 수입으로 인한 만성적인 적자를 만회하고 경질 도자기를 직접 생산하면서 되었고, 중국을 뛰어넘는 세계 최고 수준 도자기 생산의 기틀을 마련하게 된다.

### 유럽의 4대 도자기 브랜드

마이센: 16세기 초, 못 말리는 도자기광이었던 독일 작센 공국의 아우구스트 2세는 최고의 장인들로 하여금 도자기를 만들도록 했다. 당시만 해도 서양 사람들에게 동양의 도자기 제작기술은 최대의 수수께끼였는데, 연금술사 뵈트거(Böttger)가 이 어려운 문제를 처음으로 풀었다. 1710년, 서양 최초의 도자기가 된 마이센 자기는 현재

독일 마이센 자기

까지도 세계 최고로 꼽힌다.

웨지우드: 1759년 설립돼 영국의 대표적인 도자기 브랜드로 군림하고 있는 웨지우드(Wedgwood). 조사이어 웨지우드는 '영국 도예의 아버지'로 불린다. 스물아홉 살의 나이에 다양한 점토 연구와 실험을 통해 웨지우드는 물론, 영국 도자기 산업을 발전시킨 주인공이다. 조지 3세의 아내 샬롯 왕비에게 '크림웨어 티세트'를 헌정해 '여왕의 도자기(Queen's Ware)'라는 별칭으로도 불린다. 수천 번의 실험을 거쳐 완성했다는 무광 유색 스톤웨어인 자스퍼웨어는 웨지우드만의 독특한 기술력을 상징하는 아이콘이다. 최근에는 재스퍼 콘란(Jasper Conran), 베라 왕(Vera Wang) 등 유명 디자이너들이 만든 현대적인 제품들도 출시하고 있다.

영국의 웨지우드 제스퍼 블루

로열 코펜하겐: 영국에 웨지우드가 있다면 덴마크에는 로열 코펜하겐이 있다. 덴마크 사람들의 자부심 가운데 하나라고 할 수 있다. 세 줄의 푸른 물결 모양이 디자인된 로열 코펜하겐의 로고는 바다를 뜻한다. 바로 덴마크를 감싸고 있는 세 해협을 상징적으로 나타낸 것. 로열 코펜하겐은 덴마크 왕가의 위엄과 국가를 상징하는 도자기로 줄리안 마리 왕비의 후원으로 1775년 설립되었다. 왕실 도자기로 인정받은 로열 코펜하겐은 화려한 문양이 특징이다.

로열 코펜하겐 (Royal Copenhagen)

덴마크 디자인이 세계적인 명성을 얻는 데 가장 크게 이바지한 회사가 로열 코펜하겐이다. 그들은 로열 코펜하겐의 장인들을 페인터라 부르지 않고 아티스트라 부른다고 한다. 블루 플루티드의 문양은 모두 직접 그리는데 접시 하나를 완성하기까지 1,197번의 붓질이 필요하기 때문이라고 한다.

헤렌드: 헤렌드는 헝가리 부다페스트 서쪽에 위치한 작은 도시 이름이다. 독일 마이센에서 도자기를 생산한 지 116년이 지난 1826년, 헤렌드 도자기가 시작된다. 가까운 오스트리아 비엔나에 비해서 무려 108년이나 늦은 셈이다. 영국 왕실을 위한 제품을 생산하기 시작하며 헤렌드는 동유럽 최고의 도자기로 등극했다. 퀸 빅토리아 라인은 대담한 색상들이 어우러져 접시와 그릇 표면에 화려한 색채의 향연이 펼쳐진다. 그림은 복잡하지만 결코 천박하지 않고 기품이 있다.

헝가리 헤렌드 도자기

헤렌드의 가장 전통적인 문양 '인도의 꽃'이 그려진 자기들은 마이센 인디언패턴의 영향을 강하게 받았다. 특히 빅토리아 라인은 대담한 총천연색 꽃과 나비, 새싹과 꽃봉오리가 움트는 나뭇가지, 봄날의 초원을 연상시키는 녹색과 금채 테두리는 투명한 백자 위에 펼쳐진 생명의 기쁨이 가득하다. 초창기의 완벽한 마이센 카피에서 점차 독자적 양식을 모색하던 헤렌드가 청조의 색회자기 분재(粉彩)를 닮은 독특한 디자인을 적용하여 1851년 런던 만국박람회에 그랑프리 수상과 동시에 영국 빅토리아 여왕의 주문을 받았다. 윈저성의 식탁을 장식한 디너 풀세트는 여왕의 이름을 따 '빅토리아' 라인으로 불리게 되었다.

• TEA TIME •

## 세계 최초의 홍차, 정산소종

정산소종은 중국 복건성 무이산(武夷山)의 숭안현 동목촌 지역에서 기원한 중국 홍차로 랍상쇼우총(Lapsang souchong)이라고도 한다. 전하는 이야기에 의하면 중국 청대에 황실 군대가 몰려온다는 소식을 접한 차농들이 따놓은 찻잎을 그대로 놔둔 채 산으로 피신했는데, 얼마 후 돌아와 보니 찻잎이 벌겋게 발효돼 있었다는 것이다. 생계가 막막하던 차농들은 급한 대로 생솔 가지를 태워 발효된 찻잎을 건조시켰고, 이를 헐값에 팔아넘겼는데, 이 검게 발효된(Black) 생솔 훈연향을 품은 차가 큰 인기를 끌면서 홍차의 역사가 시작됐다는 것이다.

강한 훈연향의 정산소종은 스트레이트로 마시기 힘들지만, 식사 시 기름지거나 짜고 자극적인 음식과 잘 어울린다. 3년 정도 시간이 지난 정산소종은 훈연향이 빠지며 과일향과 단맛이 느껴지게 변화한다고도 한다. 솔잎이 탈 때 생긴 그을음, 정로환 향이 가득한 정산소종이 유럽으로 가면서, 시간과 공간을 이동하다 보니 훈연향이 빠져 향긋해졌고, 이것이 '얼그레이 티'를 탄생시키게 되었다는 것이다. 하지만 얼그레이 스토리의 원조는 이름에서 알 수 있듯 얼그레이 백작이다. 트와이닝스에 정산소종(랍상쇼우총)을 주문하였는데, 워낙 공급이 부족하다 보니 그 향을 모방하기 위해 '베르가못 오일'을 넣었고, 당시 최고의 권력자인 그레이 백작의 이름을 빌린 것이 불멸의 레시피라 불리는 '홍차 얼 그레이'의 탄생 스토리가 되었단다.

생솔가지를 태워 입혀진 것으로 보이는 훈연향은 사실 배앓이 치료약인 '정로환'을 연상하게 한다. 그래서일까? 나에게 정산소종은 배앓이를 하던 나를 따뜻하게 감싸주었던 어머니의 손처럼 평화로움을 선사해주는 귀한 차이다.

–〈티마스터 조수정〉

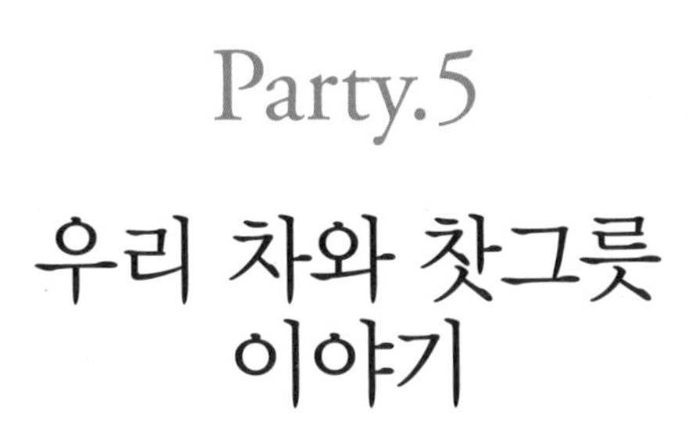

# Party.5

# 우리 차와 찻그릇 이야기

## 01
# 우리의 차 마시기

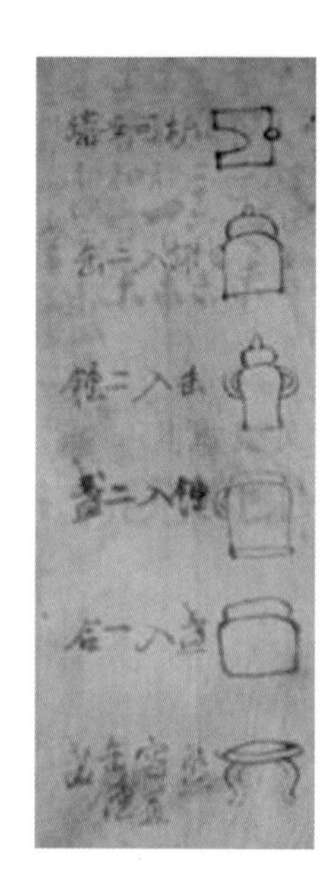

약용이었든, 음용이었든 중국에서 시작된 음다문화는 거의 동시대에 한반도로 전해졌다고 보인다. 차를 마시는 일은 특정한 음다법과 형식, 이에 따른 다구를 동반하게 된다. 《다경》이나 《대관다론》같은 중국의 다서들에는 차뿐 아니라 차 마시는 방법이나 도구에 대한 구체적인 기록들이 존재한다. 물론 이런 기록들은 한반도에도 전해졌고 영향을 주었다고 보이지만, 한반도는 이를 그대로 수용하지만은 않았다. 자체적으로 차를 생산할 수 있는 지리적 환경이기도 했고, 중국과는 다른 식생활 습관이 있었기에 한반도 나름의 차문화를 만들었다고 보인다.

현존하는 유일한 우리의 다구에 대한 그림은 이운해의 《부풍향다보》에서 찾을 수 있다. 간단한 그림과 함께 규격이 적혀있다. 화로와 다반을 빼고 차 담는 용기만 본다면 다음과 같다.

"찻잔은 한 홉들이, 찻종은 두 잔들이, 다관(부)은 찻종 두 개들이, 탕관은 다관 두 개들이다(罐入二缶, 缶入二鍾, 鍾入二盞, 盞入一合)."

제일 작은 것이 잔, 잔의 두 배 크기가 종, 종의 두 배 크기가 부, 부의 두 배 크기가 관이다. 중국식 다호(茶壺)는 보이지 않는다. 한국 전통 다구에서도 중국 다호 형태의 주전자는 있지만, 다호란 말은 쓰이지 않는다. '다관'이라고 부른다. 관(罐)은 '두

레박 관'이라고 읽는다. 일반적으로 물을 흘릴 수 있는 주둥이가 없는 항아리를 말한다. 위의 문헌이나 전통다도에서 다호란 단어를 쓰지않고 다관이란 단어를 사용하는 것을 보면, 우리는 중국 명대 이후에 유행한 잎차 우림, 포다법을 적극적으로 수용하지 않았다고 볼 수 있다. 잔의 크기를 기준으로 한다면 '발(鉢)〉완(碗)〉종(鍾)〉잔(盞)〉배(盃/杯/壞)' 순이다.

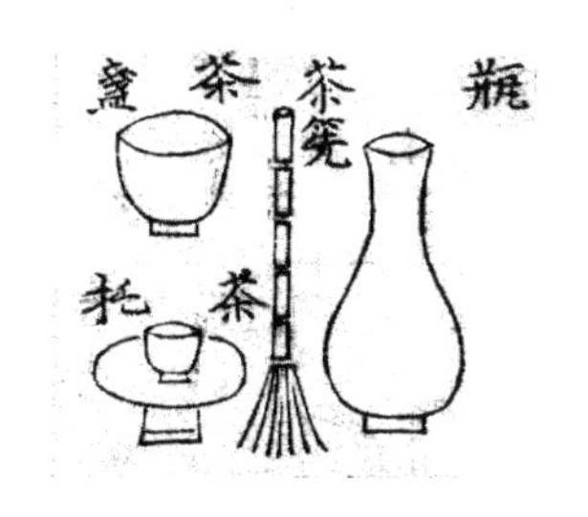

《가례집람도설》 중 차도구

또 사계 김장생의《가례집람도설》에도 제사상에 올리는 차 도구가 보인다. 역시 다호나 다관은 보이지 않는다. 병과 함께 다선이 있는 것은 가루차를 격불하였다는 말이다. 점다법에 의한 차로 제사를 올렸다는 말이다. 일본이 전쟁을 치르며 약탈해간 무수한 조선의 찻사발을 생각해보면 조선의 차는 명대의 포다식이 아니라 점다식 차가 주류였을 것으로 보인다.

왕실의 경우는 조금 달랐다. 조선시대 왕실에는 다례가 행해졌다. 주로 사신을 맞을 때였다. 당연히 명과의 외교관계를 생각해서 명 주원장의 '폐단개산' 정책에 호응하지 않을 수 없었을 것이다. 또 왕과 왕후의 기제사나 묘제사, 낮제사에는 다례가 이루어졌다. 1829년의 기축년 진찬 연회를 그려놓은《기축년진찬도병》의 〈자경전내진찬도〉에는 은다종과 은다관이 보인다. 작설차(雀舌茶)를 올렸다 하니 명청대의 포다식으로 차를 우려서 올렸을 것이다.

銀茶鍾

銀茶罐

茶亭

유교 국가였던 조선에는 차보다 술을 우대했으니 차에 대한 기록이나 그림이 공식적으로는 많이 보이지는 않는다. 파초나무 아래 더벅머리 총각이 풍로에 차를 다리고 있는 이 그림은 단원 김홍도(1745년~1806년)의 작품이다. 그림에는 소박한 백자잔이 보인다. 명대의 포다식 우림차가 아니라 끓여 마시는 자다나 전다식 차를 마신 것으로도 보인다. 포다식 다법을 유행시킨 명과 각별한 관계를 유지했던 조선이 명 주원장이 바꾸어 놓은 잎차우림의 포다식을 따르고 있지 않고 여전히 당송대의 방식을 고수하고 있음은 의아스러운 부분이다.

김홍도 〈초원시명도〉(간송미술관)

• TEA TIME •

## 삼다도, 제주 바람으로 말린 흑병차

병차(餠茶)는 우리말로 떡차다. 흑차는 후발효차를 말한다. 녹차는 찻잎의 발효를 열처리와 건조를 통해 중지시킴으로써 푸른 녹색을 유지시키는 불발효차다. 이에 비해 발효과정을 거친 발효차는 발효를 돕는 매개체에 따라 전(前)발효차와 후(後)발효차로 나뉜다. 전자는 찻잎에 포함된 효소에 의해, 후자는 미생물을 통해 발효가 진행된 것이다. 전발효차는 산화작용에 의한 변화이기 때문에 산화발효라고 부른다. 발효차는 그 정도에 따라 우롱차 계열의 반발효차, 홍차 계열의 완전발효차로 구분된다. 중국 운남성의 대엽종 찻잎으로 만들어지는 보이차는 대표적인 후발효차로 개성 있는 향미로 세계 차시장에서 가히 독보적으로 사랑받는 존재다. 우리나라도 예외 없이, 아니 다른 어느 나라보다도 많은 애호가가 존재하고, 항산화와 다이어트에 효과가 있다는 이유로 일반인들에게도 많이 알려져 큰 시장을 형성하고 있다.

외국에서 밀려오는 발효차들의 공세와 날로 줄어드는 녹차 수요 추세에 대응할 수 있는 우리차가 절실한 상황에서 아모레퍼시픽의 오설록이 내놓은 후발효차가 삼다연 흑병차다. 대한민국의 대표적인 화장품 기업 아모레퍼시픽은 창업자 서성환 선대회장이 제주의 한라산 남서쪽 도순 지역의 황무지를 녹차 밭으로 개간하기 시작한 1979년 이래, 오늘날까지 30만 2500㎡(100만 평) 규모의 '오설록 유기농 차밭'을 일궈냈다. 제주도는 다공질의 토질, 아열대성 기후, 풍부한 강수량, 바람, 그리고 잦은 안개까지 있어 차나무가 생육하는 데 최적을 조건을 가진 환경을 보유하고 있다. 한국에서 최고의 차 재배지로 평가받는 이유이기도 하다.

삼다연 흑병차는 제주 유기농 찻잎을 원료로 한국 전통 장류에서 추출한 고초균으로 발효시킨 후, 100일간 숙성시켜 만든다고 한다. 한국의 대기업에서 개발한 오설록 흑병차는 중국의 보이차에 대항

제주 녹차밭(© 오설록 티 뮤지엄)

할 한국의 흑차로 내세울 수 있는 유일한 흑병차라고 할 수 있다. 천혜의 자연환경에서 생산되었다는 점과 쓰고 떫은맛이 적어 차에 익숙하지 않은 사람들도 마시기에 편안하고, 진하고 깊이 있는 향미가 두드러진다.

포장 디자인이 아름답고 세련되어 관심을 끌기에 충분하다. 또 윤기가 흐르는 검은 차는 초콜릿처럼 1회분씩 떼어내 우릴 수 있도록 만들어져 편리하다. 다갈색의 진한 수색과 함께 부드러운 풍미로 편안함을 느낄 수 있지만, 대엽종 보이차에 비해 후감(뒤에 따라오는 단맛)과 내포성(여러 차례 우릴 수 있는 특성)이 떨어지는 점이 아쉽다. 후발효에 대한 기대를 가지고 5년 정도 기다려 보았지만, 극적인 변화는 볼 수 없었다. 2회 정도의 우림이 적절해 보인다.

– 〈티마스터 이계자〉

# 02
## 우리 찻그릇의 역사

### 고구려

고구려 무용총 접객도

한반도 차문화의 초기형태는 고구려에서부터 찾을 수 있다. 고구려 지역은 기후가 추워 차를 재배할 수 없는 곳이다. 또한 고구려는 백제와 달리 차문화가 발달하지 않은 북조의 나라들과 교류가 많았다. 따라서 기후와 지리, 대외관계의 여건상 차문화가 발전하기 어려웠지만 육로를 통한 중국의 문화 접근이 쉬웠고, 불교의 수용 양상으로 볼 때 음다 풍속이 있었을 것으로 보인다. 다만 차그릇은 중국의 것들을 수입하여 썼던 것으로 보인다.

중국 길림성 집안현 통구에는 고구려 고분군이 있다. 지금은 중국 땅에 있지만 2004년에 유네스코 세계유산으로 등록된 우리의 문화유산이다. 그 가운데 AD 400년경 만들어진 것으로 추정되는 고분, 무용총(舞踊塚)이 있다. 남녀 14명의 춤추는 장면이 그려져 있어 무용총의 이름을 얻게 되었지만, 춤추는 장면 외에 북벽에는 접객도가 있어 당시 차문화를 들여다볼 수 있다. 북벽에는 무덤 주인공이 스님 두 분을 접대하는 장면이 보인다. 바로 접객도라 부르는 벽화다. 그림에는 검은색의 그릇들을 차탁에 올리고 멋진 바지를 입은 시동이 차를 조제하고 있다. 검게 그려진 찻그릇은 당시 중국에서 유행했던 흑유다완으로 보인다.

전(돈)차

중국의 불교에서는 차 공양을 수행의 방법으로 여겨 스님들이 차를 즐겨 마셨다. 하지만 차문화는 스님들이 퍼뜨린 것이 아니라, 기존의 차문화를 불교가 수용한 것이다. 《삼국사기》에는 고구려의 지방 이름으로 '구다국(句茶國)'이 있는 것으로 보아 당시에 차가 귀중하였던 것 같다. 4~6세기 북중국에서도 차문화가 덜 발달된 만큼, 북중국의 불교를 받아들인 고구려에서 스님들에게 차를 공양하는 풍습이 당장 생겼다고 볼 수는 없을 것이다.

고구려가 중국과 교류하면서 차를 알기는 했겠지만, 백제만큼 차문화가 발전하지는 못했던 것으로 보인다. 고구려 지역에서 중국 자기의 출토가 적은 것도 이러한 이유 때문으로 보인다. 현재 고구려 시대의 물건을 볼 수는 없지만, 고구려 시대에 유행했을 전(돈)차에 대한 기록은 있다.

'나는 고구려의 옛무덤에서 출토된 모양이 작고 얇은 조각의 떡차를 표본으로 간직하고 있는데 지름 4㎝ 남짓의 엽전 모양으로서 무게는 닷푼 가량이다.'

일본 아오키 마시루(青木正兒)란 학자가 중국의 오대시대(907년~960년)의 모문석(毛文錫)이 지은 다보(茶譜)란 책의 역주를 달면서 언급한 내용이다. 묘사한 형태로 보건대 중국에서 생산되는 최초의 흑차, 거강박편과 크게 다르지 않다. 현재 전남 장흥에서 생산하고 있는 '청태전'의 원형이라고 할 수 있을 것이다.

### 백제

백제의 문화유산은 백제의 패망으로 철저히 파괴되었다. 멸망 이후 승리자인 신라의 주도로 백제의 역사와 문화적 우수성이나 선진성들은 크게 왜곡·축소되었을 것으로 보인다. 흔적이 사라진 백제 문화의 성취를 찾아보기 위해서는 일본으로 가야

하는 것이 백제 연구의 현실이다. 현재 우리나라에서 차 생산이 가장 많은 지역은 바로 백제가 자리했던 전라도 지역이다. 백제는 차나무를 재배하기 좋은 지리적 여건을 갖추었고, 차문화가 발달한 중국 화남지역의 나라들과 교역이 많았다. 게다가 백제지역에서는 고구려, 신라와 달리 중국제 자기(瓷器)가 많이 출토되고 있다. 그 가운데 주전자(注子)와 완(碗)은 차를 마시는 용기로 볼 수 있다.

풍납토성 출토 백제 찻잔과 돌절구

차를 빻는 돌절구는 다수 풍납토성과 몽천토성 등에서 발견된 바 있다. 또한 차를 담아두는 주전자, 특히 닭머리 모양이 장식된 도자기 주전자(계수호, 鷄首壺)는 백제의 수도뿐 아니라 지방 수장의 무덤에서도 출토되고 있다. 또 유적에서 출토된 중국청자는 찻잔으로 쓰였다는 새로운 사실도 밝혀졌다. 백제는 4세기 이후 중국 남쪽에 자리하는 왕조(육조, 六朝)들과 활발하게 교류하면서 당시 유행하던 그들의 차문화도 함께 받아들였다는 사실은 기록을 찾기는 어렵지만 고고학적으로 이미 밝혀져 있다.

계수호, 하필이면 왜 닭머리 모양일까? 여러 동물 중에서도 닭, 특히 수탉의 머리가 가지고 있는 상징적인 의미 때문이었다. 지금도 중국에서는 손님 접대를 하는 식탁에 닭요리가 필수적이다. 물론 요리 시에는 닭머리를 절대 버리지 않고, 익혀서 꼭 접시에 올린다. 수탉의 벼슬, 계관(鷄冠)은 그 발음이 상서로움과 좋음을 뜻하는 '吉(길)', 벼슬을 뜻하는 '官(관)'을 합친 단어이기 때문이다.

닭머리계수호

계수호는 차문화와 직접적인 연관성을 갖는다. 계수호가 처음 등장한 중국의 절강성 지역은 오래전부터 차로 유명한 곳이므로 계수호의 출토는 당연히 백제에 차를 마시는 문화가 성했음을 보여주는 증거가 된다. 돌절구, 청자잔과 완 등 일련의 다구(茶具)가 풍납토성과 몽촌토성에서 확인된다는 점도 차문화의 흥성을 보여주는 증거물들이라고 할 것들이다.

차 도구와 관련된 도자기들의 수준은 차문화에 있어 백제가 삼국 가운데 최고임을 보여준다. 무령왕릉에서 나온 백자잔은 중국 최초의 백자잔이며, 6세기 말과 7세기 전반에 걸치는 녹유(綠釉) 유물들은 한반도의 토기문화가 도기문화로 발전해 나가는 증거들이다. 한반도에서 수천 년 동안 지속된 토기문화가 백제에 와서 유약을 발라서 만든 도기로 발전하는 것이다. 학계에서는 이를 엄청난 기술혁신으로 본다. '토기→도기→자기'로 발전해가는 도자문화 발전사에서 토기에서 도기로의 대전환이 바로 백제에서 차 도구들의 흥성과 함께 일어난 것이다.

### 신라

《삼국사기》 기록에 의하면 흥덕왕 3년(828) 대렴이 당으로부터 중국차를 가져와 지리산에 심기 이전 선덕여왕(632~646) 때부터 이미 차가 있었다고 하나,[28] 차문화가 우리나라에서 본격적으로 유행한 것은 통일신라(676935)에 들어서면서부터일 것이다. 《삼국유사》에는 신라 35대 경덕왕(742~765)과 충담사에 얽힌 이야기가 나온다. 중국에서는 육우의 《다경》이 저술되던 시기이다. 내용을 잠깐 살펴보면,

> 한 스님이 해진 장삼을 입고 앵통(櫻筒)을 지고 남쪽에서 왔다. 왕이 기뻐하여 문루위로 맞아들이고 통 속을 보니 차 달이는 기구를 담았을 뿐이었다.[29]

충담사(忠談師)는 바로 〈찬기파랑가(讚耆婆郎歌)〉와 〈안민가(安民歌)〉를 지은 승려

28 《三國史記》 卷2, "茶自善德女王之時有之, 至於此盛焉."興德王3年(828), "入唐廻使 大廉持茶種 子來 王使植智異山..."

29 一僧 被衲衣 負櫻筒[一作荷簀] 從南而來 王喜見之 邀致樓上 視其筒中 盛茶具已

이다.

왕이, '과인에게도 한 잔 나눌 수 있느냐?'고 묻자 곧 차를 달여 드렸는데, 차 맛이 특이하고 그릇에서도 특이한 향기가 풍겼다.[30]

이때 사용한 그릇, 구(甌)가 구체적으로 어떤 찻그릇인지는 알 수 없으나, 당대에 육우가 《다경》이란 책을 저술하던 시기라면 가루차를 끓여 마시던 전다법에 적당한 넓은 다완이었을 것이다. 물론 당과의 빈번한 교류를 통해 당삼채를 비롯한 월요청자, 형요백자, 장사요청자 등 도자기가 유입되었으니 수입 그릇이었을 가능성도 있다고 보인다.

세계에서 가장 오래된 다완은 경주 안압지에서 출토되었다. 세계에서 가장 오래되었다고 추정하는 것은 정·언·영(貞·言·榮)의 세 글자와 함께 차(茶)란 글자가 명확하게 새겨져 있는 명문토기이기 때문이다. 백토로 분장을 했고, 차(茶)란 글자를 새겨 넣었다는 것은 이 그릇이 술잔이나 물잔이 아니라 차 전용 그릇이었음을 분명하게 보여주는 증거물이라고 할 것이다, 경주의 안압지는 674년에 축조되었다. 그 안에서 이 다완이 발견되었다는 것은 통일신라의 유물임을 말해주는 것이다. 구름과 초목이 그려져 있는 것으로 보아 기우제 등의 행사에서 헌다 후 물에 던져졌을 것으로 추정된다.

통일신라 시기는 당과의 왕성한 문화교류와 함께 차문화가 번성하면서 도기문화도 함께 발전되었다. 석굴암의 문수보살 부조에는 작은 지혜의 찻잔이 보이고, 화엄사의 4사자 3층 석탑 옆 석등의 연기조사 손에도 작은 찻잔이 들려있다.

안압지 출토 다완

30 王曰 寡人亦一甌茶有分乎 僧乃煎茶獻之 茶之氣味異常 甌中異香鬱烈

석굴암 문수보살

화엄사 석등 연기조사

통일신라 해무리굽 청자 다완

8세기 후반부터 중국이 세계로 향해 펼쳐낸 도자무역은 해상무역의 효시이면서 문화전파의 매개체였다고 할 것이다. 발(鉢)·완(碗)·반(盤)·합(盒)·잔탁(盞托)·호(壺)·주자(注子) 등이 수도였던 경주지역에서 가장 많이 발견되었고, 지방 경제가 활성화되는 9세기 후반부터는 서해지역까지 확대되어 당대 도자기, 찻그릇의 수요가 지역까지 확장되어 차문화가 보편화되고 있었음을 확인할 수 있다.

한반도의 고려청자는 차문화가 번성했던 통일신라에서 비롯된 것으로 본다. 바로 해상왕 장보고에 의해 중국의 청자 기술이 한반도로 이전되었다는 것이다. 전남 강진은 장보고가 활발한 해상교역을 하던 당시 도자기 생산기지로 발전했고, 이곳에서 장보고의 후원으로 해무리굽 청자를 만들어 일본까지 수출했다는 것이다. 해무리굽 형식은 학계에서 공통적으로 인정하는 초기 고려청자의 특징이다.

### 고려

차문화가 전성기를 맞이한 것은 고려시대(918~1392)였다. 삼국시대에 중국으로부터 들어왔다고 보이는 우리나라의 차문화는 고려시대에 꽃을 피웠다. 중국에서 가장 화려한 차문화를 꽃피웠던 송(宋: 960~1279)과 거의 동시대를 살았기에 그 영향을 크게 받았을 것임은 의심의 여지가 없다. 고려의 왕실과 사원을 중심으로 유행한 차문화는 민간으로도 널리 퍼져 일반 백성들도 돈이나 물건으로 차를 사거나 마실 수 있었다. 거리마다 어디서든지 차를 마실 수 있을 정도로 차 소비가 왕성했다. 차를 파는 다점(茶店)도 많았다. 다점은 주점과 더불어 일반 백성들이 적은 돈을 갖고 가서 흔하게 이용하는 곳이었다. 차의 생산이 많아지면서, 차가 대중화되었던 것이다. 또 국제 외교상의 예물, 왕실에서 내리는 하사품이나 상으로 차를 사용하였다.

고려청자 잔과 받침

송대 서긍(徐兢)이 1123년 고려를 방문하고 쓴 《고려도경(高麗圖經)》에는 고려 사람들은 차 마시기를 좋아하는데, 송의 납차(臘茶), 용봉사단차(龍鳳賜團茶)를 귀하게 여겨 송나라 상인에게 많이 구입한다고 기록하고 있다. 또 사신에게 차를 대접할 때에 사신이 다 마시면 기뻐하고, 그렇지 않으면 자기를 깔본다고 여겨 불쾌히 여기기 때문에 억지로라도 차를 다 마셨다고 쓰고 있다. 또 연회 때면 뜰에서 차를 끓여 은하(銀河)로 덮어 천천히 내 오면 시중드는 사람이 "차를 다 돌렸습니다."라고 한 후에야 마실 수 있었으니 식은 차를 마시지 않은 적이 없었다고 한다.[31]

차는 외교상에서도 중요 예물로 사용되어, 고려는 거란, 금, 원나라에 차를 보내기도 했다. 또한 외국사신을 영접함에 예빈시(禮賓寺)에서 가장 주요한 일은 차를 내는 일이었다. 고려에서는 '다방내시(茶房內侍)' 제도를 마련해 차에 대한 제반 일을 맡게도 했다. 1159년 의종(毅宗)이 현화사를 방문했을 때 스님들이 차를 마시는 정자 다정(茶亭)을 설치해 임금께 차를 바치기도 했다. 사찰에서는 차를 전문적으로 생산하는 다촌(茶村)을 두기도 하고, 차에 필요한 그릇과 기와를 직접 구워 사용하기도 했다.

사찰만이 아니라 정부에서도 차 생산을 집중관리했는데, 《세종실록지리지》에는 고

---

31 "凡宴則 烹於廷中 覆以銀荷 徐步而進候 贊者雲 茶遍乃得飮 未嘗不飮冷茶矣."

려시대에 차를 전문적으로 생산하는 장인집단들의 행정 구역인 '다소(茶所)'가 21개소나 기록되어 있다. 장인들에 의해 차가 전문적으로 생산되었던 만큼, 차의 종류도 다양해졌다. 또한 차 마실 때 필요한 각종 다구(茶具)와 다기(茶器)의 제작이 왕성해져 자기(瓷器)문화도 크게 발전하게 되었다.

특히 고려청자의 발전은 차문화의 발전에서 왔다고 할 만큼 영향이 컸다. 고려의 찻그릇은 이미 같은 시대 송(宋)과 비견할 만큼 발전됐다고 보인다. 고려적인 색채가 두드러진, 맑고 그윽한 아름다운 비색의 청자 다완은 찻잔의 극치였다. 이러한 비색 청자 다완은 중국에서 유행한 점다법과 월요청자의 영향을 받아 흰 거품이 돋보이도록 디자인된 다구였다. 팔관회, 연등회, 공덕재, 사신 맞이, 책봉의식 및 왕실의 중요 행사에도 차가 빠지지 않았다. 《고려도경》에는 "고려인들은 차 마시기를 매우 좋아하여 다구를 더욱 잘 만들었다."라는 기록이 남아있다.

청자잔-국립부여박물관 소상

## TEA TIME

## 지리산 화개동천의 화엄백차

오래된 미래, 한국의 무릉도원인 화개동에서 생산된 자연 그대로의 차가 화엄백차다. 백차는 곡우 이전의 첫잎으로 만들어진다. 바로 작설이다. 찻잎을 딴 뒤 이곳에선 매년 5월이면 야생차문화축제가 열린다. 야생이라 하면 스스로 나고 자라야 야생이라 할 수 있겠지만, 기록상으로 한반도 차 재배의 가장 오랜 역사를 가진 곳이 하동이다. 《삼국사기》에 흥덕왕 3년(828년) 대렴공이 당에 사신으로 갔다가 차씨를 가져다 심은 곳이라 하여 차시배지(차 재배를 시작한 곳)이라 하여 비석도 세우고 매년 제를 올린다.

화엄백차

하동 화개면의 전통차 농업은 유엔식량농업기구(FAO)로부터 2017년 세계중요농업유산(GIAHS)에 지정되었다. 1200년의 시간을 지켜온 자연농법으로 산이 많고 평지가 적은 불리한 자연환경 속에서도 사람의 인위적 개입을 최소화한 차밭 관리가 지정의 이유다. 재배에 불리한 환경 여건이 가장 야생에 가까운 차 생산을 가능하게 했다고 할 수 있다. 식물은 환경의 스트레스를 많이 받을수록 스스로 더 많은 항산화 물질을 만들어 비축한다는 점에 착안해 본다면, 차나무 생장에 최상의 조건을 갖추었다는 중국 운남이나 복건성, 타이완 등 지역보다 하동은 더 좋은 차를 생산할 수 있는 환경을 가지고 있다고 보인다.

화개동천의 봄

대한민국 차의 메카 하동은 예로부터 산수가 빼어나 문인들도 많은 흔적을 남겼고 진감국사, 서산 대사와 같은 승려들의 수도처이며 세상을 등진 은둔자들의 땅이었다. 이곳은 가락국 일곱 왕자의 전설과 함께 불교음악의 발원지 칠불사, 최치원이 학을 불러 타고 갔다는 청학동, 고려시대 기인 한유한(韓惟漢)이 속세에 환멸을 느끼고 떠나와 은거한 부춘동천(富春洞天) 등 빼어난 아름다움을 자랑한 수많은 동천의 이야기를 안고 있는 공간이다. '동천'이란 신선이 머물 만한 별천지로 산이 빙 둘러 있고 가운데가 뻥 뚫려 있는 공간을 말한다.

무엇이 그들을 여기에 머무르게 했을까? 당대 최고의 문인, 승려들이 화개동을 동경하고 유람하며 많은 기록과 이야기를 남긴 이유는 산 중의 산 지리산과 섬진강으로 이어지는 빼어난 계곡의 절경 때문이라고 하겠지만, 누가 뭐래도 가장 큰 이유는 향기로운 차가 화개골 가득 자라고 있기 때문이었을 것이다.

– 〈티마스터 강미희〉

# 03

# 조선의 차와 찻그릇

## 조선

조선은 유교를 국시로 삼았고 불교를 배척했다. 당연히 불교의 깨달음을 상징하던 사원 중심 차문화는 생활에서 멀어질 수밖에 없었다. 사찰 주변의 차밭은 관리가 되지 않았고 당연히 차의 생산량은 크게 줄었다. 낮 제사인 차례(茶禮)에 차를 대신해 술을 올리게 된 것은 조선시대에 와서 차의 생산량이 크게 줄어 가격이 비싸졌기 때문으로 이해된다. 조선이 불교를 배척한 탓에 사찰의 재정 형편이 나빠지면서, 사원 주변에 있던 많은 차밭은 관리가 제대로 이루어질 수 없었다. 설상가상으로 1480~1750년까지는 소빙기로 기온이 크게 떨어져 차 생산이 어려웠다. 전북의 고부(정읍시), 고창, 무장(고창군) 등은 조선시대 차 산지 가운데 가장 북쪽인데, 17~19세기 중반까지 약 200년간 차 생산을 볼 수가 없었다. 차나무는 기온이 −13℃ 이하로 떨어지면 냉해를 입게 되기 때문이다.

그럼에도 불구하고 청나라에 보내야 하는 공차의 수량은 오히려 늘어나다 보니 차에 대한 세금도 늘 수밖에 없었다. 그러자 백성들은 과중한 세금을 내야 하는 차 생산을 더욱 기피하게 되었고 양반들조차도 세금 때문에 차를 마음대로 마시지 못할 정도로 차는 귀해졌다. 차 한 홉과 쌀 한 말, 차 한 말과 무명 30필을 바꿀 정도로 차의 가격이 비싸지면서 결국 차의 소비량이 급격하게 줄고 말았던 것이다.

차문화의 쇠퇴는 도자기 산업의 침체를 가져왔다고 보인다. 조선시대의 자기는 고려자기에 비하여 평면적이고, 실용적이며, 소박한 품위를 지닌 회황색 또는 청회색의 분청사기로서, 우리나라의 독특한 백자기의 특색을 이루게 된다. 유교문화의 영향이라고 할 것이다. 세조(1417~1468) 때에는 회회청이 중국을 거쳐 도입되어 청색 그림과 글을 나타낸 백자기가 많이 만들어졌다. 이에 따라 중국의 청화백자와 견줄만한 작품들도 많이 나타난다. 하지만 아쉽게도 만들기 힘든 청자기의 제조 기술은 조선에서 거의 유실되고 말았다.

고려청자와 이조백자 사이를 잇는 분청사기는 조선 시대에 만든 자기의 하나로 '청자에 백토(白土)로 분을 발라 다시 구워낸 것'으로, 회청색 또는 회황색을 띤다. 분청사기란 분장회청사기(粉裝灰靑沙器)의 약칭으로 회색 또는 회흑색 태토 위에 백토(白土)로 표면을 분장한 다음 유약을 입혀서 구운 자기를 일컫는다. 고려시대 말기인 14세기 중반에 시작하여 세종~세조 시대인 15세기에 전성기를 이루었으며 16세기에 백자에 밀려 쇠퇴할 때까지 만들어졌다.

조선시대에는 185개의 도기소 중에서 대부분이 분청사기를 만들었고, 136개의 자기소에서는 백자를 만들었다. '분청사기'라는 명칭은 일제강점기, 일본인 학자들이 '미시마데(三島手)'라는 이름으로 부르던 것을 미술사학자 고유섭이 처음으로 붙인 것이다. 분청사기는 자기 표면에 상감, 박지, 백토분장, 각화, 철화 등으로 장식한 것을 전부 포함하는데 편의상 상감분청계와 백토분청계로 구분된다.

청자에서 백자로 넘어가는 과도기에 등장한 분청사기 다완 중 현재 일본에서 국보로 대접받는 그릇이 있다. 바로 이도다완이다. 이도다완은 분청사기의 백가쟁명 시기가 피워낸 꽃이라 할 수 있다. 이도다완에 대한 일본의 견해는 두 가지다. 잡기설과 제기설이다. 널리 알려진 '막사발론'은 잡기설에 해당한다. 조선 서민의 생활도자기, 막사발이 일본에서 고급 다완으로 쓰였다는 것이다. 여전히 우리 학계는 물론 국민 대다수가 이도다완을 조선의 막사발이라고 인식하고 있다.

일본의 고려 다완 연구가 하야시야 세이조(林屋晴三)의 조선 찻사발에 대한 평가는 매우 솔직하고 함축적이다.

"이 고려다완은 물론 조선 시대의 막사발이긴 하지만 우리 일본인들에게는 신앙 그 자체였으며, 우리에게는 단순한 보물이 아닌 우리들의 마음을 한없이 평화롭고 기쁘고 또 숭고하게 했으며 우리의 마음을 영원한 안식처로 이끌어주었던 마치 신과도 같은 그런 존재였습니다."

하지만 일본 다인들에 의해 국보로 지정되었고 일본 천황도 무릎 꿇고 보아야 한다는 '신 같은 존재' 이도다완이 조선의 막사발이란 사실은 인정하기 어렵다. 소위 이도다완의 막사발론은 한국인의 문화적 우월주의의 발상에서 나온 이야기일 것이다. 일본에서 신앙의 대상이 된 조선 찻사발은 형태의 단순성, 꾸밈이 없는 무위성(無爲性), 무욕의 마음에서 나오는 소박성이 투영된 자연주의적 미학의 산물이다. 16세기 조선 사기장이 지녔던 고도의 제작기술과 다인의 높은 안목, 그리고 조형미감이 합세해 탄생한 걸작이기에 우리 문화의 자부심이며, 그것을 인정하고 소유한 일본의 긍지라고도 할 수 있을 것이다.

조선 후기 임진왜란이 일어나고 일본은 2천 명의 조선 도공들을 납치해 갔다. 조선에서보다 높은 사회적 지위와 대우를 보장했기에 그들은 쉴 틈 없이 도자기를 만들고 일본인들에게 선진 도자기 제작기술을 가르쳤을 것이다. 당시 끌려간 조선인 도공들이 정착한 대표적인 곳이 바로 야마구치현이다. 이후 이곳에서 만들어진 도자기를 하기야키라 부르고, 훗날 시간이 지나 하기야키 중에서도 조선의 막사발 같은 모양을 이도다완(井戶茶碗)이라 특징하게 되었던 것이다.

이도다완

현재 다수의 이도다완이 일본의 국보로 지정되어있다. 그중에서도 일본 야마구치현으로 끌려갔던 한 이름 모를 조선인이 만든 찻그릇이 화제가 되었다. 한글을 쓴 찻사발, 즉 한글 묵서다완(墨書茶盌)으로 일본에서는 '추철회시문다완(萩鐵繪詩文茶碗)'이라고 한다. 이 한글 묵서다완은 야마구치현 하기 지방에서 그릇을 굽던 도공이 다시는 고향에 돌아갈 수 없는 안타까움을 달래면서 한글로 써 내려간 시가 적힌 찻잔이다.

"개야 짖지 마라. 밤(에 다니는) 사람이 다 도둑이냐?
저 목지 호고려님 계신 데 다녀올 것이다.
그 개도 호고려 개로다. 듣고 잠잠하노라."

한글묵서다완

어느 도공이 하루 일과를 마치고 밤에 산책을 나갔다. 개가 컹컹 짖어댄다. 개야, 밤 사람이 다 도둑인 줄 아느냐. 아니다 나는 조목지 호고려 님이 계신 곳에 잠시 다녀오마.

호고려는 임진왜란 때 잡혀 온 조선인을 현지 일본인들이 부르던 말이다. '되고려 사람, 오랑캐 고려사람'의 뜻이었으나 어느새 이들을 지칭하는 보통 명사가 됐다. 조목지는 사람, 혹은 지명으로, 지은이는 임진왜란 때 일본으로 끌려간 어느 도공이나 그 후손쯤으로 보인다. 도자기 만드는 일로 구금이 되었거나 고된 도기 제작 일 때문에 밤에만 돌아다닐 수 있는 조선 출신 도공들 처지를 하소연하고 있다.

끌려간 도공이 얼마나 조국과 고향이 그리웠으면 이런 시조를 막사발에 남겼을까. 밤에만 돌아다닐 수 있었던 신분, 조국으로 돌아가지 못하는 안타까운 심정을 개와의 대화를 통해 표현하고 있다.

한글묵서다완은 원래 일본 교토의 고미술 수집가 후지이 다키아키가 소장하고 있다가 교토국립박물관에 기탁했던 것을, 사후 25년이 되던 2008년 유족들이 한·일 양국 교류를 위해 한국에 기증했다. 지금은 국립중앙박물관에 있다.

도조 이삼평

일본으로 끌려간 조선 도공 가운데 충남 공주 사람으로 알려진 이삼평은 일본 도자업의 시조, 도조(陶祖)가 되었다. 조선 도공에 의해 만들어진 도자기들은 17C 중엽부터 유럽으로 수출되어 유럽의 왕족과 귀족들에게 호평을 받았고, 결과적으로 일본에 경제적 부를 가져다 주었다. 아이러니하게도 임진왜란 때 끌려간 조선 도공이 일구어낸 일본의 도자업은 부국강병과 일본 근대화의 토대가 되었다. 일본 근대화의 관건인 메이지 유신을 이끈 주역이 바로 조선 도공을 끌고 간 조슈, 사가, 사쓰마 세 번에서 대부분 나왔던 것이다. 세 번은 경쟁적으로 자기를 생산해냈다. 그 가운데 사가번은 1867년 파리만국박람회에 참가하였는데, 가지고 갔던 자기 그릇을 완판하고 그 돈으로 군함을 사 왔다고 한다.

도조이삼평비((陶祖李參平碑)

1996년 사가번 도자기마을 아리타에는 이런 내용의 역사서를 펴냈다고 한다.

"이 대포도 군함도 우리 아리타가 가져다준 것임을 기억해야 한다."

TEA TIME

## 보림사 청태전(靑苔錢) 돈차

중국의 보이차(긴압차)에 견줄 수 있는 한국의 전통 후발효차다. 청태전은 '푸른 이끼가 낀 동전 모양의 차'를 뜻한다. 찻잎을 쪄서 동그랗게 빚은 다음 가운데 구멍을 뚫어 엽전처럼 꿰어 말리는 청태전은 '장흥돈차'라고도 불린다. 청태전은 일명 '떡차'로 익힌 녹차찻잎을 찧어 떡처럼 만든 차를 가리킨다. 동전 모양을 띠고 있어 돈차, 둥근 달 모양 같다고 하여 단차라고도 불린다. 생산자의 설명에 따르면 항아리에 넣고 1년간 숙성시킨 후, 살짝 구워서 마시면 더욱 그윽한 맛을 즐길 수 있다.

고려시대 차를 만드는 마을인 '다소'가 가장 많은 곳이 장흥이었고, 그 중심에는 주변에 야생 차밭이 즐비한 보림사가 있었다. 그래서 장흥 청태전의 역사는 우리나라 최초의 선종 사찰인 보림사에서 시작했다고 한다. 통일신라 시대 중국에서 들어온 선종은 전국의 9개 산에 사찰을 세우면서 '선문구산(禪門九山)'을 이루었는데, 그중 가장 먼저 문을 연 가지산파의 중심 사찰이 바로 보림사였다.

"당나라에서 선과 차를 가지고 귀국한 도의선사가 보림사 주변에 차를 심어 엽전 모양의 굳은 차를 만들었다."라는 기록이 전한다. 떡으로 뭉쳐져 있으니 여러 번 우려 마실 수 있다. 우림용 다구를 사용하는 것이 일반적이다 보니 끓여 마시기에는 다소 불편하다. 특별한 개성, 혹은 신선한 녹차의 느낌을 기대하면 실망하기 쉽다. 편안하면서 묵직한 옛 선인들의 체취가 가득한 차라고 할 수 있다.

– 〈티마스터 김영임〉

보림사 선다원(禪茶院)

# Party.6

# 다도란 '내 마음에 있는 차, Tea in my heart' 이다

다도(茶道)란 단어는 한자어이고, 중국에서 처음 사용되었다고 할 수 있다.

'누가 다도(茶道)를 온전히 할 수 있으리오.
오로지 단구자가 이를 얻었을 뿐이라'
— 당(唐) 교연(皎然)(760~840)〉

'상백웅이란 사람이 홍점(육우)의 이론을 널 리 윤색하였고
이에 다도(茶道)가 크게 성행되어 신분이 고귀한 사람과
조정의 벼슬아치로서 차를 마시지 않는 사람이 없었다.'
– 봉연(742~756년)《봉씨문견기》

단구자는 전설 속의 신선이다. 당대의 교연은 완벽한 다도란 인간 세계에서 구현하기 어려운 경지임을 노래했고, 《봉씨문견기》에서는 다도가 일반 사회에 널리 퍼졌다고 했으니 당대의 '다도'는 차를 만드는 일이나 즐기는 행위를 나타내는 폭넓게 표현한 말로 당시에는 형이상학적 개념이 들어있지는 않았다고 이해할 수 있을 것이다.

하지만, 지금의 국제 사회에서 '다도'는 일본 문화를 대변하는 용어다. 한때 우리도 다도란 단어로 우리 차문화를 정리했던 적이 있었으나, 지금은 다례(茶禮)란 단어로 대변되고 있으며, 중국에선 다예(茶藝)란 말을 즐겨 사용한다. 넓은 의미로 차는 형이상학과 형이하학을 포괄하는 예술일 수 있다. 또 도를 이루는 법도나 절도, 예절을 모두 포함하고 있다고 할 수 있을 것이다. 그중 차를 어느 방향으로 이해하고 어느 쪽에 치중하느냐에 따라 다른 단어가 선택될 수 있을 것이다. 다도(茶道), 다례(茶禮), 다예(茶藝)란 용어 선택은 차문화를 대표하는 동아시아 세 나라의 차문화 내용과 형식의 차이를 잘 보여주고 있다.

# 01

## 차는 예술이다. 중국의 다예(茶藝)

일상다반사(日常茶飯事)란 말이 있다. 밥 먹고 숭늉 마시듯, 차가 오래전부터 우리 생활의 일부였음을 잘 보여주는 단어다. 또 송대의 《몽양록》이란 책의 기록에 보이듯, 중국 사람들이 흔히 하는 말에 개문칠건사(開門七件事)라는 것이 있다. 아침에 일어나 대문만 열면 눈앞에 있어야 하는 일곱 가지의 중요한 사물을 뜻한다. 바로 茶(차 차), 米(쌀 미), 柴(땔감 시), 油(기름 유), 鹽(소금 염), 醬(간장 장), 醋(식초 초)로 일곱 가지의 생활필수품에 빠지지 않는다.

《몽양록》에 언급된 송대로부터 현재에 이르기까지 중국인의 삶에서 차를 마시는 일은 법도나 예절, 달관의 경지를 이야기하는 것은 아니었다. 하지만 차는 다른 음료나 생필품과는 달리 형이상학적인 철학적 경지를 이야기한다. 왜 그럴까?

차는 '향정신성(向精神性)' 음료이기 때문이다. 차(Tea, 테아)란 식물은 특별하게도 다른 식물과 달리 인간(Sapience)의 정신세계에 긍정적 영향을 끼치는 효과로 사랑받았다. 차는 잠을 깨워주고 맑은 정신을 유지할 수 있도록 도와주는 효과가 있었다. 향정신성의약품이란 인간의 중추신경계(central nervous system, CNS)에 작용하며, 오용하거나 남용할 경우 인체에 심각한 위해가 있다고 인정되어 법으로 관리하는 약품들을 말한다.

차는 인체에, 특히 정신계에 긍정적 영향을 미치기에 널리 권장되어 온 음료이다. 그래서 합법적인 향정신성 물질 함유 음료라고도 부른다. 그러한 연유로 차를 처음 마신 중국에서 차는 음료로서의 가치를 넘어 정신 수양의 원리와 직결되는 특별한 의의가 부여되어왔다. 그 정신계에 미치는 영향들은 중국의 토착 사상인 유교, 도교,

그리고 인도에서 전래되어 온 불교의 종교적 색채를 폭넓게 수용하면서 수양, 혹은 수련, 수도의 성격과 함께 발전해 왔던 것이다.

신농씨의 전설에서 보듯 차의 시작은 기호음료가 아닌 식용, 혹은 약용 식물이었다. 보관과 운반이 어려웠던 찻잎을 잘 말리고 열로 쪄서 떡으로 뭉치고, 또 연고 형태로 만들어 자다(끓이기), 전다(달이기), 점다(물에 풀기) 방식의 죽 형태로 섭취하였다. 옛사람들은 이런 차 생활이 인간에게 주는 정서적 안정감이나 정신 작용에 의한 자기 구현 현상에 대한 깨달음을 경험했다. 그리고 여기에 당시의 종교 사상인 유교, 불교, 도교의 정신문화가 접목되면서 차는 격식이 있는 고급문화로 발전하게 되었다.

중국 고대에는 남다북락(南茶北酪: 남쪽은 차, 북쪽은 유제품)이란 말이 있었다. 아열대 식물인 차는 그 생산지가 남쪽이다 보니 중국의 남쪽 지방에서 먹기 시작하였고, 점차 유제품을 주로 마시던 북쪽 사람들과 북방의 이민족들에게도 전해졌다. 처음에 북방에서는 차를 낙노(酪奴: 유제품의 노비)라는 명칭으로 폄하했지만, 양고기 등 육류와 유제품 중심 북방 식생활에 지방 분해 효능이 탁월한 차가 쉽게 받아들여지며 점차 생활필수품이 되었다. 그리고 당송시기에는 남북을 불문하고 크게 유행하게 된다.

당·송대에 가장 큰 발전을 이루었던 차문화는 당시 동아시아, 일본과 한반도에 전해져 큰 반향을 일으키며 현지화되었고, 명대에 이르러는 큰 변화를 겪게 된다. 바로 차를 마시는 방식의 변화와 이에 따른 개념의 변화였다. 1391년 명 태조 주원장의 '폐단개산(廢團改散), 폐증개초(廢蒸改炒)' 칙령은 차 세계의 혁명적 사건이었다. 이 칙령 이후에는 기존의 덩어리 차나 연고차를 빻고 체질하여 가루로 만든 후 물에 풀어서 죽처럼 섭취하던 방식을 버리고, 포다법에 의한 잎차 우림 방식으로의 대전환이 일어난다. 이때부터 차는 찻잎을 따서 간편하게 덖음으로 생산되었고 차가 비로소 기름진 식사를 보완하는 일상의 음료로 그 역할을 수행하게 되었다. 차의 음료화는 이때 시작된 것이다.

폐단개산으로 오늘의 차문화를 연 명 태조 주원장의 초상이다. 어떤 모습이 실제 주원장 가까울까? 14세기, 홍건적의 난으로 시끄럽던 난세에 떠돌이 탁발승이었던 그는 어렵게 홍건적의 두목이 된다. 결국 몽골의 나라인 원(元)을 내몰고 1368년 한족의 나라, 대명(大明)의 태조로 등극, 절대 권력자인 황제까지 오른다. 하지만 잔인한 황권의 행사로 실제 모습을 알기 어렵다. 성현의 면모, 호걸의 기풍, 도적의 성품을 동시에 가진 사람이었다고 평가받는다. 원래 추남이었다고 한다. 출신이 고려인이라는 설까지 있다.

주원장의 칙령 덕에 차의 격식은 간소화되어 서민들도 손쉽게 차를 접할 수 있었고, 차는 천연의 색, 향, 미를 드러낼 수 있게 되었다. 백자, 청화백자 등으로 작고 아름다워진 찻주전자와 잔, 다도구의 예술화와 대중화는 차우림(포다) 문화를 더욱 세련되게 만들어 세계로 전파되었고, 청대를 이어 지금에까지 이르게 되었다. 바로 현재 세계인의 일상에 풍요와 여유를 더해주며, 정신과 육체에 힘과 건강을 보태주는 가장 유익한 인류의 음료, 차의 세계는 명대 주원장이 열었다고 해도 과언이 아니다.

'폐단개산' 정책은 직접 차를 생산하고 또 신선한 차를 비교적 쉽게 공급받을 수 있었던 중국 남부지역에서는 크게 환영을 받았다. 차 생산의 폐단개산은 학문에 있어서 주자학을 비판하며 일어난 양명학의 발전과 궤를 같이 한다고 볼 수 있다. 양명학은 낙천적인 도덕론이라고 하는 심즉리(心卽理)에서 출발한 사유체계이기 때문이다. '마음이 곧 우주의 진리'라는 '심즉리'의 논리는 차를 특정 계층의 것이 아니라 누구든 마음에 담을 수 있는 음료로 만들었다.

양명학은 바로 주자(朱子)가 주장하는 '성즉리(性卽理: 인간의 본성은 곧 天理)'의 성리학에 대항하여 제창한 학설이다. 정(情)을 억제하고 사회적 질서를 추구하는 성리학자들의 사변적, 엄격한 도덕적 차 마시기는 점차 절차나 예법을 중시하는 방향으로 발전하게 되었다. 반면 양명학에서는 논리상 인간의 심정(心情)을 적극적으로 긍정하는 측면이 있고 보니 차를 놀이나 예술문화로 접근하게 된다. 결국 후대에 중국인의 차 마시기가 다예(茶藝)란 용어로 정립되는 데 가장 큰 영향력을 끼치게 된 것이 양명학적 사고였다고 할 것이다.

왕양명(명 1472~1528)

양명학은 성리학에 견주어 쉬운 유학이라고 말하기도 한다. 양명학적 사유체계 속에서의 차 마시기는 '쉽고 편안한 소통의 차 마시기'였다. 심즉리(心卽理)는 성(性)과 정(情)을 대면시킨 마음, 그 자체가 리(理)와 다름없다고 하는 사상이기 때문에 평등의 차 마시기와 그 실천이 이루어졌다. 양명학의 세상에서는 주자의 성리학에서 강조하는 남존여비, 상하 종속관계의 계급을 떨쳐 버리고, 모든 사람들을 평등하게 마주보며 자유로운 차를 즐길 수 있었다. 도덕적으로 살고 열심히 공부하여 입신양명하지 않아도 누구나 마음만 알고(良知) 물욕을 버리면 지행합일(知行合一)의 경지에 이를 수 있다는 것이 양명학적 사유였다. 양명학은 차가 도(道)의 구현을 위한 형식이나 의식에서 벗어나, 개방된 마음 그 자체로 모든 사람의 음료가 될 수 있는 바탕을 만들었던 것이다.

### '정행검덕(精行儉德)'에서 '다예(茶藝)'로

하지만 중국의 공산화는 오랜 기간 차의 정신문화적 깊이를 외면하도록 만들었다. 그러나 서양의 동양 차문화에 대한 관심과 근대 일본의 와세이캉고(和製漢語), 그리고 일본의 다도(茶道) 문화 제창은 중국인을 자극했고, 다시 깨워냈다. 중국인은 다시금 차의 옛 정신문화적 관점을 되돌아보며, 중국의 다도사상을 성리해내게 되는데, 그렇게 찾아낸 것이 바로 《다경》 속의 '정행검덕' 네 글자였다.

차는 그 성질이 매우 차갑다 마시기에 알맞은 사람은 정행검덕한 사람이다.[32]

**32** 茶之爲用 味至寒 爲飮 最宜精行儉德之人

– 당(唐: 618~907)대 육우(陸羽, 733~804) 《다경(茶經)》

중국 천문시에 있는 육우 동상

중국의 다도정신은 《다경》에서 언급한 '정행검덕(精行儉德)' 네 글자에 있다고들 한다. 《다경》은 세계 최초의 차에 관한 전문 저서이다. '정행검덕'이란 네 글자의 의미를 제대로 파악하기 위해서는 《다경》의 저자인 육우의 사상적, 시대적 배경을 먼저 이해하려는 노력이 필요하다.

육우는 지적선사가 물가에서 주워 기른 아이였다. 그는 얼굴이 못생기고 말마저 심하게 더듬었지만 재주가 많았다고 한다. 이름은 우(羽), 자는 홍점(鴻漸)이다. 날개 우(羽)나 기러기 홍(鴻), 모두 큰 새를 의미한다. 지적선사의 성이 육(陸)이었고 주역의 괘상 가운데 '홍점우육 기우가용위의(鴻漸於陸 其羽可用爲儀: 큰 기러기가 서서히 땅에서 오르는데 그 날갯짓에 질서가 있다.'에서 가져온 이름이었다. 승려 신분의 지적선사가 주역의 문장에서 육우의 이름자를 가져온 것은 학문에 있어서는 불가와 유가 사이를 자유롭게 넘나들었던 당시 시대적 상황을 보여준다고 할 것이다.

육우는 9살부터 글을 배웠다고 하는데 용개사란 절에서 어린 시절을 보냈으니 당연히 불가의 영향을 받지 않을 수 없었을 것이다. 당시 불교계는 선(禪)불교가 대세였다. 지적선사는 육우가 불경을 읽으며 승려가 되기를 기대했지만, 육우는 유교를 배우려고 하였다. 이에 지적선사는 육우가 다른 생각을 하지 못하도록 육우에게 매우 힘든 일을 하게 했지만, 육우는 절을 탈출하여 영당(伶黨)에 들어갔고, 우두머리인 영정(伶正)이 되었다고 한다. 영당은 바로 광대패다. 당대의 종교정책은 도선불후(道先佛後)였다, 도교가 우선, 불교가 다음이란 뜻이다. 당왕조가 노자와 같은 이(李)씨였다는 점도 도교가 불교보다 선순위로 대접받는 이유였다. 그러고 보면 육우의 차에 대한 생각에는 적지 않은 도교적 색채가 나타난다.

정행검덕, '면밀할 정(精), 행할 행(行), 검소할 검(儉), 어질 덕(德)'의 의미를 이해하기 위해서는 이 네 글자를 '정행'과 '검덕'의 두 단어로 구분하여 정리하는 것이 비교적 명료해 보인다.

우선 검(儉)은 약(約)이란 뜻이다. '묶는 것', '사치함에 놓아두지 않음'을 말한다. 절제, 검소, 겸손의 동양적 인품을 나타내는 말로, 인간 내면의 성찰을 담고 있는 단어가 '검'이다. 덕(德)은 《도덕경》에 의하면 '도'를 모든 사물의 바탕으로 볼 때 '덕'은 그것이 현상으로 나타날 때의 모습이다. '덕'은 바로 '도'의 작용이며 나타난 모습인 것이다. 그렇다면 검덕(儉德)은 절제하고 검소하며, 겸손하게 자신의 내면적 가치를 중시하고 안으로 성찰하고 침잠하려는 태도가 밖으로 드러난 모습을 말한다. 유가와 불가, 도가에서 공통적으로 강조하는 개념인 '내면으로 향한 갈무리와 성찰'이라고 정리할 수 있을 것이다. 차가 고요함, 은근함, 고즈넉함, 차분함 등의 정서를 가지고 있으니, 그러한 흐름을 한 단어로 요약할 때 '검덕'이란 단어가 차의 정신과 잘 부합되어 보인다.

정행(精行)은 '실천'의 의미다. 인간이 행할 바의 윤리, 인간성의 발현, 검덕의 외면적 발현이 곧 정행이다. 정(精)은 좋은 쌀을 뜻하는 글자로 작고 정미한 것, 정성스런 태도를 나타낸다. 순수한 본연의 상태, 천지의 생명력 그 자체로 도교적으로는 기(氣)가 나오는 바탕의 상태라고 볼 수 있다.

정행검덕(精行儉德)이란 말은 '절제와 겸손의 미덕을 정성스럽게 잘 발현해 내는 것'이라고 정리할 수 있을 것이다. 이에 중국의 차 정신은 '도교적 기의 발현', 선불교를 중심으로 '마음을 다스리는 매개체'로 전해졌다. 유교에서는 관념적인 이론에 치우친 주자학에 반발해 '마음이 곧 진리'라는 심즉리(心卽理) 이론과 함께 실질을 숭상하고 생각의 자유를 추구한 양명학을 중심으로 전해졌다. 정행검덕의 정신에 바탕하여 궁리(窮理) 공부를 중시하는 성리학과는 달리 바로 내 마음속에 진리를 깨달을 수 있는 역량과 가능성이 존재한다고 주장하고, '마음(心)'을 중시하는 일련의 사상체계를 구축했던 것이 양명학이다. 이에 왕양명은 성현의 도(道)란 것이 '백성들의 일상생활에 있는 것이지, 태초에 이미 정해져 있는 것은 아니'라고 보았다. 그의 제자 왕간(王艮)은 더 나아가 '백성의 일상생활이 바로 도'라며 성인의 도가 따로 노력하여 얻어지는 것이 아님을 주장했다.

결국 명말청초에 출현한 조산지역의 공부차(工夫茶)는 바로 왕양명의 말을 수용하여 '본체를 이루는 것이 공부이며 공부를 이루는 것이 바로 본체'라는 논리를 만든다. 공부(工夫)가 바로 본체(本體)인 것이다. 이는 철학의 높은 경지란 것이 현실과 가까울수록 그 생명력이 강하다는 말과 상통한다. 그래서 공부차(工夫茶)와 다도(茶道)는 중국에서 같은 말이며 한 몸으로 이해된다. 노력과 시간을 걸려 정성스럽게 만든 차, 이것이 공부차가 바로 현실 속 일상의 다도 미학으로 자리를 잡고, 중국의 다예(茶藝, tea art)로 자리매김하게 된 연유다.

조주 공부차의 다방4보(寶)

TEA TIME

## 그루마다 다른 차향, 봉황단총

'광동우롱'의 대표는 '봉황단총'이다. 전통적인 고급 우롱차 중에서는 단 하나의 모수(母樹)에서만 채엽·생산이 되는 경우를 단총차(單叢茶)라 한다. 현지에선 모수를 꺾꽂이하여 개체를 불려 생산하는 방법을 쓴다. 봉황단총은 향기에 따라 압시향(오리똥)·밀란향(꿀난초)·황지향(황기)·지란향(난초)·옥란향(목련)·계화향(오스만투스)·행인향(살구) 등으로 불리는데 팔십여종이 넘는다. 우수한 봉황단총은 향(香), 활(活), 감(甘), 그리고 산운(山韻)의 특징을 가지고 있다고 한다.

송나라 때에 발견된 차나무는 송차(宋茶), 그 나무에서 유성 번식된 것을 송종(宋種)이라 부른다. 주요 생산지는 광동성 조주시 봉황산과 오동산 일대로 탕색은 맑은 황색이며 차향은 독특한 천연 난초꽃 향기가 가득하다.

차의 맛은 진하고 순하며 시원·상쾌하고 뒷맛이 달콤하다. 특히 밀란향의 꿀향은 달콤함의 극치다. 봉황산 차 농민들은 현재에도 대략 3,000여그루의 단종차나무를 보존하고 있다. 이 차나무의 수령은 모두 100년 이상 되었으며, 매년 한 나무에서 따는 찻잎으로 나무당 약 10kg 정도를 만든다고 한다. 그루마다 다른 차향…. 찻잎의 세계는 신비롭기 그지없다.

봉황단총
무더위 끌어안아 벙글어진 접시꽃
떨어지는 시름 씻어 우려낸 봉황 한 잔
꿀 내음 돋아나오는 내 마음의 새 속살
–밀란향을 마시며, 〈티마스터 김미경〉

## 02

## 차는 도이다. 일본의 다도(茶道: tea ceremony)

### 일본의 다도정신

일본은 차를 끓이고 나누어 마시는 데 있어 다른 나라의 어떤 문화에서도 볼 수 없는 탁월한 정신철학(Spiritual Philosophy)를 고양하여 왔다고 세계에 인식되었다. 바로 다도(茶道)다. '차 다(茶)'와 '길 도(道)'가 합쳐진 이 문자는 '차'라고 하는 물질적 세계와 '도'라고 하는 절대적 진리의 경지가 한 단어로 표현된 말이다.

일본인들은 차를 마심에 있어서 단지 그 맛을 음미하는 데 그치지 않고, 여러 사람이 모여 차를 마시는 순서와 차를 접대하는 방식, 다도구의 제작 양식들을 정하고 각 단계에 의미를 부여한다. 이와 같이 다실을 꾸미고 다도구를 준비하여 차를 마시면서 다실에서 이야기를 나누며 즐기는 전체 과정을 통틀어 일본의 다도(茶道)라 한다. 하지만 다도(茶道)란 단어는 일본만의 것도, 일본이 처음 제시한 단어도 아니었다. 육우의 《다경》이 만들어진 당대에 이미 중국에서는 널리 사용되던 단어였기 때문이다.

일본의 차문화는 불교가 흥성했던 송대에 불교 유학승을 통해 전래되었고, 불교의 영향 아래 계승되었기에 불교적 색채가 강하다. 하지만 무사도와 유교 양명학의 영향을 간과할 수 없다. 중국의 양명학은 일본에서 꽃을 피웠다. 중국과 조선에서는 양명학보다는 주자학의 기풍이 강했지만 17세기 일본으로 건너간 양명학은 무사도 정신과 만나 '찻자리에서는 누구나 평등하다'는 일본식 다도(茶道)를 만들었고, 더 나아가 메이지 유신의 자양분이 되었다. 신분에 관계없이 경험적 체험이 곧 지식의 형성 과정과 일체를 이룬다는 양명학의 지행합일(知行合一) 사상은 일본식 행다문화의 대중화와 일본 근대화에까지도 크게 기여했다고 할 수 있다.

센리큐가 정한 차의 4규(四規), '화경청적(和敬淸寂)'은 일본의 다도 정신으로 대표되는 문구이다. 이 일본의 다도 정신은 북송 휘종이 쓴 《대관다론》의 검·청·화·정(儉·淸·和·靜) 개념에서 가져왔다고 할 수 있다. 여기서 '화(和)'는 중용의 도를 말한다. 하늘과 땅의 합일적 이념이며 그것은 세간 만물에 미친다. 천화, 지화, 인화는 동일선상에 있다. 천지의 정기를 받아 성장한 자연의 정화(精華), 차를 마시면 인화를 추구하게 된다. 정이 함축된 에너지라면, 화는 그 에너지의 발현인 셈이다.

'경(敬)'의 연원은 '마음을 경건하게 하여(인식론) 이치를 추구한다(실천론)'는 뜻의 '거경궁리(居敬窮理)'에서 왔다고 보인다. 공손하고 경건한 마음과 행동으로 천하의 이치를 규명할 수 있다는 것이다. 그리 보자면 육우의 정행(精行)이 화경인 셈이다.

'청(淸)'은 마음에 잡념이 없이 맑고 고요한 것을 말한다. 청정함은 자신의 내면을 깨끗이 하는 '자성청정(自性淸淨)'과 외부의 모든 더러움을 깨끗이 한다는 뜻의 '이구청정(離垢淸淨)'이 있다.

'적(寂)'은 문자적으로는 '고요하다'라는 뜻이지만, 넓게는 해탈이나 자유의 의미를 갖는다. 결국 청적은 불교의 선과 같은 것으로 성불로 가는 길이라고 할 수 있다. 그러고 보면 청적(淸寂)은 '검박'의 다른 표현이라고 볼 수 있을 것이다.

> 집에는 차 외에는 마실 것을 두지 말아라.
> 찻잔은 세 개를 넘지 않아야 한다.
> 많으면 소란스러워 차의 정신인 청적(淸寂)에 어긋난다.
>
> — 법정 스님 산문집 《맑고 향기롭게》 중에서

일본에서 '다도'란 말은 언제부터 사용하였을까? 일본에서 양명학이라는 명칭은 메이지 유신 이후에 퍼진 것으로, 그 이전에는 육구연(陸九淵: 1139~1192)이나 왕수인(왕

양명: 1472~1528)의 학풍을 이었다 하여 육왕학(陸王學) 또는 왕학(王學)이라 불렸다. 또 다도(茶道, 사도)란 단어도 일본에서도 일찍부터 넓게 사용되던 용어는 아니었다. 일본에서도 17세기에 나타나는 다도(茶道)란 단어는 넓은 의미에서 일본제 한자조어(和製漢語, 와세이캉고)의 범주로 볼 수 있을 것이다. 와세이캉고는 메이지 시대를 기준으로 서양의 언어를 번역하는 과정에서 새롭게 만들어진 한자어로 신한어(新漢語)라고 부르는데, 과학(科學), 철학(哲學), 우편(郵便), 야구(野球) 등과 같이 새롭게 한자를 조합하여 만든 새로운 단어를 말한다. 하지만 '自由(자유)', '観念(관념)', '福祉(복지)', '革命(혁명)' 등, 중국의 고전에 예로부터 존재했던 한자어에 완전히 새로운 의미를 부여하여 재창조한 단어도 많다. 다도(茶道)의 경우도 후자의 범주에 넣을 수 있다.

다도란 단어는 중국에서는 1000년 전부터 있던 용어이지만, 근대의 일본에서는 선불교의 선(禪), 신도(神道: 일본의 전통적 신앙)의 도(道)처럼 차(茶)란 물질에 절대적 진리, 혹은 신앙적 개념의 도(道)를 부여했다. 그리고 거기에 지행합일의 실천적 사유(양명학)를 가미하여 새로운 개념의 행다 다도(절차를 통한 정신수양의 도구)로 의미를 확장했다고 할 것이다.

더 나아가 일본 다도에는 '와비(わび)'란 미의식이 존재한다. 일상생활의 '부족한 것들 속에 존재하는 아름다움에 대한 숭배'라고 할 수 있는 격조 있는 미의식이다. '와비'가 가지는 원래의 의미는 물질의 부족에서 오는 어찌할 수 없는 심리를 표현한 것으로서, 싫어하고 꺼리는 상태를 가리키는 용어이다. 원래는 '불우(不遇), 불여의(不如意), 고독(孤獨), 무료(無聊) 등을 한탄하는 것으로 슬픔, 외로움, 빈곤, 불안 따위의 비애감과 통하는 것'으로 정의되고 있다.

그러나 이러한 부정적인 의미의 '와비'가 다도를 만나면서 긍정적인 의미로 변신하게 된다. 무라타 주코(村田珠光), 다케노 조오(武野紹鴎), 센노리큐(千利休) 3인은 일본 다도를 집대성한 다인으로, 와비차의 시조로 받들어진다. 특히 센노리큐는 감각의 자유와 마음의 해방을 중요시하여 부족한 것을 그대로 둠으로써 얻어지는 부족함의 아름다움을 추구하였다. 그가 만든 일본의 국보 다실 다이안(待庵)은 좁은 입구와 질박

한 흙벽, 작은 문(니지리구치)으로 특징지어진다. 그들이 좋아했던 소박한 조선의 찻사발, 물레질하지 않는 라쿠다완은 차노유(茶の湯)를 도(道)로 인식하도록 하였다.

센리큐의 와비 다도는, 오모테센가(表千家), 우라센가(裏千家), 무샤노코지센가(武者小路千家) 등 이른바 삼센가(三千家)에 의해 아직도 계승되고 있지만 획일적이지는 않다. 각 유파가 자신의 다도를 어떻게 표현하는지는 영어 번역을 통해 잘 드러난다.

일본 관광청에서는 영어권 사람들이 쉽게 접근할 수 있도록 다도를 'Tea ceremony'라고 번역하고 있다. 행다도의 개념을 '차 마시기 의식'으로 표기하고 있는 것이다. 우라센가(裏千家)는 다도를 'the way of tea: 차의 길'이라 번역했다. 직역처럼 보이기도 하지만 형이상학적 개념을 많이 내포한다고 할 것이다. 오모테센가(表千家)는 'chanoyu'로 표기한다. 오모테센가는 다도란 단어 이전의 '茶の湯'이란 용어를 음역함으로써 차가 가진 본연의 의미나 와비차의 전통성, 고유성을 드러내 보여주고 있는 것이다.

일본은 중국과 한국에 비해 차의 시작이나 전래가 늦었다. 하지만 그들은 자신들만의 와비다도라는 문화를 만들어 섬세한 미의식을 가짐으로써 새로운 문화전통과 미학을 만들어냈다. '와비'는 한마디로 '부족함의 미학'이다. 이것은 일본 차문화가 가진 특별한 미의식으로 복합적인 의미를 가진 일본 다도의 특징적 요소라고 할 수 있다.

일본의 다실

• TEA TIME •

## 조선 선비의 버킷리스트, 무이산 대홍포

대홍포는 모든 청차(우롱차) 중에서도 최고급차로 '차왕(茶王)'이라는 별칭으로 불리고 있다. 찻잎 표면이 매끄럽고 빛나서 수선찻잎과 비슷하게 보이며 어린찻잎은 자홍색을 띤다. 엽맥은 57쌍이 있으나 가늘고 뚜렷하지 않다. 암골화향(岩骨花香), 대홍포는 암운(岩韻)과 꽃향의 여운이 오래 남는 명차로 청나라 초기, 즉 지금으로부터 350년 전부터 찻잎을 채집했다는 이야기가 전해지는데 천심암구룡과, 천유암, 주렴동, 북두봉 네 곳의 서식지가 있다. 현재는 천심암구룡과에 자라고 있는 여섯 그루의 대홍포 모수만을 '정통대홍포' 혹은 '차왕'으로 인정하고 있다. 정암차 대홍포는 이들 모수로부터 무성생식으로 번식시킨 차나무에서 채취한 것이다.

대홍포의 산지인 복건성 무이산은 남송 때 성리학의 완성자인 주희가 머물며 강학을 한 유교의 성지이다. 그런 연유에서 조선시대 선비들은 무이산을 그린 무이구곡도를 방에 걸어놓고 그리며 주자의 학문을 흠모했다. 율곡 이이의 〈고산구곡가〉 역시 주희의 〈무이구곡가〉를 모방하여 지은 시로 알려져 있다. 조선의 선비들은 언제나 무이산의 계곡과 그곳의 차를 마음에 품고 살았던 것이다.

1972년에 중국을 방문한 미국의 닉슨 대통령에게 대홍포 200g을 선물한 일이 있었는데, 닉슨 대통령이 모택동을 두고 무척 인색하다며 푸념했다고 한다. 이때 보좌관은 "각하께선 이미 천하의 절반을 얻으셨다."라고 설명해주었단다. 이 대홍포는 1년에 400g밖에 생산되지 않는 모차수의 찻잎으로 만든 차였던 것이다. 2002년 홍콩에서 열린 차 경매시장에서 복건성 무이산의 대홍포 모수에서 채취한 차 20g이 우리 돈으로 약 2,200만 원에 팔렸다. 대홍포의 맛과 향이 뛰어난 점 이외에도 차가 갖는 역사적 상징성에 희소가치가 더해져서 이와 같은 가격이 형성되었을 것이다. 마두암, 우란갱, 혜원암 등 특정지역에서 생산되는 차를 제외하고는 가격도 저렴해지고 초콜릿처럼 간편하게 마실 수 있는 대홍포도 많이 나와 있다. 비싼 가격을 지불하지 않아도 묵직한 탄배향과 은은한 꽃향이 잘 어우러진 무이암 대홍포차는 쌀쌀해지는 가을에 마시기에 적격이다.

– 〈티마스터 조수정〉

## 03

# 차는 예절이다. 한국의 다례(茶禮)

'차례'는 지내셨어요? 익숙한 명절 아침의 인사다.

우리는 가정마다 설날과 추석에 아침 일찍이 지내는 약식 제사를 '차례'라고 한다. 조선시대 관혼상제의 규범이었던 주자(朱子)의 《가례》에는 '차례'란 명칭이 없다. 한자로 풀어보면 차례는 분명 차(茶)를 올리는 예(禮)인데, 차례상에 차를 올리는 절차가 없어졌다. 지금은 어느 집이고 차가 아닌 술을 올린다. 왜 그럴까?

17세기 후반 이재(李縡)란 문신은 《사례편람(四禮便覽)》에서 "차는 본래 중국에서 사용된 것으로서, 우리나라에서는 사용하지 않기 때문에 《가례》의 절차에 나와 있는 설다(設茶)·점다(點茶)와 같은 글귀는 모두 빼어버렸다."라는 기록을 남겼다. 이는 당시에도 차례에 차를 사용하지 않았다는 것을 보여준다. 그럼 언제부터, 어떤 이유로 차례상에 차 대신 술이 올라가게 되었을까?

차례(茶禮)에 차 대신 술을 올리게 된 것은 유교국가인 조선시대에 와서 차의 생산량이 크게 줄어 가격이 비싸진 것이 외형적인 원인으로 보인다. 조선이 불교를 배척한 탓에 승려 수가 줄고 사찰의 재정 형편이 나빠져 사원 주변에 있던 많은 차밭이 버려졌던 것이다. 당연히 차의 생산이 줄어들고 차 가격이 오를 수밖에 없었다.

〈상조회사의 로고체로 쓰이는 풍(豐)은 예(禮)의 고자다.〉

하지만 더 직접적인 이유는 조선 사회의 근간이 된 성리학이다. 성리학적 사유에서는 차보다는 술이 수직적 계층구조의 유지에 유용하다고 판단했을 것이다. 성리학의 사회에서는 '예(禮)의 실천'인 제사에서조차 술이 차보다 유용한 존재였다.

공자와 맹자에 의해 제창되었던 유학이 송대에 이르러 주자(주희)에 의해 정리된 것이 바로 성리학이다. 공자·맹자의 본래 의도와 달리 유학은 왕의 집권과 왕권 강화에 이용되면서 유학은 중국 전역으로 퍼져나갔고, 이를 정리한 주자의 성리학도 고려 말기에 한반도에 전해졌다. 군주들의 왕권 강화 논리가 필요했던 신진사대부에 의해 성리학은 빠르게 수용되었고 조선의 건국이념이 되었다. 유학에서 인간의 본성, 리(理)는 원래 보편적 도덕성이었다. 하지만 조선에서는 성리학적 이해에 의해 리(理)를 사회의 수직적 질서, 즉 차별적이고 폐쇄적인 계층성을 가장 중요한 가치로 만들어냈으니 아이러니가 아닐 수 없다.

조선의 건국 세력인 신진 사대부들은 모든 사람에게 불성이 있어 누구나 부처가 될 수 있다는 불교의 수평적 이데올로기를 배격하고, 주자(주희)의 성리학을 국가의 통치이념으로 떠받들었다. 성리학의 성즉리(性卽理) 이데올로기가 500년 조선의 사회, 문화, 정치, 경제의 전 영역에 가장 큰 영향력을 행사하게 된 것이다.

조선의 500년 동안, 이해(理解)되지 않는 것, 다시 말해서 성리학의 리(理)로 풀리지(解) 않는 모든 것이 리(理)에 의해 쫓겨나고 정벌당했다. 차가 차례에서 외면당한 직접적인 이유라고 볼 수 있다. 차는 '깨어있음과 자아성찰'을 촉진하는 속성상 수직적 계층구조와는 충돌을 일으킬 수밖에 없었다. 위에서 명령으로 지배하고 아래에서 무조건 순종하고 따르는 상명하복의 계층구조 안에는 개인의 '깨달음'과 '자아 존중'이란 풀 수 없는 문제이니 내침을 당했던 것이다. 상명하복의 성리학적 세계에서는 리(理)를 부여받은 인간이 어떤 이유로든 그것을 발현하지 못하면 '놈'으로 불렸고 동정을 받는 비참한 존재였다. 차를 마심에는 '혼차(독음: 獨飮)'가 가장 높은 경지일진대, 성리학이 지배하던 500년은 언제나 개인보다는 우리, 함께(共), 같이(同)가 강조되었고, 나, 혼자, 따로, '환·과·고·독(鰥寡孤獨)'은 허용되지 않았던 것이다. 아직까지도 우리는 홀아비·과부·고아·독신은 불완전체로, 그대로 두고 볼 수 없는 존재이고, 또 구제되어야 할 존재로 여긴다.

조선이 건국되던 그 시절, 중국은 심즉리(心卽理)의 양명학이 시대의 학문적 조류가 된다. 조선은 중국이나 일본과 달리 성리학의 수정판이라 할 수 있는 양명학의 발전이 미약했다. 아니 철저히 외면당했다고 보아야 할 것이다. 고려에서 화려하게 꽃피웠던 차문화는 조선시대에 들어 급속하게 쇠퇴하게 되는데, 이는 성리학을 국가 이념으로 받들었던 조선 사회가 차를 실용적인 음료보다는 관념적이며 의례적인 음료로 이해하여 그 범위를 축소시켰기 때문이다. 성리학에서는 사물의 본성을 고정적이며 차별적인 것으로 보기 때문에, 개별적 마음의 존중으로 수평적 사회관계 형성에 기여하는 차와는 거리감이 있을 수밖에 없었다. 차는 태생적으로 성리학보단 심학, 양명학에 더 가까울 수밖에 없어 보인다.

성리학적 이데올로기는 사물의 본성을 우주의 진리로 규정하면서 남자와 여자, 임금과 신하, 양반과 상민, 장남과 차남, 적자와 서자 등의 수직적 구조와 차별 구조를 분명히 함으로써, 평등과 자유의 속성을 가진 차문화가 대접받지 못하는 사회를 만들었던 것이다. 고려와 달리 조선에서 차는 특수 계층에서만 향유할 수 있는 존재가 되어 버렸다. 아쉽게도 차는 부처나 임금과 같은 신적 존재에게나, 그것도 특별한 의식과 절차를 통해서 바쳐지는 물건이 되어버렸다. 5백 년이 지난 오늘까지도 차는 그 내용을 잃어버리고 형식만 남기게 되었다.

성리학에 의해 나라의 정치 시스템, 국민 정서에서 풍속에 이르기까지 철저히 조직되고 개조된 것이 조선왕조 500년의 역사였다. 조선의 관혼상제 규범은 성리학의 완성자인 주자의 틀에서 이루어졌다. 주자는 예(禮)를 모든 사물의 자연스럽고 바람직한 모습이 구체적으로 분절되어 그에 어울리는 무늬를 띤 형태라고 보았다. 바로 인간 사회의 제도, 의식, 규범이다. 이런 것들의 구체적 실천을 위해 《가례》를 저술했다는 것이다. 하지만 그 중심은 죽은 사람에 대한 예(禮), 바로 장례였고 예교주의를 강화하는 결과를 낳았다.

일본의 다도(茶道), 중국의 다예(茶藝)란 단어에 대비해서 한국의 다도를 다례(茶禮)라고 부르는 이유가 바로 조선의 예교주의에 있다. 예(禮)는 성리학자들이 목숨을 바쳐 지켜낸 신념이었다. 하지만 예의 본뜻은 목숨으로 지켜야 할 우주의 진리, 인간이 마땅히 지켜야 할 도리가 아니라, 죽은 자나 귀신에게 올리는 제사인 것이다. 허신(許愼)은 《설문해자(說文解字)》에서 '예(禮)'란 글자를 이렇게 풀었다.

'예(禮)는 실행한다는 뜻이며, 신(神)을 섬겨서 복을 얻고자 함이다.

조선이 성리학을 국가 통치의 기본 이념으로 정하면서 예를 중시하는 사회였다는 것은, 곧 종교와 정치가 분리되지 않은 제정일치 시대로의 복귀를 의미한다고도 볼 수 있다. 그 시대를 규제하고 통섭한 원리가 '예(제사)'였기에 그렇다. 한마디로 인간의 도덕성에 근거한 '예교사회 건설'이란 아름다운 슬로건에는 이를 빙자하여 수직적 질서를 구축하고 기득권을 사수하겠다는 조선조 통치 계급의 불순한 목적이 엿보인다 하겠다.

예란 글자를 자세히 들여다 보자. 왼쪽의 시(示)는 제단을 나타낸다. 바로 귀신, 구체적으로는 땅 귀신이다. 오른쪽은 풍년들 풍, 상단 곡(曲)은 원래 그릇에 담긴 이삭(豐豐)을, 아래 두(豆)는 제사상에 올리는 제기의 상형 문자다. 예(禮)란 글자는 '제기 위에 놓인 큰 그릇에 곡식을 담고 신에게 제를 올리는 모양'으로 종교의 가장 일반적 실천 행위로서 제의(祭儀, cult, rite)란 의미를 지니고 있는 것이다. '거리 제(祭)'란 글자도 아래의 시(示)는 제단이고 귀신이다. 위에 올려져 있는 것은 고깃덩어리(月)를 쥔

禮= 示 +曲(豐)+豆

오른손(又)이다. 고기(희생)을 올려 지내는 제사를 말한다.

2000년을 아우르는 우리 차문화를 '다례(茶禮)'란 용어로 대변한다면 '차로 지내는 제사'란 뜻으로 이해된다. '다례'란 용어는 사실 조선 왕조의 고착되고 수직적 성리학적 정치 이데올로기를 오롯이 담고 있으며, 차의 내용보다는 형식, 특히 생활공간이 아닌 특수한 상황에서의 행위다도를 나타내는 단어이다. 과거의 차문화를 바탕으로 현대와 미래를 이어가야 할 한국의 차를 과거의 정치 이데올로기적 용어인 '다례'로 대변한다는 선택은 아쉬움이 아닐 수 없다.

고려에 그렇게 흥성했던 차문화는 조선에 들어 일부 신진 사대부와 사찰에만 흔적을 남기게 되었고, 후기 실학자들이 나타나기 전까지 자취를 감춘다. 이는 명대에 발흥했던 양명학적 사유가 조선에 이식되지 못한 것과 큰 관련이 있어 보인다. 과감하게 양명학을 받아들이고 그들만의 다도문화를 꽃피운 일본의 경우와 대조적이다. 성리학이 지배했던 조선에서는 일상 속의 차 마시기를 찾아보기 어려워졌다. 양명학이 신분계급과 상관없이 누구나 도덕적 자각능력인 양지를 가지고 있다는 점, 그리고 누구나 양지를 실천함으로써 진리를 구현할 수 있다는 점에서 혁명적인 사상이었지만, 성리학의 기틀 위에 선 조선 정권에서 수용하기 어려웠다는 점은 아쉬움이 아닐 수 없다. 중앙권력으로부터 깊은 산속으로 내몰린 선사들, 정권에 버림받고 방랑, 혹은 유배 생활을 했던 선비들에 의해 조선의 차는 근근이 그 명맥만을 유지해왔다.

조선의 몰락과 일본 제국주의 침탈 속에 한국의 차문화는 또다시 숨을 죽였으나, 20세기 후반 다시 부흥하기 시작한다. 하지만 지금까지도 한국은 500년을 이어온 조선 성리학적 사유의 틀을 깨지 못하고, 차에 전통이란 이름의 옥쇄를 채웠다. 차를 충·효·예란 틀 속에 다시 가둠으로써 민주의 시대와 유리되었고, 젊은 세대와의 소통을 어렵게 만들고 있다. 요즘 차계를 보면 차가 권위주의 시대의 체제유지 수단으로 다시 복귀하고 있음은 지극히 아쉽다. 차의 본질은 관계의 규정, 사회적 규범의 실천에 있지 않다. 차는 차일 뿐이다. 차의 본질은 차를 마시는 즐거움과 깨어있음, 깨달음의 세계, 바로 오성(悟性)을 찾아가는 데 있다.

## • TEA TIME •

## 만두를 먹물에 찍어 먹다, 흘묵

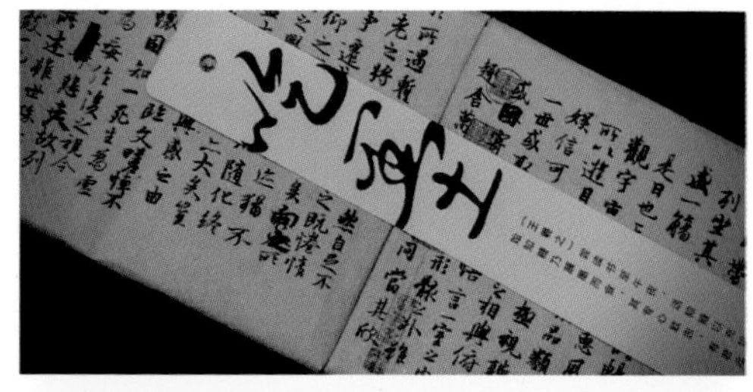

흘묵? 중국어론 '吃墨(츠모): 먹물을 먹다'란 뜻이다. 먹물을 먹는다는 것은 학문에 열중한다는 의미. 옛날부터 오징어는 제사에 못 쓰지만, 먹물이 머리에 가득한 문어는 제사상에 올렸다. 글공부 좀 한 물고기라 문어(文魚)라는 이름을 가졌다. 한지에 싸인 덩어리 차. 포장이 아름답다. 흘묵, 바로 중국 최고의 명필 왕희지의 글씨다.

왕희지는 동진시대 사람으로 절강성 소흥 출신이다. 흘묵이란 단어에는 천재적 서예가 왕희지 어린 시절의 이야기가 전한다. 어린 시절부터 얼마나 열심히 서예에 열중했던지 왕희지는 밥 먹을 시간도 아껴가며 글씨를 썼단다. 하루는 어머니가 보니 만두를 먹으며 붓글씨를 쓰는데 만두를 먹물에 찍어 먹고 있더란다. 당연히 입 주위는 온통 먹물로 물이 들었을 것이다. 그렇게 노력한 덕에 지금까지도 우리가 붓글씨를 시작하면 반드시 거쳐야 하는 체본이 왕희지 천자문이다. 왕희지 체본은 적어도 중국, 한국에서는 최고의 베스트셀러다. 왕희지체는 모든 문인들이 기본으로 삼는 글씨다.

차의 포장지에 인쇄되어있는 이 문장은 당대뿐 아니라 1700년 동안 중국 최고의 문장이라고 칭송받는 명문, 〈난정집서문〉이다. 바로 당태종이 무덤까지 품고 갔다는 명문장이고 〈소익잠난정도(簫翼賺蘭亭圖)〉 스토리의 주역이다.

긴압상태가 아주 고르다. 잡내도 없고 깔끔하다. 어린 찻잎에서 오는 해조류향이 두드러진다. 긴압이 강하지 않아 일부를 떼어내기가 수월하다. 붉은 적벽돌색의 탕색이 깊이가 있고 보이숙차의 진향이 풍성하다. 고삽미가 거의 느껴지지 않고 탕은 아주 부드러우며 매끄럽다.

– 〈티마스터 조영아〉

# 04

# 한국의 차 정신은 '내 마음의 차(吾心之茶 Tea in my heart)'

## 한국의 다도정신이 '중정'이라구요?

많은 한국의 차인들이 한국의 차 정신을 '중(中)이면 정(正)'이라는 유가의 중용(中庸) 개념으로 정리한다. 중정이란 '천지의 리(理, 이치)를 인간의 삶에 조화롭게 적용함'을 뜻하며 유가에서는 '중정'을 한 시대의 정치적 교화, 사회제도의 적절함, 개인의 도덕적 실천에 있어서 최고 경지로 본다. 두 글자를 한 글자씩 뜯어보자.

중(中)은 어떤 영역(口)을 꿰뚫음(丨), 위아래로의 통함이다. '천하의 바른 도리'로 유가 경전에서의 최고 가치 척도다. 치우치거나 기울어짐이 없는, 감정이 일어나기 전 마음의 본래 바탕, 인간 내면의 덕으로, 경험으로 드러나는 알맞음, 즉 조화(調和, moderation)로 '유가적 도덕실천'을 의미한다. 정확하게는 원시유학이라기보다 송대에 만들어진 주자학의 기본 논리라고 할 것이다.

정(正)의 본뜻은 시작(一, 하나)을 잘 지켜서 끝에 멈춘다는 지(止)다. 곧 올바르고 참됨의 진(眞, rightness)으로 이해할 수 있다. 정은 바뀔 수 없는 체(體)이고 본질로 바로 《주역》의 리(理)다. 자연의 법칙이며 인간에 내재한 본성과 도덕적 규범의 근원인 것이다.

'중정'을 한국의 다도정신으로 내세우는 근거는 바로 초의선사의 〈동다송(東茶頌)〉이다. 초의선사는 다도에 있어 사물의 운용과 마음가짐을 정과 중으로 아주 쉽고 명료하게 정리하였다.

"차를 딸 때 그 묘를 다하고, 차를 만들 때 정성을 다하고, 참으로 좋은 물을 얻어서, 중정(中正)을 잃지 않게 차를 달여야 체(體)와 신(神)이 더불어 조화를 이루고, 건(健)과 영(靈)이 서로 화합하면 차도(茶道)가 이루어진다. (體神雖全猶恐過中正 中正不過健靈倂)"

– 〈동다송(東茶頌)〉

중정(中正)이란 더하지도 덜하지도 않으면서 균형과 조화를 이루는 것이다. 차를 통해 중정에 이르는 네 가지 관문은 차 따기, 차 만들기, 찻물 선택하기, 불 조절이라는 것이다. 우리가 중정을 이루기 위해서는 수양이 필요하며, 수양은 네 가지를 정성껏, 정념(正念)으로 지켜나갈 때 온전한 수양이 이루어진다.

차문화는 행위적인 것 이상의 의미를 담고 있다. 차가 행동과 정신적인 수양에 동시에 도움을 줄 수 있기에 많은 현인들이 예부터 차를 가까이하였을 것이다. 초의선사가 제창한 다도정신은 그나마 차(茶)를 통해 자기의 본질을 바로 알고, 나아가 중정(中正)의 도(道)에 가까이 다가설 수 있다는 것이라고 하겠다. 하지만 아쉽게도 '중정'이라는 단어는 중국인들, 특히 유학자들이 아주 오래전, 춘추전국 시대부터 정치 이념을 표현하는 개념으로 사용해온 단어였다.

'중정'이라면 우선 장중정(蔣中正)이란 사람을 떠올리게 한다. 생전에 호를 더 많이 썼기에 장개석, 장제스 내지는 장카이섹(Chiang KaiShek)으로 더 많이 알려져 있지만, '중정'이 본명이다. 그는 근대 중국 군벌시대를 종식시킨 중화민국의 초대 총통이다. 대만에서 F5 전투기를 처음 생산할 때도 비행기의 이름을 '중정'이라고 붙였었다.

타이페이 중심가에는 장중정(蔣中正)을 기리는 거대한 건축물이 있다. 파란 기와지붕의 '중정기념당'이다. 예전에는 중정기념당의 대문에는 대중지정(大中至正)이란 네 글자가 새겨있었다. 그러나 집권당이던 국민당 정권이 총통 직접선거로 민진당의 천수이벤에게 넘어가면서 현판이 바뀌었다. 바로 자유광장(自由廣場)이다.

대중지정이란 '치우침이 없이 공정하다'라는 뜻으로 장개석의 이름인 중정(中正)과

장개석의 이름을 딴 중정기념당 현판

2000년, 정권교체로 바뀐 중정기념당 현판

관련되어 있음은 당연하다. 학교마다 서 있던 2만여 개의 장중정 동상도 지금은 대부분 철거되었다. 그는 봉건적 사고를 답습한 군벌로 독재자의 길을 걸어 부정적으로 평가받는 인물이 되어있다. 그는 지난 시절 공산당과의 대치 국면을 이용해 집권자를 신격화, 우상화하고 일사불란한 상명하복의 정치시스템을 구축했다. 아들 장경국까지 대를 이어 장기집권 해오던 국민당이 내세운 기치가 바로 그의 이름 '중정'이었다. '중정'을 명분으로 오랜 기간 반체제 인사에 대한 고문과 폭력으로 민주와 인권을 탄압했다.

'중정'을 쉽게 생각해보면 과유불급(過猶不及)이란 사자성어와 같은 개념이라고 할 것이다. '지나친 것은 오히려 미치지 못함과 같다.'란 말인데 '관포지교(管鮑之交)'라는 고사를 만든 춘추시대 초기의 정치가 관중(管仲: BC ??~BC 645)을 언급하지 않을 수 없다. 그는 《관자》란 책에서 군주가 정치를 하면서 반드시 지켜야 할 수칙을 가운데 기본을 중정(中正)에 두었다. 그는 공평무사, 공평하게 감성에 따라 한쪽으로 치우치지 않는 것 중정무사(中正無私)을 임금의 덕이라고 보았다. 또 신하의 덕은 충성과 신의로 한쪽으로 치우치지 않는 충신불당(忠信不黨)이라 했다.

중국에서는 일찌감치 '중정'을 정치적 이념으로 내세운 관자를 치켜세우며 '공자를 중시하고 관자를 경시한 것이 중국 역사의 최대 비극'이라고까지 하고 있다. 관자는 '중정'을 실천하고자 했고, 공자는 '중정'을 명분으로 삼았다. 실천이든 명분이든 '중정'의 개념은 오랫동안 중국의 정치철학이었다. 중국인들에게 한국의 차 정신을 '중정'이라고 설명하기에는 어려움이 따르는 가장 큰 이유다.

**내 마음의 차(吾心之茶)를 한국의 다도정신으로…**

차(茶)는 단순한 음료가 아니라 양생(養生)에는 양약(良藥)이요, 정신에는 탁한 기운 맑게 하는 청량제니 그것은 차가 천지의 순수한 기운을 머금고(含天地之粹氣) 일월(日月)의 정화(精華)를 호흡했기 때문이다. 지난 역사 속에 선인들이 즐겼듯이 나도 언제나 떨어지지 않고 함께 있었으니, 내 정신 속에는 언제나 '내 마음의 차(吾心之茶)'가 가득 차 있었다.

– 〈다부(茶賦)〉 중

1,329자, 230구로 이루어진 〈다부(茶賦)〉는 차에 대한 많은 정보를 담은 조선 전기 한재(寒齋) 이목(李穆)의 '차노래'다. 우리나라에 전하는 가장 오래된 다서(茶書)로 알려진 〈다신전(茶神傳)〉, 〈동다송(東茶頌)〉보다 350년 정도 앞선 저작이다. 다른 기록에 비해 좀 늦게, 1980년경에서야 발견되었고, 현재 우리나라에서 발견된 최초의 다경(茶經)으로 통한다. 차를 노래한 〈다부〉는 차를 대하는 선비사상과 차(茶)에 대한 안목의 깊이를 헤아려보기에 부족함이 없다는 평가를 받는다. 저자인 한재 이목은 다부(茶父), 혹은 다선(茶仙)이라는 호칭으로 추앙받고 있다.

한재 이목은 1471년생이다. 출생년도는 양명학을 집대성한 왕양명보다 한 해 빠르다. 1484년(성종 15) 김종직의 문하에 들어가 수업한 뒤로 학문이 크게 성취되어 명성이 알려지게 되었으며, 김굉필·정여창 등과는 동문수학한 사이였다. 1489년 19세의 나이로 진사시에 합격해 성균관의 유생이 되었다. 1490년 성종이 병환으로 눕자 대비가 무당을 시켜 성균관 벽송정에서 굿을 했다. 이때 이목이 태학의 유생들과 함께 제단을 부수고 무당을 쫓아냄으로써 대비의 노여움을 샀으나, 성종은 어주까지 하사하며 칭찬하였다고 전한다.

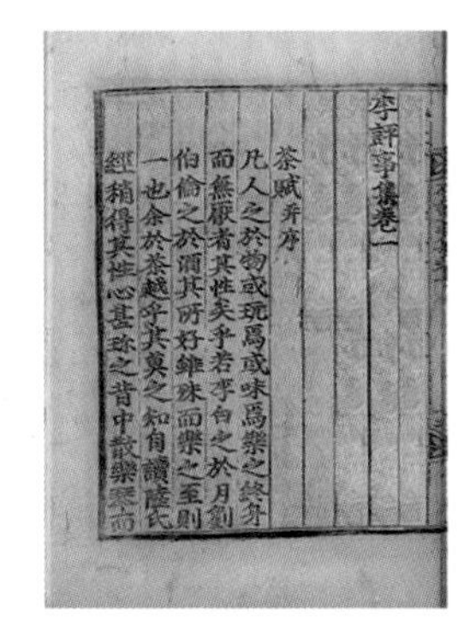
李評事集卷一
茶賦并序
凡人之於物或玩焉或味焉樂之終身
而無厭者其性矣乎若李白之於月劉
伯倫之於酒其所好雖殊而樂之至則
一也余於茶越乎其莫之知自讀陸氏
經稍得其性心甚珍之昔中散樂琴而

〈다부(茶賦)〉 한재(寒齋) 이목(李穆) (14711498년)

그는 1495년(연산군 1) 별시문과에 장원으로 급제해 성균관 전적이 되었고, 1496년 영안남도 병마평사를 거쳐 다음 해 호당에 들어 사가독서하였다. 사가독서란 조선 시대 젊은 문신들이 임금의 명으로 직무를 쉬면서 글을 읽고 학문을 닦던 제도다. 세종대왕 때부터 실시한 제도로 창의적 인재 양성 프로젝트의 일환이었으니, 당대에 촉망받던 인재였음을 알 수 있다. 그러나 아쉽게도 1498년 무오사화 때 사형에 처해졌다. 그의 나이 28세였다. 1504년 갑자사화 때에 다시 부관참시 되었고, 1506년(중종 1)에서야 신원되어 이조판서에 추증되었다. 사후 200년이 지난 숙종 44년(1718) 김창집이 추천하여 '정간(貞簡)'이라는 시호를 받았다. 이 호는 "숨어서 굴하지 않음이 정(貞)이요, 정직하고 무사함이 간(簡)이다"[33]란 글에서 따온 것으로 그의 기개를 너무도 잘 표현하고 있다.

한재(寒齋)란 호를 보아도 그가 차의 찬 성질을 호에 차용할 정도로 차를 몹시 좋아했음을 알 수 있다. 그는 실제로 차를 정신 수양과 정신적 즐거움으로 승화시켰다. 나아가 이를 통해 오심지다(吾心之茶: 내 마음의 차)로 승화시켜 '다심일여 다심일체(茶心一如 茶心一體: 차와 마음은 하나이다)'의 경지에 이를 수 있다는 사상을 제시하였다. 바로 양명학에서 말하는 심즉리(心卽理)의 실현이다.

그가 양명학이란 단어를 거론한 기록은 없다. 하지만 양명학의 완성자인 왕양명과는 한 살 차이로 거의 동시대를 살았고 '내 마음의 차'는 바로 마음과 세상의 이치를 연결 짓는 양명학의 핵심 논리, 심즉리(心卽理)를 차의 세계에 실현했다고 할 수 있다. 심즉리(心卽理)는 양명학의 윤리학적인 측면을 나타내는 말로 성(性: 태어날 때 생겨난 순수한 선성)과 정(情감: 정으로서 나타나는 마음의 움직임)을 대면시킨 마음 그 자체가 리(理)와 다름없다고 하는 사상이다. 양명학은 강한 주체성과 실천성을 담보할 수 있는 이론체계이며, 그 실천의 궁극적 방향은 만물을 한 몸으로 여기는 유토피아의 실현이다. 스스로의 존엄성을 확인하고, 또 만물일체의 인류애를 실현하려는 이상을 품고 있었다. 이런 면에서 그는 차의 도학, 다도(茶道)를 이루었다고 할 것이다.

한재는 또 그의 문집에서 '천인무간(天人無間)'이란 표현을 사용하였다. 바로 '하늘

---

**33** 不隱無屈曰貞, 正直無邪曰簡

과 사람은 같은 것'이라는 뜻으로 이는 조선후기 동학의 '인내천(人乃天)' 사상과도 연결 고리를 가진다고 보인다. 하늘이 바로 사람이고, 사람이 바로 차인 것이다.

기쁘게 노래로 이르리라.
내가 세상에 나오니, 풍파가 모질구나!
양생의 뜻을 좇을진대 너를 버리고 무엇을 구하리오.
나는 너를 지녀 마시고, 너는 나를 따라 노니는구나,
꽃피는 아침 달뜨는 저녁에 좋아하며 싫어하지 않으리라.
천군(마음)을 모시고, 두려움과 경계로 말하리니,
삶은 죽음의 밑이요, 죽음은 삶의 뿌리이매,
마음만 다스려도 몸은 시드는 것이니,
혜강이 양생론으로 어렵사리 이겨냈다지만 어찌하리
지수에 빈 배를 띄우고(한 잔의 차에 빈 마음 담고),
인산에 좋은 곡식(좋은 차나무)을 심음 같으니
신기로이 움직이는 기운 현묘에 들고,
즐거움 도모치 않아도 저절로 이르네.
이 또한 내 마음의 차이거늘,
또 어찌 다른 데서 기쁨을 구하리오!"

– 한재 이목의 〈다부〉[34]

---

**34** 喜而歌曰 희이가왈
我生世兮 豊波惡 如志乎養生 捨汝而何求
아생세혜 풍파악 여지호양생 사여이하구
我攜爾飮 爾從我遊 花朝月暮 樂且無斁
아휴이음 이종아유 화조월모 낙차무역
傍有天君 懼然戒曰 生者死之本 死者生之根
방유천군 구연계왈 생자사지본 사자생지근
單治內而外凋 嵆著論而蹈艱曷
단치내이외조 혜저논이도간갈
若泛虛舟於智水 樹嘉穀於仁山
약범허주어지수 수가곡어인산
神動氣而入妙 樂不圖而自至
신동기이입묘 낙부도이자지
是亦吾心之茶 又何必求乎彼也
시역오심지다 우하필구호피야

차는 정신을 가다듬고 수행을 하는 데 적합한 음료로서 한재 이목의 삶과 함께하고 있다. 한재 이목의 〈다부〉 속 차는 차가 지식으로 그치는 것이 아니라 행(실천)으로 나타내 보이는 지행합일(知行合一)의 양명학적 세계관과 궤를 같이한다. 한재가 말하는 차의 세계는 물질적인 측면의 맛과 표면상의 멋이나 즐거움만은 아니다. 차와 자연, 또 내가 혼연일치 되는 세상이다.

이목의 〈다부〉에서는 내 '마음'을 절대적인 가치로 확립함으로써 가치에 대한 주관적 해석의 길이 열려 있다. 자연을 벗 삼음으로써 얻게 되는 자연의 웅혼함과 차의 고결한 자태를 통해 느끼며 우리의 심신을 보다 높은 차원으로 이끄는 '마음속의 차'인 것이다. 스스로의 존엄성을 확인하고, 또 만물일체의 인류애로 힐링하고 소통하는 한재의 '오심지다(吾心之茶)'는 우리 한국의 차(다도)정신으로 추존하여도 일말의 부족함이 없다고 생각한다.

TEA TIME

## 내 마음의 차, 1801오심광명吾心光明

내 마음 자고이래 밝은 달 있어
천년만년 둥근 모습 기울어짐이 없네.
산하와 대지는 원래 맑고 밝아
내 마음으로 족한 것을 어찌 추석달에서 구하리오.[35]

— 왕양명(王陽明)

인문학적 스토리가 있는 차. 이런 차를 '인문학적 차(人文茶)'라고 부른다. 이런 차는 차의 품질 평가보다 인문학적 가치에 더 비중을 둔다. 바로 유교의 역사 속에 주자학의 틀을 비판하고 인간의 본성이 오직 마음(心)에 있다는 '양명학' 체계를 수립한 위대한 철학자 왕양명(1472~1529)을 기리는 차이기 때문이다. 차의 이름은 "이 마음이 빛이거늘 더 어떤 말이 필요하리오(此心光明, 亦復何言)."이라고 갈파한 왕양명의 명언에서 가져왔다. 왕양명이 임종하면서 남긴 마지막 한마디였다고 한다. 이 차는 양명심학(心學)의 경계와 다도(茶道)라 불리는 차정신의 융합을 바라는 의도로 만들어졌음에 의심의 여지가 없다.

35 吾心自有光明月，千古團圓永無缺。山河大地擁清輝，賞心何必中秋節。

차 한 잔을 앞에 놓고 깨달음을 구하매, 깨달음은 밖에 있지 않다. 내 마음속이 바로 빛이요. 밝음이니, 차를 매개로 내 마음속의 빛을 들여다보는 것, 맑은 자아를 찾아가는 것이 차와 양명학의 만남일 것이다. 오심광명, 이 차를 만든 사람이 이 시대에 왕양명의 심학(心學)을 다시 들고 나선 연유야말로 우리가 아직까지 차를 마시는 이유에 대한 답일 것이다. 지구 환경은 날로 황폐해져 가고 인류는 정신없이 욕심과 성공을 향해 질주하고 있다 보니 지혜롭던 사피엔스의 마음은 병들고 또 빛을 잃어가고 있지 않은가.

조선의 한재 이목(李穆: 1471~1498) 선생이 제창한 오심지다(吾心之茶) 차정신을 오늘에 계승하는 차가 이 차가 아닐까 하는 생각하게 된다. 그가 지금 살아있다면, 꽃피는 아침이나 달 지는 저녁이나(화조월모, 花朝月暮), 언제나 이 차를 품고 다니며 마시고 즐기지 않았을까? 꽃피고 물 흐르는 고요한 계곡에 앉아 차 한 잔 우리고 가만히 마음 밝히고 싶게 하는 차다. 내 마음 밝은 빛, 그윽한 향기 오래도록 가득하니, 아름다운 차 한 잔이 함께한다면 더 무슨 말이 필요하리오.

'오심광명'은 보이 생차다. 임창(臨倉) 지역 석귀(昔歸)와 이무(易武)의 발효차를 블렌딩(병배)했다고 한다. 틈실한 찻잎은 가지런하고 아름답다. 스모키한 향과 함께 등황의 차탕은 색이 맑고 매끄럽다. 회감은 빠르고 강하게 올라온다. 지속성, 내포성이 뛰어나다.

중국의 보이차는 증권 시장과 같이 품질, 수요와 공급 상황에 따라 가격의 등락 폭이 심하다. 도표는 2020년 1년 동안의 가격추이이다. 연초에 1.5만 위안 하던 것이 8월에 5.5만 위안까지 올랐다가, 연말에 3.5만 위안까지 떨어지는 듯하더니, 2021년 다시 오름세다. 계산 단위인 1건(件)은 10kg으로 357g짜리 병차(餅茶) 28편(개)이다. 우리 돈으로 계산해보면, 2020년 한 해 동안에 이 차 한편의 가격은 대략 최고가 36만 원, 최저가 10만 원에 거래되었다는 이야기다. 2018년 4월 대익에서 생산한 이 차는 품질에 대한 평가도 좋지만, 생산량이 적다 보니 시간이 지날수록 골동차로서의 가치는 올라갈 것으로 보인다. 이른바 리미티드 에디션이다. 차 소장가와 투자자들의 관심 아이템이 아닐 수 없다.

– 〈티마스터 다래 강연옥 〉

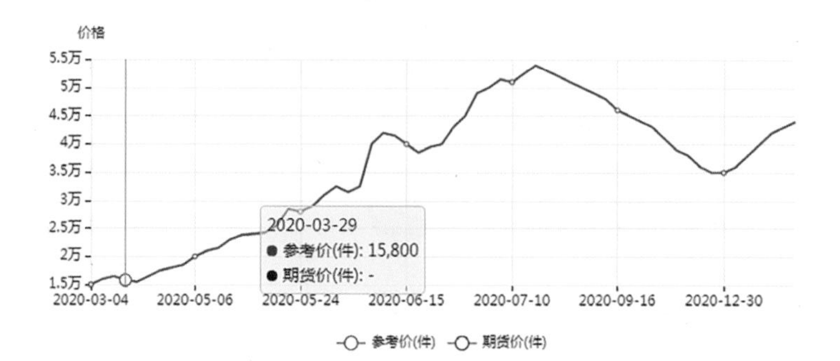

# 공부해서 마시는 차 Martial Arts Tea?

# 01
## 꿍후인가, 꽁푸인가?

명대에 시작된 포다(泡茶) 방식의 차 우려 마시기는 청대에 이르러 차 마시기와 차 서비스가 기술과 예술성을 강조하는 격식화된 형태로까지 발전한다. 바로 '조주 공부차'다. 중국에서는 주로 청차(우롱차)를 많이 마시는 광동(廣東)의 조주(潮州)와 산두(汕頭)지역 민간에서의 차 우림법을 가장 격식 있는 행다법으로 공부차(工夫茶)라고 부르며 중국의 대표적인 다예(茶藝)문화로 내세운다. 공부(工夫)란 학문이나 기예를 "세밀하게 배우고 익힌다."라는 말이다.

'공부'는 중국 무술(Chinese martial arts)을 가리키기는 말이기도 하다. 우리도 '공부를 잘하는 학생'이라고 말할 때처럼 학과 수업이나 학습을 지칭하는 용어로 많이 쓰인다. 공부란 단어를 한 글자씩 의미 단위로 뜯어보면 공(工)은 '만들어낸다'는 뜻이고 부(夫)는 '다스린다'는 뜻이다. 넓은 의미에서 어떤 지식, 기술을 탐구하는 것은 모두 공부이다.

'공부'는 원래 중국불교의 선종에서 쓰던 용어인데, 송대의 대학자 주자(朱子)가 '공부'라는 말을 자주 사용하면서 유학자들 사이에서도 널리 퍼지게 되었고, 현재의 우리말이 되었다. 발음은 같지만 힘력(力)이 하나 더 들어간 '꽁푸(功夫 gong fu)'도 중국에선 많이 쓴다. 중국의 전통 무예인 꿍푸(Martial Arts) 와 같은 단어다. 조주식 공부차를 영어로는 Gongfu(Kung Fu) tea ceremony라고 부른다.

공부차는 단순히 차를 대접하는 형식만을 이야기하지는 않는다. 다구에 대한 요구도 정교하고, 차를 우리는 동작 하나하나의 명칭에 인문학적인 고려가 보태져 그 깊이가 심오하며, 우리는 방법도 정교하다. 제대로 차를 우려 대접하기 위해서는 차를 우려내고 시음하는 순서와 기교에 대해서도 일정한 공부와 숙련을 필요로 하며 모든 동작에 깊은 정성과 공력을 기울여야 하기에 '공부차(工夫茶)'라고 부르는 것이다. 조주지역에서 유행하던 공부차는 타이완 지역의 다인들 노력으로 중국의 전통 다예(茶藝)로 자리매김하였다.

다방사보

공부차는 이제 천년의 역사 속에 지금까지 이어지고 있는 중국의 비물질문화유산(무형문화재)이며 자부심이다. 차와 다구의 선택, 물 끓이기, 차 우리기, 차의 품평에 이르기까지 어느 것 하나 소홀히 하지 않고 정성을 다하는 정교한 아름다움을 추구하고 있다.

공부차에 꼭 필요한 네 가지 비품을 다방사보(茶房四寶)라고 한다. 네 가지 다구의 이름이 재미있다. 맹신호(孟臣壺), 약침배(若琛杯), 옥서외(玉書碨), 조산로(潮汕爐)라고 부른다. 맹신호란 의흥에서 만든 작고 아담한 사이즈의 자사호다. 그 명칭은 명말청초의 혜맹신(惠孟臣)이란 자사호 대가의 이름에서 왔다. 의흥의 자사토로 만든 자사호는 포다(잎차우림)에 가장 적합한 찻주전자다. 자기와 도기의 양면성을 가진 자사호는 주로 반발효차를 우리며 '천하제일의 찻주전자'로 불린다.

약침배(若琛杯)는 크기가 호두알 절반 정도의 작고 특별한 찻잔으로 두께가 얇고 희고 아름답다. 겨우 3~4㎖ 정도의 물을 담을 수 있다. 통상적으로 4개가 한 세트로 되어있는데 백옥의 작은 자기 잔 밑에는 '약심진장(若琛珍藏)'이라는 네 글자가 새겨져 있다. 주로 강서성 경덕진에서 생산된다. 글자가 새겨진 약침배 정품은 골동품이기에 지금은 구하기가 어렵다. 좋은 잔의 기준은 소(小)·천(淺)·백(白)·박(薄), 넷이다. 잔은

조주와 대만 일대 지도

한 모금에 마실 수 있도록 사이즈가 작은 것이 좋고, 깊이가 깊지 않으며, 탕색이 잘 보이도록 희고, 차향이 잘 살아날 수 있도록 잔의 두께가 종이처럼 얇아야 한다는 말이다.

옥서외는 옥서위(玉書瑋)라고도 하며, 물을 끓이는 적갈색의 물주전자이고, 조산로는 산두풍로(汕頭風爐)라고도 하며 광동성 조주와 산두 일대에서 생산되는 작고 귀여운 진흙(도기) 풍로를 말한다. 요즈음은 사용이 편리한 전기포트를 많이 쓴다.

공부차에 사용되는 차는 녹차와 홍차의 장점을 두루 갖춘 반발효차, 청차다. 바로 우리가 오룡차(烏龍茶, 우롱차)라 부르는 차 종류다. 서양에선 반발효차를 통칭해서 '우롱티'로 부른다. 생산지는 크게 4지역으로 분류하는데 복건성의 민북오룡과 민남오룡, 광동성 조주를 중심으로 한 광동오룡, 대만에서 생산되는 대만오룡이다. 잎은 자란 잎을 쓰기 때문에 비교적 크지만, 어떤 다른 차들보다 향기롭고 만드는 기술이 복잡하며 절차가 까다롭다.

민북오룡/대홍포

민남오룡/철관음

광동오룡/봉황단총

대만오룡/동방미인

<table>
<tr><td rowspan="6">6대다류</td><td>불발효차</td><td colspan="3">녹차</td><td>10%이하</td></tr>
<tr><td rowspan="5">발효차</td><td rowspan="3">선발효차<br>(산화발효)</td><td>약발효</td><td>백차</td><td>5~15%</td></tr>
<tr><td>반발효</td><td>청차</td><td>15~70%</td></tr>
<tr><td>완전(강)발효</td><td>홍차</td><td>70~95%</td></tr>
<tr><td rowspan="2">후발효차<br>(미생물발효)</td><td colspan="2">황차</td><td>15~25%</td></tr>
<tr><td colspan="2">흑차</td><td>80~98%</td></tr>
</table>

차는 위의 도표처럼 크게 6가지로 분류하기에 6대다류(六大茶類)라고 한다. 우선은 불발효차와 발효차로 크게 나누는데, 우리가 차란 단어와 혼용하여 쓰는 녹차가 바로 열처리를 통해 발효를 멈춘 차이므로 불발효차에 해당한다. 엄격하게 보면 불발효(不發酵)가 아니라 불산화(不酸化)다. 발효차는 산화발효차와 미생물발효차로 나뉘는데, 청차는 완전발효차인 홍차와 불발효차인 녹차 사이에 끼어있어 가장 범위가 넓은 다류라고 할 수 있다. 다른 다류들에 비해 차를 만드는 과정이나 제품군이 월등한 다양성을 보여주기에 공부차 즐기기에 가장 잘 어울린다고 할 수 있다.

공부차 우림법은 일정 정도의 공부(숙련)를 필요로 한다. 단계별로 표현된 아름다운 동작과 용어에는 중국인의 역사와 철학, 미학적 관점들이 잘 반영되어있다.

공부차를 마실 때 사람 수는 보통 4명으로 국한되어 있다. 주인이 친히 차를 우려내지만 차를 즐길 때에는 그 자리에서 가장 숙련된 고수가 다호를 잡기도 한다. 다호를 잡는 사람을 팽주(烹主)라 한다. 공부차의 행다에 쓰이는 다구로는 다방4보 이외에 개완(뚜껑이 있는 우림용 큰 잔), 공도배(다해, 숙우), 다시(찻수저), 다협(차집게), 문향배(향기 맡기 전용 잔), 다하(우릴 차 담는 도구), 다건 등이 있다.

• TEA TIME •

## 한국의 동방미인, 무위 만송미인

동방미인, 오리엔탈 뷰티차는 타이완의 명차로 19세기 빅토리아 여왕에 의해 이름 붙여진 유명한 차로 알려져 있다. 독특한 향과 아름다운 자태로 타이완뿐만 아니라 중국 본토와 해외에도 찾는 마니아들이 많은 차이다. 소록엽선이란 차 벌레가 찻잎을 고사시키기기를 기다렸다 만드는 차로, 타이완에서도 6월 단 한 차례, 유기농의 다원에서만 만들 수 있다 보니 생산량이 적고 가격이 비싸기로 유명하다.

한국의 찻잎으로 만든 동방미인 차를 한국에서도 마셔볼 수 있다. 바로 하동의 백학제다에서 만든 무위 만송미인이다. 역시 찻잎이 벌레에 상처를 입고 시들기를 기다려 수확해야 하고, 복잡한 제다과정을 거쳐 만들어야 하니 가격은 만만치 않다.

만송미인은 발효도가 높은, 그러니까 홍차에 가까운 우롱차라고 할 수 있다. 맛은 엷은 홍차와 비슷하지만, 향은 우롱차의 향이다. 건엽의 생김새는 타이완의 동방미인(백호우롱)과는 확연히 구별된다. 어린잎이 아닌 짙은 갈색의 커다란 잎들이 거칠게 말려 있다. 하지만 일단 물을 붓자 과일향이 은은하게 올라오는 만송미인은 타이완의 명차, 동방미인 못지않은 붉은 탕색과 화려함을 드러낸다. 엽저에 보이는 녹엽홍변은 제다과정에 적절한 요청이 이루어졌음을 보여준다. 요청이란 흔들 요(搖)에 푸를 청(靑), 푸른 찻잎을 흔들어 상처를 내는 작업이다. 적절한 상처와 찻잎의 고통이 달콤한 향기를 만드는 것은 우리네 삶과 같다. 세상의 화려함, 행복감들은 거저 얻어지는 것이 없다. 동방미인, 아니 만송미인의 달콤한 향은 언제나 깊은 생각들을 이끌어낸다.

– 〈티마스터 조수정〉

# 02

## 다관(茶罐)인가, 다호(茶壺)인가?

한국인은 어디서든 차(茶)를 대접받게 되면 먼저 부담이 앞선다. 어떻게 마시는 게 좋은지 몰라서다. 이른바 '다도(茶道)' 때문이다. 두 손으로 잔을 들어야 할지, 한 손으로 들어도 되는 건지 머릿속이 복잡해진다. 자칫하면 예의 없는 사람, 혹 무식한 사람 취급을 받을 수도 있기 때문이다.

"차를 마시는데 도(道)가 따로 있을 수 없죠. 아주 자연스럽고 쉽게 마시면 돼요. 누워서만 마시지 않으면 되지요."

오랫동안 차를 만들어온 한 스님의 말이다. 차는 아무런 부담 없이 편하게 마시면 된다는 것이다. 우리의 다도는 형식을 따지지 않았다. 일본처럼 대를 이어 전해오는 유파도 없을 뿐 아니라, 차를 어떤 모양의 다호로 우릴지, 어떤 그릇에 마실지에 대해서도 규칙을 정해놓은 기록이 없다. 하지만 차란 음료가 오래전부터 인류가 귀하게 다루어온 존재라는 속성상, 또 차가 단순한 음료가 아니라 정취 있게 즐기는 심미적 기능을 가지고 있다는 점을 고려하면 아름답고 적당한 전용 도구를 사용하여 정취 있게 우리고 또 마시는 것이 인지상정이기는 하다.

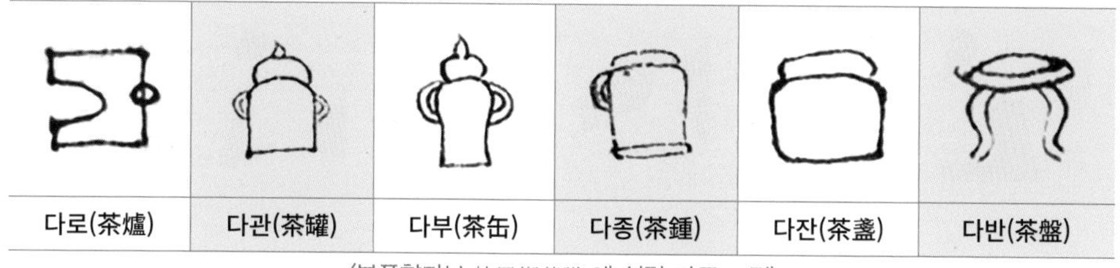


〈부풍향다보 扶風鄕茶譜 에 실린 다구 그림〉

전통 다구 가운데 차우림 그릇의 호칭에 있어 우리나라에서는 다관이란 말을 많이 쓰고, 중국에선 다호란 명칭을 많이 사용한다. 다관이란 명칭은 한약을 달이던 탕관과 연계되어 듣기에는 편하지만, 차 우림용 주전자의 명칭으로는 적당하지 않다. '장군 부(缶)'변의 '관(罐)'이란 글자는 꼭지가 있는 주전자라고 하기보다는 위로 뚜껑이 달린 액체 보관용 질그릇을 의미하기 때문이다. 한자로 '관(罐)'은 '두레박 관'이나 '물동이 관'이라고 훈독한다. 〈부풍향다보(扶風鄕茶譜)〉의 그림에도 다관은 화로에 직접 올리는 그릇으로 양쪽으로 손잡이가 있고 물대가 보이지 않는다. 다관이 물을 끓이거나 약차(향차)를 달이는 용도로 쓰였음을 알 수 있다. 우리 선조들은 잎차 우림 방식이 아니라 떡차 달임 방식의 차를 많이 즐겼기 때문에 다호의 발달이 이루어지지 않았고, 이에 다관이란 명칭에 익숙했던 것으로 보인다.

다관과 다호는 구분하여 부름이 마땅하다. 현대 중국어에서 '관(罐, guan)'은 식품 저장용기, 항아리나 캔(Can)의 의미로 쓰인다. 그래서 중국에서 다관(茶罐)이라고 하면 '차를 담는 통'으로 이해한다. 하지만 아쉽게도 〈부풍향다보〉에 다호는 보이지 않는다. 다구로는 다로(茶爐)·다관(茶罐)·다부(茶缶)·다종(茶鍾)·다잔(茶盞)·다반(茶盤), 6종의 간략한 그림만이 보인다. 우리 전통차가 우림 방식(포다)이 아니라 달여서 마시는 방식(전다)이란 증거이기도 하다. 조선의 차 그림을 두루 살펴보아도 화로 외에 특별한 다구가 보이지 않음은 아쉬운 부분이다. 우림차를 주로 마시는 현대에 재현할 만한 우리 다구(다호, 잔)를 찾기 어렵다는 점이 안타깝기는 하다. 하지만 차나 물을 끓이던 화로의 모습만큼은 중국이나 일본의 것과 달리 서민적 풍모에 조형적 아름다움을 지니고 있어 재현을 기대하게 한다. 단원 김홍도의 민속화에 주로 보이는 야외용 화로(풍로)는 애완동물이나 도깨비, 혹은 두꺼비가 아가리를 딱 벌리고 하품을 하는 모양으로 귀엽게 보이기도 하고 매우 해학적인 모습이다.

조선의 그림 속 화로는 모두 야외이다. 솔밭, 대나무 그늘, 파초 그늘 아래 다동이 부채를 들고 불을 제어한다, 소위 화후(火候)의 일을 하는 것이다. 소재는 금속이 많

초원시명도(김홍도) 산수인물도(김홍도) 파초고사도(이방운) 초엽제시도(이재관)

군현도(김홍도) 병촉야유도(이명기) 오수도(이재관) 송하음다도(심사정)

아 보인다. 좌우의 둥근 고리 손잡이 때문이다. 도기로 빚은 듯 보이는 화로도 보이기는 하지만 파손의 위험과 이동이 불편함 등 이유로 많이 사용하지는 않았던 것 같다. 화로 위의 다관이나 다병은 중국의 것들과 크게 다르지 않아 보인다. 손잡이의 위치로 볼 때 후파와 상파(제량호)다관이 주로 보인다. 차를 달이는 전용화로와 그 위에 얹은 다관은 많이 보이지만 차를 우리는 다호를 찾아볼 수가 없다. 조선에는 포다(泡茶)방식이 아닌 전다(煎茶)방식의 차생활이 주류였음을 알 수 있다.

하지만 자기로 제작된 포다도구도 볼 수 없는 것은 아니다. 그림에는 없지만 국립박물관에 가면 백자다관(白磁茶罐)이라는 이름의 백자 다호를 만날 수 있다. 순백의 백자로 만든 다호는 일반인용은 아니었다. 조선시대 관영 도자기 제조창에서 만들어져 왕실에서 사용했을 것으로 보인다. 소성온도가 높은 경질자기라고 할 수 있다. 아래 사진의 다호는 청백색의 유약이 곱게 입혀졌으며, 자화된 도자기로 그 형태나 색상이 정교하면서도 기품이 있고 단아한 품격을 갖추고 있어 일상의 찻자리 보다는 의식다

파초전다도(김홍도)

초원시명도(김홍도)

고사한일도(이재관)

산수인물도(함죽선)

벽오사소집도(유숙)

인물도병풍(안중식)

선동전약(이인문)

례에 쓰였을 것으로 보인다. 일본 전통 다구인 급수(急須, 규스)의 원형이 아닐까 싶기도 하다.

국립중앙박물관에 소장된 〈백자다관白磁茶罐〉(높이 10.2cm, 입 지름 4.8cm, 바닥 지름 6cm, 19세기)은 백자로 만든 차 우림용 다호이다. 화로에 올려 물을 끓이거나 차를 다리는 용도가 아닌 잎차 우림용 도구로, 조선 시대 왕실에서 잎차 우림을 즐겼다는 증거가 된다. 뚜껑 손잡이를 비스듬히 머리를 쳐든 뚜껑 윗면에는 도롱뇽, 혹은 반룡(蟠龍)[36] 모양의 장식이 앙증맞다.

백자다관

우림용 다기인 다호는 주로 도자기

36 하늘에 오르지 못하고 땅에 서려 있는 용

로 만든다. 도자기는 소성 온도에 따라 자기와 도기로 나뉜다. 반 자기화 된 도질자기, 즉 연질자기 다호는 질박함과 건강미를 갖고 있는 도자기로 된 다호는 쉽게 싫증나지 않아 좋다. 특히 약간의 흡수성이 있고 숨을 쉬므로 세월의 분위기가 주는 고태미, 변화가 주는 즐거움을 느낄 수 있다. 따라서 사용하면서 길을 내는 즐거움도 더할 수 있다. 사용할수록 호 자체의 색과 광택이 풍부해지면 온화하면서 우아해진다. 주의할 일은 도질 자기는 맛과 향을 잘 흡수하므로 다호를 발효차용과 비발효차용으로 구분해서 사용해야 한다는 점이다. 그래야 다른 차의 맛이나 향에 영향을 받지 않고 본래의 차 맛을 즐길 수 있다. 또 수분을 흡수하는 성질이 있으므로 차를 우리는 일이 끝나면 깨끗이 비우고 잘 건조시키는 것도 지켜야 할 일 중에 하나다.

•≡⟨• TEA TIME •⟩≡•

## 하늘의 향기를 담은 차 감로다반/침향병차

19세기 조선 후기의 다산 정약용, 추사 김정희는 어떤 형태의 차를 마셨을까? 오늘날 우리가 마시는 녹차와 같을까? 다를까? 다산의 기록을 보면 일반적으로 떡차(병차)였다. 1830년 다산이 제자 이시헌에게 보낸 편지에 떡차 만드는 방법이 자세하게 나온다.

삼증삼쇄, 즉 찻잎을 세 번 찌고 세 번 말려 곱게 빻아 가루를 낸 후, 돌샘물에 반죽해서 진흙처럼 짓이겨 작은 크기의 떡차로 만들었다. 다산은 유배 이전에 지은 시에서 이미 차의 독한 성질을 눅게 하려고 구증구포한다고 말한 적이 있다. 구증구포든 삼증삼쇄든 다산차가 찻잎을 쪄서 말리는 과정을 여러 차례 반복해서 차의 독성을 중화시키고, 가는 분말로 빻아 반죽해 말린 떡차였음은 분명하다.

노전에서 만든 침향병차는 찻잎을 빻아 가루로 만든 형태는 아니지만 침향이 가미된 떡차다. 떡차는 여러 번 찌고 말리는 과정에서 차의 좋은 향이 날아가기 때문에 오래전부터 제조과정에서 침향, 빙편, 사향 등의 귀한 향료를 배합했었다. 향료의 배합은 향을 보태는 역할과 함께 향료의 약성을 첨가하려는 제조자의 의지가 들어있다.

침향(沈香)은 문자 그대로 '향기가 가라앉는다' 또는 '물속에 잠긴 향'이란 뜻이다. 이처럼 침향은 비중이 높으므로 물속에 가라앉는다. 침향이란 침향나무가 외부의 해충 침입 혹은 상처를 치유하기 위해서 천언으로 분비된 수지가 침착한 단단한 덩어리를 말한다. 침향나무는 아열대성 및 열대성 식물로, 우리나라에서는 전혀 생산되지 않는다. 주로 동남아시아의 천년 침향나무 고목에서나 드물게 얻을 수 있다. 침향은 수십 년에서 수백 년에 걸쳐 생성되기 때문에 재배를 한다고 해도 10~20년 정도 된 나무는 수지의 함량이 낮아 약재로서 효용 가치가 없다. 그뿐만 아니라 단기간에 수확할 수 없으므로 공급이 수요를 따르지 못하여 점점 고가에 거래되고 있다.

pet병에 담겨 출시된 침향녹차

침향은 사향(사향노루), 용연향(향유고래)과 함께 세계 3대 향 중 하나로 꼽힌다. 딱딱하게 굳어진 수지에 열을 가하면 세상 어느 향과도 비교할 수 없는 향을 내는가 하면, 약재로 사용했을 때엔 탁월한 약리작용을 갖는다. 침향은 찬 기운은 위로 올리고, 뜨거운 기운은 아래로 내리는 기능, 수승화강(水昇火降)의 기능으로 왕실에서나 쓸 수 있는 아주 귀한 약재였다.

조선 왕실에서는 왕의 기력을 유지하고 노쇠를 극복하는 약에 침향(沈香)을 썼다. 한방에서 침향은 우리 몸 전체의 순환을 원활히 하도록 돕기 때문에 몸에 순환이 원활하지 않아 생기는 질환을 예방하는 데 효과적으로 쓰인다.

특히 침향의 아가스피롤이라는 성분은 천연 신경 안정 효과가 있어 스트레스 완화와 숙면에 도움이 되기 때문에 차와 함께라면 더욱 의미가 있다. 청정 하동의 야생 찻잎에 베트남산 침향을 넣은 침향병차가 특별할 수밖에 없는 이유다.

– 〈티마스터 강영실〉

자연산 침향

03

## 잘 길러 쓰는 천하제일의 찻주전자, 자사호

자사(紫砂)는 '자주색 모래흙'이란 뜻이다. 청차류나 보이차를 마시는 데 유용한 자사호는 중국 의흥(宜興, 이싱)[37] 지방의 특산품이다. 자사호는 흙으로 만드는 것이 아니라, 의흥에서 나는 자사라는 광석을 분쇄하여 태토로 사용한다. 또 자사호는 유약을 바르지 않고 구운 도자기로 도기와 자기의 성질을 동시에 가지고 있어 '천하제일의 찻주전자'라고 불린다. 자사광 원석을 갈면 5가지의 색을 내는 원료를 얻을 수 있기에 색상도 다양하다. 이것을 반죽해 다양한 모양을 만든 뒤 자기의 소성온도인 섭씨 1,200°에서 구워 완성한 것이 바로 자사호다.

자사호의 가장 큰 특징은 도기와 자기의 장점을 함께 가지고 있다는 것이다. 자사호의 흡수율은 도기보다 떨어지지만 열에 견디는 성질은 자기보다 강하다. 고온에서 구웠기 때문에, 뜨거운 찻물의 맛과 향에 영향을 주지 않는다. 때문에 늘 뜨거운 물을 써야 하는 보이차, 청차류와 궁합이 잘 맞는 것이다. 또한 급격한 온도변화에도 잘 깨지지 않으며, 보온력이 뛰어난 것이 장점이라고 할 수 있다. 열전달 속도가 늦어서 사용 중에 자기에 비해 천천히 뜨거워지므로 자기에 비해 손을 데일 가능성이 적고 사용이 편리하다. 열전달 속도가 느린 것은 내부에 수많은 공기층을 가지고 있기 때문이다. 이러한 공기층이 단열역할을 해서 보온성이 좋고 호 전체가 천천히 데워진다.

37 '의흥(宜興)'은 중국 강소성(江蘇省)의 무석시(無錫市) 서남부에 위치하며, 태호(太湖)를 사이에 두고 동쪽의 소주(蘇州), 서쪽의 의흥(宜興)이 마주하고 있다. 자사호(紫砂壺)의 생산지로 유명하여 '도도(陶都)'라고까지 불리우는 의흥은 진(秦)나라 이전에는 형계(荊溪)로 불리다가 진(秦) 이후에 군(郡)으로 승격하여 의흥군(義興郡)이 되었다. 송(宋)나라 태종 조광의(趙光義)의 휘(諱: 황제의 이름)를 피하여 '옳을 의(義)'를 '마땅할 의(宜)'로 고치어 '의흥(宜興)'이라고 불렀던 것이 줄곧 지금까지 의흥(宜興)으로 불리게 되었다.

또 다호에 찻물을 가득 채웠을 때 빈 공간이 적어서 공기 중으로 차향기가 흩어지지 않아서 차의 맛을 잘 보존하고 본래의 색·향·미를 표현해주는 능력이 뛰어나다는 점도 언급하지 않을 수 없다.

자사호는 원료 자체의 색이 아름다워 별다른 유약 처리 없이도 좋은 빛깔을 낸다. 발효차를 오래, 여러 차례 마시다 보면 차의 성분이 자연스럽게 자사호에 배어 기름칠을 한 듯 부드러운 광택을 내며 온화한 빛을 띠게 되는데 이를 양호(養壺)라 한다. 생명체처럼 늘 곁에 두고 가꾸고 길러서 사용하는 것이 자사호다. 골동품 자사호가 귀하게 여겨지는 것도 이 때문이며 양호가 잘된 자사호는 세월이 주는 기품이 있고 차의 풍미를 더욱 높여 준다.

의흥 자사호의 시작은 명대 정덕(1505~1521)년간으로 본다. 강소성 의흥 동남쪽에 위치한 금사사(金沙寺)란 절에 어느 스님이 있었는데, 그는 의흥의 특색 있는 붉은 자사(紫砂) 진흙을 이용하여 다호(茶壺) 만들기를 좋아했다고 한다. 그런데 그는 차호를 완성 후 낙관이나 인장, 서명을 하지 않아 안타깝게도 후인들은 그의 작품을 식별해 낼 길이 없다. 명대 자사호의 등장은 중국의 전체 도자사에 있어 가장 획기적인 사건으로 불린다. 명태조 주원장의 잎차 칙령, 폐단개산 정책과 물려 있기 때문이기도 하다. 끓이는 차에서 우리는 차로 차를 마시는 방법이 바뀌었으니 새로운 다구가 필요했던 것이다.

최초로 차호 밑바닥에 서명(署名)을 한 사람은 명대 가정(1521~1566)년간에 살았던 공춘(供春)으로 후인들은 그를 가리켜 의흥 자사호의 창제자라고 한다. 또 일설에 의하면 공춘이 금사사의 노승에게서 자사호를 만드는 기예를 익혔다고 전하고 있다. 공춘은 명대 사천성 참정(參政)이었던 오이산의 노비였는데 주인인 오이산이 금사사에 공부하러 갈 때 몸종으로 따라갔다. 그는 재주가 비범하여 금사사의 노승이 차호를 만드는 것을 보고는 금방 흉내 내어 차호를 만들어 내었다. 그는 노승에게 차호 만드

최초의 자사호, 공춘호

는 법을 열심히 배웠고, 마침내 자신만의 독특한 풍의 다호를 예술의 극치로까지 이끌어내는 데 성공하였던 것이다. 쭈글쭈글 곰보 모양의 다호 표면은 바로 고목나무의 뿌리 혹을 모티브로 제작되었다.

명대부터 자사호가 크게 유행하여 현대에 이르기까지, '천하제일'의 명성을 이어갈 수 있었던 이유는 자사호의 원료인 자사니(紫砂泥)를 떠나 생각할 수 없다. 자사호의 원료인 자사니는 가소성이 높아서 자유자재로 형태 변형으로 창작의도를 십분 발휘할 수 있으며 건조 및 소성 시 수축률이 적다는 장점을 지닌다. 자사 도기는 성형된 상태에서 소성하는 과정을 거치면서 대략 8~10% 정도 수축하는 낮은 변형률을 가지며 찌그러지거나 건조 시 갈라져 틈새가 생기는 등의 불량률이 매우 낮다.

자사호가 열에 강하다는 점도 큰 매력이었을 것이다. 자사호를 화로 위에 올려놓고 직접 열로 가열해서 물을 끓여도 균열을 걱정할 필요가 없었기 때문이다. 자사호가 열에 강한 것은 도기의 특징을 가지고 있기 때문으로 우리 뚝배기처럼 불에 직접 올리고 오랜 시간 끓여도 잘 깨지지 않는다. 이는 다호에 차와 함께 물을 넣고 끓여마시던 당·송·원·명 초기까지의 자다법(煮茶法)과 관련이 있다고 보인다.

명대 초기 이후 자사호는 점진적으로 포다법(泡茶法)의 융성과 함께 포다법에 적합한 자사호로 형태나 기법상의 발전을 이루게 된다. 청대에 이르러서는 색감, 양호 등의 포다법에 적합한 가치와 함께 문인이나 예술가의 점진적 가세로 사사호가 디양한 형태와 장식기법, 시서화의 결합이란 특성을 가지게 된다. 문인들이나 예술가들이 자사호의 제작과정에 참여하면서 자사호와 시·서화가 결합되기 시작하고 다양한 기법의 장식으로 한층 더 격조 높은 종합 예술품으로 발전하게 되었고, 자사호는 자연스럽게 차를 우리는 목적 외에도 감상의 가치와 소장 욕구를 자극하는 예술품이 되었다.

| 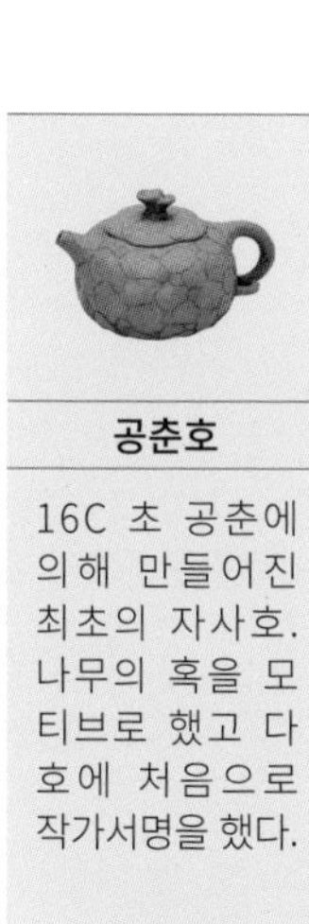 |  |  |  |  |  |
|---|---|---|---|---|---|
| **공춘호** | **보춘호** | **석표호** | **서시호** | **진권호** | **제벽호** |
| 16C 초 공춘에 의해 만들어진 최초의 자사호. 나무의 혹을 모티브로 했고 다호에 처음으로 작가서명을 했다. | '매화가 봄소식을 알린다는 의미' 매화가지와 매화꽃을 조각하여 엄동의 추위를 두려워하지 않는 기품을 보인다. | 서화가 진만생의 자사호<br>몸체가 사다리꼴을 갖고, 바닥에 세 발을 지니고, 뚜껑꼭지가 교량 모양 | 중국4대 미녀 중 한 사람, 서시의 젖가슴을 모티브로 만든 자사호 | 진권은 진시황이 도량형 통일을 위해 사용했던 일종의 저울추. 그 모양을 모티브로 만든 자사호 | 제는 위쪽의 손잡이, 벽은 고대의 옥기로 벽사와 방부용의 장식이다. 뚜껑을 벽 모양으로 디자인 했다. |
|  |  |  |  |  |  |
| **용두팔괘일곤죽호** | **철구호** | **방고호** | **집옥호** | **연화호** | **남과(호박)호** |
| 청 소대형의 작품. 64괘의 수에 맞춰 차호 몸통을 64개의 장죽이 감싸고 있다. 뚜껑에는 팔괘도가, 차호 꼭지에는 음양 태극의 문양이 있다. | 떨어졌다 다시 솟아오르는 공. 소대형이 연밥에서 조형을 착안 제작했고, 청말 민초 예인인 정수진이 새롭게 디자인했다. | 북을 형상해 방고仿鼓라 했으나, 후대 사람들이 이 조형을 모방한 것이 곧 고대 조형을 모방한 것이라는 의미로 통용돼 방고仿古라 한다. | 등소평이 일본을 방문시 국가의 공식 답례품으로 사용. 몸통은 원통으로 두 개의 큰 옥기玉器를 쌓아 만들었다하여 집옥호라 부른다. | 자사호 작가 장용 작품. 소재는 연꽃. 그녀의 예술인생에는 두 가지 수식이 따른다. 천연의 아름다움과 창신의 아름다움! | 진명원 작품. 그는 뛰어난 기예와 풍부한 창조성으로 유명했고 당대에 '호은'(壺隱)이라 불렸다. 자연사물 형태 자사호의 진수를 보여준다 |
|  |  |  |  |   |   |
| **허편호** | **양통호** | **어화용호** | **승모호** | **사방전로** | **승방호** |
| 명대 시대빈 자사호의 대표작이었고, 조형이 지닌 독특함은 단연 최고이다. 보기 드물게 납작한 조형으로 재미가 넘치고, 자사호 기하형 조형을 대표하는 작품이다. | 소박하면서 옛스럽고 시원시원하다. 간결한 조형, 양통호는 예술과 실용성이 일체로 녹아 있다. 양식은 동남아의 주문 생산품인 <독뉴양통獨鈕洋桶>에서 왔다. | 머리는 용이고 몸은 물고기인 용을 말한다. 의미는 승급과 번성을 담고 있다. 물고기가 변해 용으로 되는 것은 과거급제를 뜻했다. | 차호 몸을 따라 다섯 개의 연 잎이 서 있고, 뚜껑은 연잎에 가려져 숨어있다. 뚜껑꼭지는 부처 구상이면서 승모의 정점을 닮았다. 전체적인 조형은 승모(승의 모자)를 닮았다. | 청동기 제사용 향로의 위엄과 온중함을 지니고 있다. 곡선은 강건하면서 힘이 있고, 힘차면서도 단정하다. 방(정사각형) 가운데 원이 있고, 원 가운데 다시 사각이 들어가는 디자인이 전형적이다. | 조형감이 명확하다. 성벽을 쌓은 것처럼 사각형 바닥으로 아래는 넓고 위가 좁다. 승방호는 방호의 안정감과 강인함을 갖추고 있다. 전체적으로는 강인함과 부드러움이 공존하는 미적 감각을 표현하고 있다. |

의흥 자사호의 창제자라고 부르는 공춘(供春)에 이어 '사대천왕으로 존칭되는 동한(董翰), 조량(趙梁), 원창(元暢), 시붕(時朋)과 3대국수(國手)라고 칭송되는 시대빈(時大彬), 이중방(李仲芳), 서우천(徐友泉)으로 이어지는 자사호 명인의 계보는 청(淸)에서 근현대에까지 이르는 걸출한 장인들을 배출하고 있다.

자사호는 그 형태에 따라 여러 종류로 분류하고 개성 있는 이름으로 불린다. 작가와 모양, 명칭의 유래를 찾아보는 것도 중국 차, 도자문화의 큰 즐거움이다.

쓰기에 편한 다호는 3수3평(三水三平)의 원칙에 따라 만들어져 있다. 3수란 출수(出水), 절수(切水), 금수(禁水)를 말한다. 출수는 물대에서 나가는 물줄기가 힘차면서도 예상 지점에 물이 떨어지는 것이고, 절수는 물 끊음질이 깨끗해서 물이 몸통으로 흘러내리지 않는 것을 말한다. 금수는 뚜껑의 바람구멍을 막으면 물이 한 방울도 나오지 않을 만큼 뚜껑이 정확하게 꼭 맞는 것을 뜻한다. 3평이란 물대 끝과 찻잎을 넣는 입구, 그리고 손잡이의 끝이 같은 높이가 되어 수평을 이루는 것이다. 이를 삼산제(三山齊)라고도 한다. 뚜껑을 연 다호를 뒤집어 놓았을 때 세 점이 평형을 이루는지 보아야 한다. 3평의 원칙을 지키지 않으면 기능상의 문제가 생기며 쓰기에 불편하다.

**자사호를** 처음 사용할 때에는 찻잎과 뜨거운 물을 붓고 하루 정도 두어 불순물을 제거한 후 그늘에 말려 사용하는 것이 좋다. 차를 마실 때도 뚜껑을 닫은 채로 호 위에 뜨거운 물을 종종 부어준다. 차를 마신 후에는 엽저(찌꺼기)를 가볍게 헹궈내고 마른 헝겊으로 닦아준다. 절대로 세제를 써서는 안 된다. 차를 마신 후에는 바로 찻잎을 제거하여야 한다. 하루 이상 오래 두면 곰팡이가 생길 수 있다. 만약 실수로 찻잎을 오래 두었다면 뜨거운 물로 여러 번 세척한 후 사용하면 된다.

•—• TEA TIME •—•

## 오리엔탈 뷰티, 東方美人동방미인

동방미인

동방미인(둥팡메이런)은 타이완(Formosa)의 대표적인 우롱차(청차)이다. 6대다류 가운데 가장 나중에 만들어진 것이 청차다. 이는 청차가 찻잎의 가공 형태에서 가장 발전된 형태라는 의미다. 타이완 현지에선 팽풍차(膨風茶)라고 부르기도 한다. '팽풍'이란 말은 '뚱뚱한 바람'? 현지 사투리(객가어)로 '허풍친다'라는 의미다. '팽풍'이란 이름의 유래는 이 차가 만들어지기 시작한 100년 전으로 거슬러 올라간다. 한 차농사꾼이 벌레의 피해로 제대로 자라지도 못하고 볼품도 없이 시든 찻잎으로 차를 만들어 타이베이의 차 시장에 가서 판매하게 된다. 동네 차농들이 모두 벌레 피해로 상심에 빠져 있는데, 한 영국 상인이 이 차의 가치를 알아보고 몇 배가 넘는 비싼 가격으로 구매를 하였고 재구매까지 약속하였다고 한다. 이 차농이 고향으로 돌아와서 동네 사람들에게 이런 사실을 말하니, 모두 "허풍치지 마라. 그럴 리 없다."라고 말하기 시작하면서 이런 이름이 붙었다고 한다.

이 차의 원래 명칭은 차의 싹에 하얀 털(白毫)이 섞여 있다고 해서 붙여진 백호오룡차(白毫烏龍茶)였으나, 홍차를 즐겨 마셨던 영국에 소개된 이후 우롱의 고급스러운 향과 자태로 단번에 유명해졌다. 영국 왕실에서 여왕을 위해 이 차를 크리스털 잔에 우리는데, 빅토리아 여왕(1837~1901)이 일아일엽의 찻잎이 잔 안에서 춤추는 모습에 반해 동방의 아름다운 미인이 연상된다고 찬탄하면서 '동방 미인

(Oriental beauty)'이란 별명이 붙었단다.

동방미인은 많은 별명을 가진 특별한 차다. 이 차는 '향빈오룡(香檳烏龍)'이란 이름으로도 불리는데, '향빈(샹빈)'은 바로 샴페인의 중국식 표기이다. 영국인들이 향기가 좋은 다즐링 홍차를 최고급 홍차라는 의미로 '홍차의 샴페인'으로 부르고 있기에, 동방미인은 '우롱의 샴페인'이란 별명으로 불리게 된 것이다. 이 차는 또 '오색차(五色茶)'라고도 불리는데, 말 그대로 엽저와 탕색에 5가지 색의 오묘한 조화를 보인다. 특유의 흰 솜털이 섞인 찻잎과 다 만들어진 홍차에 가까운 찻잎, 그리고 갈색 잎, 잔가지 등이 뒤섞인 형태로, 녹색은 차엽 본연의 색깔에서 나오고, 백색은 백호(흰솜털)에서 비롯되며, 홍색과 황색과 갈색은 제조 공정에 의해 발현된다. 가장 좋은 품질을 얻기 위해서 사용되는 품종은 청심대유(青心大冇)와 금훤(金萱) 품종이다. 이 품종은 일반적으로 대차 12호로 불리는데, 금훤이라는 이름 자체의 우롱차로도 많이 팔린다. 타이완 우롱 특유의 우유 같은 향내, 나이샹(奶香)이 난다고 많은 사람들이 표현한다.

동방미인은 우롱차 중 가장 섬세하고 향이 단아하다. 원래 복건성 무이산(武夷山)에서 생산하던 차를 타이완의 신죽현(新竹縣)으로 가져가 재배한 것이 성공한 사례이다. 바로 '부진자, 혹은 소록엽선(小綠葉蟬)'이라는 벌레를 이용해 유기농으로 재배하는 데 생산량은 적고 생산이 까다롭기로 유명하다.

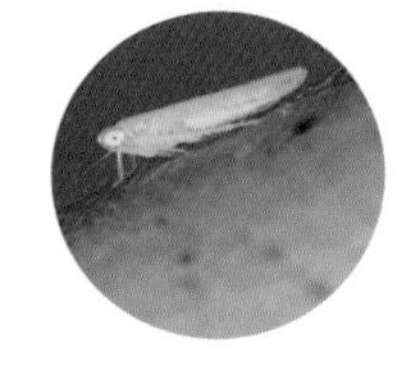

소록엽선(小綠葉蟬)이란 벌레가 갉아먹은 찻잎이 어떻게 동방미인의 특징적인 과일향을 만들어낼 수 있을까? 그 답은 자연의 오묘한 이치에 있다. 식물은 동물과 달리 스스로 이동할 수 없기에 향을 통해 주변과 소통(terpene)한다. 향으로 주변의 곤충을 부르기도 하고 쫓기도 하는 것이다. 식물들은 생장 조건이 좋지 않은 환경이 조성될수록 많은 2차대사산물(Secondary Metabolite), 즉 휘발성 유기화합물을 분비한다. 대부분 가벼운 탄소화합물로 방향물질이다. 차나무가 벌레에게 찻잎을 갉아 먹히거나 수액을 빨아 먹히게 되면 차나무는 그 벌레로부터 도망갈 수 없으므로 그 벌레의 천적인 새나 더 큰 곤충을 불러들이는 방법을 택한다. 즉 스스로 움직여 벌레들을 떨어낼 수 없으니 꽃향기나 꿀 냄새를 뿜어 천적들이 꿀을 먹으러 오도록 유인하고, 이렇게 모인 천적들이 그 벌레를 발견해 먹어 치움으로써 생명을 유지할 수 있도록 하는 것이다.

타이완 신죽의 차농들은 찻잎의 벌레들을 일부러 잡지 않고 잎이 갉아 먹히고 즙이 빨려 시들기를 기다린다. 갈색으로 시들어 축 처져버린 찻잎이 푸른 잎보다 더 강렬한 과일향과 꽃향을 뿜어낼 것임을 알기에….

– 〈티마스터 우승자〉

# "Tea is water bewitched" 요술쟁이

차는 긍정적인 향정신성(정신에 영향을 주는) 음료라는 특징으로 매 시대의 이데올로기와 융합되어 수양과 소통의 수단으로 발전하였다.

'유가'에서는 개인적 성정의 안정과
원만한 삶 및 조화로운 공동체 운영의 목적으로…

'도가'에서는 자연으로부터의 일탈에 따른
심신의 고달픔을 덜고
우주적 생명력을 충전하는 양생의 다도로…

'불가'에서는 인간 세상과 자연에서 해결 불가한
근본적 마음고통을 해결하고
생사 초탈의 경지에 가 닿기 위한
선(禪)과의 결합으로 모양을 바꾸어왔다.

유·불·선의 세계를 자유롭게 넘나들며,
사교의 꽃으로, 소통의 매개체로
2000년간 인간의 곁을 지켜온 차는,
역사의 순간마다 그때그때 모습을 바꾸어온
요술쟁이(water bewitched)가 아닐 수 없다.

# 01

## 차 일곱 잔이면 겨드랑이에 바람이 인다(도가)

중국에서 '차의 성인'이라면 육우다. 당대에 유행하던 차의 모든 정보를 집대성하여 고품격 차문화의 효시를 이룬 인물이기 때문이다. 차가 단순한 유용한 식품으로서의 한계를 넘어 문화의 영역으로 대반전을 이룰 수 있었다는 점에서 차의 혁명을 이룬 사람이 육우다. 그에 이어 차문화를 융성시킨 두 번째 권위자, 차의 아성(亞聖)으로 불리는 사람은 옥천자(玉川子) 노동(盧仝: 796?~835)이다.

노동은 이백이나 두보보다 팔십여 년 늦게 태어난 당나라 시인으로, 평생 가난하게 살면서도 서책이 집안에 가득하였고, 청렴한 인품을 굽히지 않아 조정에 두 번이나 천거되었으나 모두 사양하였다고 한다. 차를 선물로 보내준 맹간의라는 사람에게 답례로 보낸 시의 일부를 후대 사람들이 칠완다시(七碗茶詩)라고 칭송한다. 이 시에서 그는 차를 마시며 도달할 수 있는 최고의 정신적 경지를 노래하여 후대 사람들이 추종하지 않을 수 없도록 했다. 많은 사람들이 그를 다선(茶仙)이라고 부르는 이유다. 그는 이렇게 노래하였다.

한 잔에 목과 입술을 적시고
두 잔에 외로움과 답답함을 씻어내네
세 잔에 메마른 가슴을 씻으니 오직 문자 오천 권이라
네 잔에 가벼운 땀 배어나니 평소 불평불만 씻은 듯 모공을 통해 흩어지네
다섯 잔에 온몸이 가벼워지고

여섯 잔에 선계(仙界) 영혼과 교감하고

일곱 잔을 다 마시기도 전에 양쪽 겨드랑이 사이에서 쉬쉬~ 청풍이 일어나는구나.[38]

신선은 도가의 아이템이다. 사람은 본래 한번 태어나면 반드시 늙어 죽게 마련이나, 그런 숙명에서 벗어나 젊게 오래 살기를 바라는 마음이 생기고, 그 마음이 확대되어 불로장생을 갈구하는 신선사상을 형성하기에 이르렀다. 신선이 된다는 것이 황당하기는 하나, 인간은 크게는 불로장생을, 작게는 무병장수를 바라는 생각을 지워버리기 어려웠다. 그래서 이런 사람들이 모여 신선이 되는 수련을 하게 되었고, 학파를 이루어 종교가 된다. 이들이 바로 도가, 혹은 도교로, 시조는 노자다.

노자는 춘추 말기 세상이 어지러워지자 벼슬을 버리고는 푸른 소를 타고 서역으로 떠나려 했단다. 그때 그를 가로막은 건 서쪽 마지막 관문인 함곡관 관문지기인 윤희였다. 윤희는 노자에게 차를 대접하고 도를 전해달라고 떼를 썼고, 노자는 5천 자의 짧은 글을 남기고 서쪽으로 떠났단다. 바로 《도덕경》이다. 도가에서는 이때 윤희가 노자에게 차를 대접한 일, 봉차(奉茶)를 다도의 시초로 본다. 도가에서 차를 가까이하는 이유는 차가 양생(養生)에 이롭다고 보기 때문이다. 양생은 도가의 목표인 장생·장수와 이어지는 개념이다.

〈칠완다가〉에서 차는 사람들이 단순히 갈증을 풀고 음미하던 것에서 외로움과 답답함을 씻어내는 정신적 측면으로 승화된다. 또 평소의 불평불만을 연상케 하는 정도로 확대되고, 나아가 선계(仙界)의 영혼과 교감하고 신선이 되어 승천하려는 환상의 경지에까지 도달한다. 신선으로 가는 길, 노동의 '일곱 잔 차'란 명제는 한반도의

---

**38** 一碗喉吻潤(일완후문윤)/二碗破孤悶(이완파고민)/三碗搜枯腸(삼완수고장), 惟有文字五千卷(유유문자오천권)/四碗發輕汗(사완발경한), 平生不平事(평생불평사), 盡向毛孔散(진향모공산)/五碗肌骨淸(오완기골청)/六碗通仙靈(육완통선령)/七碗喫不得也(칠완끽부득야), 唯覺兩腋習習淸風生(유각양액습습청풍생).

지식인들에게까지 전해져 큰 영향을 주었다. 다산은 〈걸명소〉에서 '육우의 다경 세 편을 통달하고(全通陸羽之三扁)', '노동이 말한 일곱 잔의 차를 다 마시고 지낸다(遂竭老仝之七碗).'라고도 했다.

우리 조선의 한재 이목(1471~1498)도 유사한 〈칠완다가〉를 지었다. 이목이 조선 연산군 때 무오사화로 명을 달리했으니 시기적으로는 노동으로부터 9백 년 뒤의 이야기다. 노동의 것과 비교하여 보면 흥미롭다.

한잔을 마시니 마른 창자가 깨끗이 씻기고

두 잔을 마시니 몸과 마음이 상쾌하여 신선이 된 것 같고

석 잔을 마시니 병든 몸이 깨어나고 두통이 낫네. 내 마음은 노수(공자)께서 (의롭지 않은 부귀) 뜬구름이라 하시고 추노(맹자)께서 기르신 호연지기와 같네.

네 잔을 마시니 호방한 기운이 일어나고 근심과 분노 간데없네. 내 기운은(공자께서) 태산에 올라 천하를 작다고 하신 것과 같으니, 하늘을 우러러 세상을 굽어봄에 이르네.

다섯 잔을 마시니 색마가 놀라서 달아나고 찬시같던 식욕도 사라지네. 내 몸은 구름치마 새털 옷 입고 하얀 난새를 타고 섬궁(달)으로 채찍질하는 듯하네.

여섯 잔을 마시니 해와 달이 한 치의 마음속에 들어오고 만물은 거적때기 한가질세. 내 정신은 소부와 허유를 앞세우고 백이숙제를 뒤따르게 하여 허공에 올라 상제에게 읍을 하네.

일곱 잔을 반도 마시지 않았는데, 자욱한 맑은 바람이 옷깃에서 일어나네. 하늘 대문이 눈앞이고 봉래산의 빽빽한 숲이 바로 가까이 있네.

두 사람 모두 일곱 잔을 마시기도 전에 신선의 경지에 이르게 되었다는 내용은 같으나, 이목은 노동을 뛰어넘는 호방한 패기와 기백이 있다. 이목은 차를 한 잔부터 일곱 잔까지 마시며 내 마음, 기운, 몸, 정신의 변화를 단계적으로 상세하게 풀어냈

다. 두 잔의 차를 마시고는 벌써 신선이 되고, 세 잔째에는 공자나 맹자가 느꼈던 경지에 이르며, 여섯 잔째에 이르면 천하의 만물을 마음속에 다 담는 경지에 다다른다. 요순시대 성현으로 추앙받는 소부와 허유를 말구종으로 삼고, 은나라의 충신인 백이와 숙제를 종복으로 삼는다는 표현에 다다르면, 그의 호방함이 지나쳐 과하다는 느낌이 들 정도다.

참고로, 허유는 상고시대 요임금이 왕위를 물려주겠다고 했으나 몹쓸 소리를 들었다며 강물에 귀를 씻은 인물이고, 소부는 이때 소를 몰고 강물에 물을 먹이러 가다가 허유가 귀 씻은 강물도 더럽다고 그냥 돌아갔다는 사람이다. 또 백이와 숙제도 주나라의 무왕이 은나라 주왕을 멸하자 신하가 천자를 토벌하는 것은 인의에 위배되는 행위라 하여 주나라에서 나는 곡식을 먹기를 거부하고, 수양산에 들어가 몸을 숨기고 고사리를 캐어 먹고 지내다 굶어 죽었다고 하는 절개와 의리의 상징격인 인물들이다.

한재는 바로 이런 기개를 가슴 속에 품고 살았기에 잘못된 정책을 펼치는 재상을 향해 '간귀(奸鬼)'라 부르고, '물에 삶아 죽여야 한다.'라는 말까지 서슴지 않았다. 그리고 자신의 신념을 지키려 스물여덟이란 젊은 나이에 목숨까지 내놓은 것이다.

'내 마음이 곧 차'가 된 경지란 무엇인가? 한재는 차를 단순한 먹거리가 아니라 신령스러운 기운을 가진, 내게 호연지기와 호방함을 주는 큰 덕을 가진 인격체로 보고 내 마음과 차가 하나가 되는 경계를 노래했다. 이는 우주가 곧 나의 마음이고 나의 마음이 곧 우주이므로, 본심으로 돌아가면 모든 이치가 완전해진다고 하는 심학(心學)의 경계와 같다. 사람의 마음은 차와 같이 총명사달하다. 사람은 모두 이 마음을 가졌고, 차의 덕과 상통한다. 인류가 2천 년을 넘겨 계속해서 차를 곁에 두고 마셔온 것은 바로 이런 '겨드랑이에 바람을 내주는' 차의 뛰어난 덕성 때문이리라.

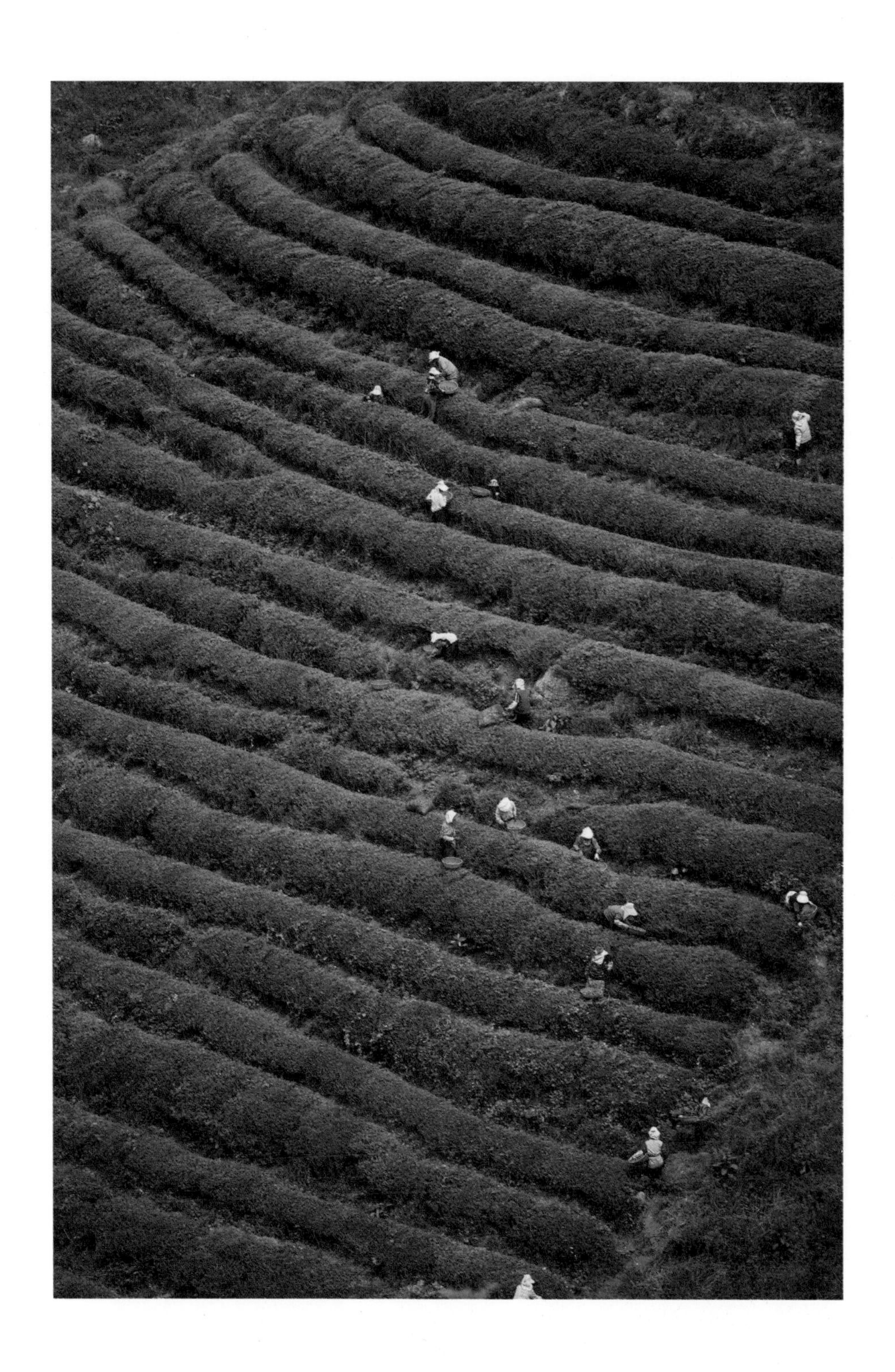

TEA TIME

## 아프리카에서 온 백차, 트와이닝 안틀라스 줄기차

블랙 틴에 트와이닝의 금장 로고가 우선 멋지다. 녹색 바탕에 흰 글씨로 말라위 산이라고 표기했고 'ANTLERS'라고 쓰여 있다. 안틀러스란 '사슴의 뿔'이란 뜻이다. '화이트 티의 스템'이라고 쓰여 있으니 백차의 잎이 아니라 줄기다. 차가 기존의 상식을 넘어 사슴뿔 모양의 가지로 만들어져 있다. 유니크하다고 표현해야 할까? 모양은 작은 삭정이라고 해야 할 것 같다. 찻잎의 줄기 부분으로 만든 차를 중국에선 줄기차, 경차(梗茶, 껑차)라고 부른다.

생산국이 말라위? 말라위란 나라가 갑자기 궁금해진다. 인도네시아 어딘가 했더니…, 아프리카다. 말라위 사템바(Satemwa) 에스테이트라고 쓰여 있다. 1923년 맥클린 케이(Maclean Kay)라는 사람이 세운 다원이란다. 생산지인 샤이어 하이랜드는 말라위 남쪽인데 우림지역이고 안개가 많다고 한다. 19세기 후반 아프리카에 차나무가 처음 재배된 곳이 바로 말라위다. 현재는 아프리카에서 케냐 다음으로 차 생산량이 많은 나라다. 말라위는 탄자니아 아래, 잠비아와 모잠비크 사이에 있고 면적은 우리나라와 비슷하다.

엷은 오렌지색 탕색이 참 아름답다. 찻잔에 따르고 보면 단향이 가득하고 부드럽다. 구감이 정말 좋고 시원한 맛이 일품. 맑은 홍차인 듯하더니 백차의 달콤한 향이 뒤따라 올라온다.

– 〈티마스터 강미희〉

## 02

## "차나 한잔하고 가시게" 끽다거喫茶去(불가)

끽(喫)이란 글자는 '마시다', 혹은 '먹다', '피우다'의 뜻을 가진 한자어인데 음이 '끽'으로 매우 특이하다. 그러나 우리는 '만끽(滿喫)'이라는 한자어를 자연스럽게 쓰고 있다. 사실 표준 중국어에서는 '츠(吃)'로 '먹는다'는 단어와 같은 글자이다. 끽다거(喫茶去)는 중국어로 '츠차취', '차나 한잔하고 가시게'란 뜻을 가진 선불교의 공안(화두)이다.

'끽다거'란 화두를 남긴 사람은 당대의 조주종심이란 선사다. 조주종심(趙州從諗: 778~897)은 당대 중기의 이름난 선승이다. 무려 120살을 살았다. 이름이 종심이고 조주 동쪽의 관음원에 주석으로 있었기에 조주선사라고 불렸다. 검소한 생활로 고불(古佛)이라고 칭송받았다고 한다. 중국 불교의 선문화(선종)는 보리달마(?~528) 이후, 당대 육조 혜능(638~713)에 이르러 확립되었는데, 조주종심 선사가 '끽다거'라는 공안으로 차를 불교에 끌어들임으로써 선과 차는 하나가 되었다고 본다. 달마는 차를 통해 졸음을 이기고 9년 면벽 수련 끝에 깨달음을 얻었고, '평상심이 곧 도'라는 사유로 문자를 부정하고 어록으로 도를 전했다. 소위 불립문자(不立文字)식 전법의 전통을 세운 것이다.

〈조주선사어록〉에는 이런 기록이 실려 있다.

선사께서 새로 온 두 스님에게 물었다.

"그대는 이전에 여기 온 적이 있던가?"

"온 적이 없습니다."

"차나 마시고 가게!"

선사께서는 다른 스님에게 물었다.

"이전에 여기 다녀간 적이 있던가?"

"다녀간 적이 있습니다."

"차나 마시고 가게!"

그러자 원주가 선사께 물었다.

"스님! 온 적이 없다고 해도 '차나 마시고 가게!'라고 하시고, 온 적이 있다고 해도 여전히 '차나 마시고 가게!'라고 하시는지요?"

그러자 선사께서는

"원주야! 차나 마시고 가거라." 하고 말씀하셨다.[39]

왜 조주선사는 세 스님에게 똑같이 차나 한잔 마시라고 했을까. 세 스님이 느끼는 차 맛은 같았을까. 달랐을까. 조주 스님은 늘 한결같았다. 다른 것은 찾아오는 스님들의 차별과 분별심이었다. 크게 깨달음을 전해줄 것이 있을 것이라는 기대심보다 지금 여기에서 단지 '차 한 잔 마시는 일'이 더 중요한 것이다. 그밖에 다른 무엇도 없다. 그 분별심까지 내려놓으라고 '끽다거(차나 한잔 마시라)'라고 한 것일 것이다.

개구즉착(開口卽錯)이란 말이 있다. 입 밖으로 나온 말은 이미 음성일 뿐 본질과는 달라진다는 말이다. 노자가 도가도비상도(道可道非常道)라고 한 말과 일백상통하는 논리다. 도라고 말할 수 있다면 이미 그것은 도가 아닌 것이다. 조주선사는 말이나 글로 깨달음을 전할 수 없음을 '끽다거'란 화두로 대신 한 것이다. 화두의 의미를 생각하는 것 자체가 집착과 번뇌일 수 있기에 구태여 따질 필요도 없을 것이다. 그저 한

39 趙州問新到 曾到此間麼 曰曾到 師曰 喫茶去 / 又問僧 僧曰 不曾到 師曰 喫茶去 / 後院主問曰 為甚麼 曾到也雲喫茶去 不曾到也雲喫茶去 / 師召院主 主應喏 師曰 喫茶去 〈조주록〉

잔의 차를 마시면서 행복하면 충분하기 때문이다. 결국 인간은 한 잔의 차를 마시는 것처럼 일상에서 행복을 찾아야만 한다는 의미를 담고 있는 것이 아닐까?

조주선사의 끽다거 선 사상은 당대 이래로 중국의 선 수행자와 차인들에게 영향을 주었을 뿐 아니라 역사적으로 선과 차의 교류를 따라 다른 나라로 전파되기도 하였다. 일본 다도의 종사인 센리큐(千利休)는 스승 이큐소우준(一休宗純)으로부터 끽다거의 공안을 전해 듣고 선에 입문하게 되었다고 한다. 일본의 선승들은 조주선사를 선의 위대한 거장이자 자신들의 은인이라고 여긴다. 한국의 다도 사상 역시 사찰을 중심으로 끽다거의 공안에서 많은 영향을 받았다고 할 수 있다.

우리나라 불가에서 다도의 핵심은 선(禪)이라고 할 수 있다. 예로부터 선방에서는 차를 즐겼고 차 마시는 과정을 바로 선이라 했다. 선의 체득에 있어 차를 마시는 것만 한 첩경이 없다고 생각했기 때문이다. 바로 다선일여(茶禪一如), 또는 다선일미(茶禪一味)다. 차가 선을 수행함에 가장 적합하였기에 조주선사께서 세 번이나 '끽다거'를 언급한 것 아니겠는가.

우리나라엔 조주선사의 화두인 '끽다거(喫茶去)'와 대비되는 '끽다래(喫茶來)'란 신조어를 만들어 평생을 차 마시기 운동의 지침으로 삼았던 다인 금당 최규용 선생이 있다.

금당 최규옹 선생의 기념비

•═══⟨ • TEA TIME • ⟩═══•

## 벽라춘碧螺春, 푸른 소라의 봄

벽라춘(비뤄춘)차는 상해, 강소 일대의 명차다. 벽라춘이라는 이름에는 여러 가지 설이 있다. 벽라춘의 맛과 향을 사랑한 청 강희황제가 '혁살인향(嚇煞人香: 사람을 죽이는 향기의 차)'차란 이름이 고상하지 못하다며 푸른빛에 소라처럼 구부러진 외양을 보고 '벽라춘'이라는 이름을 하사했다고 한다.

벽라춘은 찻잎이 가늘면서 나선이나 고리 모양으로 말려 있고 가장 어린 상태의 찻잎을 춘분과 곡우 사이에 따서 만든다. 중국에서는 이른 봄의 첫물차로 서호용정보다 벽라춘을 더 쳐준다. "찻잎은 벽라춘이 제일이고, 용정은 다음이다."라는 말이 통용된다. 벽라춘은 '일눈삼선(一嫩三鮮)'의 특징을 갖는다고 한다. 보드랍고 연한 차의 어린잎을 뜻하는 눈(嫩), 여기에 싱그런 차의 빛깔, 향기, 맛 세 가지를 '삼선'이라고 한다.

벽라춘 원산지인 강소성 소주 지역 차밭에는 매실·복숭아·감·살구 등의 과일나무를 차나무 사이에 심는데, 그 아래에서 자라는 차나무는 과일 향을 먹고 자라며, 그 결과 차에는 과일 향과 꽃 향이 풍부하다고도 한다.

찻잎을 다룰 때 털이 뽀송뽀송하여 솜털이 많아 떨어지지 않도록 주의를 기울여야 한다. 잎이 너무 어린잎이라서 녹차 찻물보다 조금 더 식혀서(70~80° 정도) 쓴다. 찻물 속에서 춤을 추는 듯이 풀어지는 찻잎을 감상하는 것도 벽라춘의 묘미다. 탕색은 연한 연두색과 연한 노란색이 섞여서 투명하게 보인다. 상큼하고 달콤한 향이 유유히 나면서 있는 듯 없는 듯 묘한 향이 흐른다.

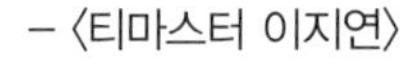

– 〈티마스터 이지연〉

## 03

## 차는 '수신제가 치국평천하'의 길이다(유가)

《다경》에서 육우가 이야기한 검덕(儉德)이나, 불을 다룸에 있어서 불의 세기를 '문무(文武)의 중화(中和)'로 이야기한 것은 다분히 유교의 영향이라고 해야 할 것이다. 유학자의 차 마시기를 언급함에 남송의 성리학 완성자 주희를 이야기하지 않을 수 없다. 남송 시기에 주희가 강학을 했던 무이산은 차의 성지이며 리학(理學)의 중심지였다. 술을 멀리하고 차를 사랑했던 주희는 차의 맛에 고진감래(苦盡甘來)의 철학적 의미를 부여하며 리(理)로 음다의 이유를 설명했고, 가례에 차를 쓸 것을 강조했다.

공자와 맹자로 대표되는 유가사상은 인(仁)을 중심으로 예(禮)란 규범을 통해 세상에 덕치(德治)와 교화(敎化)를 펼치는 것을 이상으로 삼았다. 한(漢) 무제 이후 줄곧 중국왕조의 정치 이념으로 사용되었던 유가 사상은 남송의 주희에 이르러 드디어 강남의 차와 만나 다도의 형식을 갖추게 된다. 그는 차의 품성이 중용(中庸)과 어울린다고 보았고, 백이·숙제와도 비유하며[40] 수신(修身)에 기여할 이상적인 음료로 차를 장려했다. 이로부터 차는 선비와 일반 백성들의 예법교육, 도덕수양에 유용한 도구가 되어 사회질서의 유지에 활용되게 된 것이다.

주희의 뒤를 이어 차를 사랑했던 우리 다인으로는 여말선초의 목은 이색(李穡: 1328~1396)이 대표적 인물이다. 이색은 고려의 마지막 대학자이자 정치가로, 또 혼란스러운 격동의 시대적 환경을 성실히 몸으로 부닥친 지식인이며, 고려 왕조의 마지막

**40** "建茶如中庸之為德, 江茶如伯夷叔齊[건차(복건성차)는 중용의 덕과 같고 강차(강서지방의 차)는 백이숙제와 같다.] 《朱子語類 주자어류》" – 건차는 황실에 진상하던 공차, 강차는 일반적인 잎차를 말한다.

을 지켰던 대학자로 이름이 알려져 있다. 또 절의를 지킨 삼은(三隱)의 대표적 인물로 추앙받는 인물이다. 조선의 성리학은 모두 이색으로부터 나온 것이라 하여 목은 이색을 조선 성리학의 시조로 본다.

작은 병에 샘물을 길어 깨진 노구솥에 이슬 머금은 새싹차를 달이네.
귀뿌리 문득 맑아지고 코끝 저녁노을 향기를 보네
문득 눈 가리던 그늘 사라지니 밖은 티끌 하나 보이지 않네.
혀로 맛본 후 목으로 내려가니 살과 뼈가 바르고 삿됨이 없노라
손바닥만한 작은 마음의 밭이건만, 밝고 밝아 생각에 그릇됨이 없어지네.
어느 겨를 천하에 생각 미치리. 군자는 마땅히 집안부터 바르게 해야 하거늘[41]

– 〈차를 마신 후에 한번 읊어보다. 다후소영(茶後小詠)〉

대쪽 같은 유교 선비의 차 생활을 보여주는 시다. 일견, 차 생활을 통한 오감의 즐거움, 아름다움과 고즈넉함을 보이는 듯하다가는 본래의 의도로 되돌아간다. 차 마시고 몸을 바르게 하여 군자의 길을 걷겠다는 의지를 피력하며 마무리한다. 군자는 우선 자신을, 가정을 바르게 하는 것에서 출발하여 천하를 경영할 수 있기 때문이다. 그는 손수 물을 긷고 깨진 솥에 차를 끓여 마시며 몸과 마음을 다스린다. 바로 검박의 행다 실천이다.

결국 유학자는 차 마시는 일, '행다'가 군자가 추구하는 인격 수양의 길로 안내한다고 믿었다. 차를 차 자체로 즐기기보다 유학의 최고 덕목인 '격물치지성의정심, 수신제가치국평천하(格物致知誠意正心, 修身齊家治國平天下)'의 실천에 차를 활용하였다. 고려에서 화려하게 꽃피웠던 차문화가 조선에 들어서는 '리(理)의 추구'를 통한 자기 수양과 체제 유지의 메커니즘으로 전락할 수밖에 없었던 한계를 확인하게 된다.

---

**41** 小瓶汲泉水 破鐺烹露芽 耳根頓淸淨 鼻觀通紫霞 俄然眼翳消 外境無纖瑕 舌辨喉下之 肌骨正不頗 靈臺方寸地 皎皎思無邪 何暇及天下 君子當正家

조선의 음다 풍속 퇴조는 유학이라는 큰 사상계의 틀 속에서 송대 주희에 의해 정립된 성리학만을 유일·절대의 가치로 믿고 지켜온 조선 집권 세력에 의한 것이었다. 이색이 차를 통해 수신제가하는 모습은 다른 글에도 보인다.

> 차 달이고 고요히 앉아 돌이켜 하루 세 번 반성하네.
> 술을 마주하고 고상한 이야기하며, 온갖 근심을 흩어 보냈으니.
> 烹茶靜坐追三省 對酒高談散百憂 (팽다정좌추삼성 대주고담산백우)

– 〈방문한 세 집 모두 술을 내니 취해 돌아오다〉

밖에서 술을 마시고 취해 집에 와서는 차를 달여 마시며 하루를 반성한다는 내용이다. 《논어》에 증자는 날마다 세 번 자신을 반성한다고 했다. 매일 자신을 살피는 자기관리, 수신(修身)을 기초로 집을, 나라를, 천하를 다스린다는 유가적 사유의 실천인 셈인 것이다. 이색이 세 군데 술자리를 돌아 취해서 돌아왔지만 찻자리에 조용히 앉아 수양공부를 했다는 것을 알 수 있다. 수양의 목적은 당연히 유교적 사회질서 실현이다.

유교적 사회질서에선 차보다 술이 우선이었다. 유교 사회에서 술은 공동체주의를 강조한다. 유교의 예법에서는 술로 신에게 제사를 지내거나 술로 어른과 손님을 대접하는 것을 덕행으로 삼았다. 조선의 유교적 문화전통을 이어온 대한민국은 지금도 차보다 술을 앞세우는 나라다. 또 세계 어느 나라보다도 술에 관대한 사회다. 관공서와 기업체의 회식은 술자리이고, 관청의 다방(茶房)은 사라졌고, 검찰청의 검사는 술집에서 다시[42]가 아닌 주시(酒時)를 한다.

---

**42** 우리나라에서는 고려 때부터 사헌부에 다시(茶時, 티 타임)가 있었다. 사헌부는 오늘날 경찰과 비슷한 일을 했는데 관리의 비행을 조사하고 풍기를 바로 잡으며 백성의 억울한 누명을 풀어주는 일을 맡았다. 사헌부의 관리들이 매일 한 번씩 모여 차를 마시는 시간, 다시를 가졌는데 이 제도는 조선 고종 때까지 이어졌다. 죄를 논하는 사헌부 관리들이 공정하고 올바른 판결을 내리기 위해 차를 마시며 신중한 논의를 거듭했다.

개인보다 전체가 우선시되는 사회 풍토에서 술은 전체의 단합을 위해 꼭 필요한 존재이고, 차는 시간과 경제적 여유가 있는 사람이나 즐기는 가벼운 음료가 되어 버렸다.

술과 차는 모두 친목과 소통으로 인간관계를 돈독히 하는 도구지만, 우리나라에서는 하루 평균 13명이 술 때문에 숨지고 음주로 인한 사회적 비용이 10조 원에 달한다고 한다. '차 한잔하자'라는 말은 소극적으로 들리고, '술 한잔하자'라는 말을 더 친근하게 느껴진다. 한국인은 술을 잘, 혹은 많이 마실 수 있는 사람을 '남자답다'라는 말로 추켜세운다. 오랜 기간 우리 사회는 술 잘 마시는 사람이 사회생활도 잘하고 성공할 확률이 높은 사회를 만들어 왔다.

1921년 현진건의 작품으로 《술 권하는 사회》란 단편소설이 있다. 이 소설의 핵심은 주인공이 일제 탄압 아래서 많은 애국적 지성들이 어쩔 수 없는 절망으로 술을 마시게 되고 주정꾼으로 전락하지만, 그 책임이 '술 권하는 사회'에 있다고 고백하는 내용으로 당시 공감을 불러일으켰다. 군사 독재의 암울했던 시기 우리에겐 술에 취해 비틀거리는 모습이 마치 고뇌의 상징인 양 대중들에게 긍정적으로 받아들여졌던 시대도 있었다.

일제 침략기를 벗어나 1백 년이 지난 지금, 민주화 시대가 이루어지고 개인의 인격과 개성이 존중되는 사회가 되었음에도 우리는 '술 권하는 사회'를 벗어나지 못하고 있다. 말로는 자유롭고 평등한 민주 사회가 되었다는데, 사고는 아직도 수직적 위계 질서의 유교적 틀 안에 갇혀 있다. 알코올 분해 능력이 사람마다 다름을 인정하지 않고, 모두 똑같이 마실 수 있어야 조직의 단합이 도모된다고 믿는 사회에 살고 있다. 이제 모두 같음을 향해 가는 것이 아니라 다름을 인정하는 사회로 가야 하지 않을까? 우리 사회가 이차대주(以茶代酒)를 다시 실천해야 하는 이유이다. 이제 '차 권하는 사회'로 나아가자.

"차 한잔합시다."

TEA TIME

## 건륭황제의 차, 철관음

철관음

중국 십대 명차 가운데 하나인 철관음(鐵觀音)은 반발효차, 청차(woolong tea)다. 철관음을 이야기하자면 '안계철관음'을 제일 먼저 떠올리게 된다. 안계(安溪)는 복건성 남쪽 지역으로 민남(閩南)으로 통한다. 타이완에서 무척 가깝다. 철관음은 차나무의 품종명이면서 완성된 제품의 상품명이기도 하다. 또한 오룡차(청차, 靑茶) 계열 중에서도 뛰어난, 대표적 차이기도 하다. 안계 지역에서 철관음이란 차 품종을 발견하여 재배·육종하고, 차의 제품화를 이룬지도 이미 근 300여 년이 되었지만, 그 역사는 1천 년이 넘는다.

이름에 대한 전설은 다음과 같다. 옛날 차를 재배하는 착하고 어진 사람이 있었는데 하루는 꿈에 관세음보살이 나타나서 그대가 만들고 있는 그 차는 수많은 사람의 병을 고쳐주는 차이므로 위음(魏蔭)이라 이름 지으라고 하는 꿈을 꾸었다고 한다. 그때부터 차의 이름을 '위음차(魏蔭茶)'라고 부르게 되었다. 현재의 '철관음(鐵觀音)'이라는 이름은 찻잎의 모양이 관음(觀音)과 같고 무겁기가 철(鐵)과 같다고 하여 이차를 특별히 사랑했던 청 건륭(乾隆)황제에 의해 하사된 이름으로 전한다. 2008년 철관음 제작 기법은 중국 국가비물질문화유산으로 선정되었다.

찻잎은 푸른 녹색, 탕색은 연두빛을 품은 노란 색, 우려낸 찻잎은 금황색이다. 달콤한 과일 향과 함께 은은하고 부드러운 단맛이 난다. 봄 철관음과 가을 철관음이 있는데, 봄 철관음은 맛이 풍부하고 부드러운 특징이 있고 가을 철관음은 향이 화려하면서 오래 우러나오는 특징이 있다. 잎이 크고 내포성이 뛰어나다. 일곱 번을 우려도 그 향이 남는다고 하여 칠포유여향(七泡有餘香)이라고 불린다. 철관음은 향으로 마시는 차다. 아니 향기를 듣기(聞香) 위한 차다. 녹차에서는 결코 경험할 수 없는 황홀한 화려함으로 이 맑은 아침을 열어보자.

– 〈티마스터 조수정〉

## Party.9

# '성리학적 차 마시기'는 이제 그만…

# 01

## 차와 술의 우위논쟁, 다주쟁공(茶酒爭功)

인간사회에서 돈독한 인간관계를 맺어주는 매개체는 술인가 차인가?

과거에 비한다면 지금의 이 시대는 헤아릴 수 없이 수많은 음료수(마실 먹거리)가 존재한다. 소주, 맥주 등 알코올부터 스포츠음료인 이온 음료, 갖가지 향미를 첨가한 음료와 두뇌활동에 좋은 기능성 보조 음료까지 정말 많은 음료가 있다. 과거의 음료 가운데 가장 대중적인 음료는 무엇이었을까? 우리 역사에 적어도 고려까지는 '차'였다. 다반사(茶飯事)라는 말은 차를 마시고 밥을 먹는 아주 흔한 일이라는 뜻이다. 과거에 차는 말 그대로 다반사였다. 중국에서는 차가 송나라 때부터 서민들의 일곱까지 생필품43 가운데 하나로 통하게 되어 지금에 이르렀다. 차는 지금의 음료수처럼 서민들에게도 애음되었으며, 극품은 왕에게 공차(貢茶)되고 부처님께 공양되었던 것이다.

하지만 유교가 국가 통치이념으로 자리했던 조선에 이르러서는 차가 차지하는 음료로서의 영역은 많이 위축되어 현재에 이르고 있다. 중국에서 건너온 유학(儒學), 특별히 성리학은 조선왕조의 국가 이데올로기로 자리 잡게 되었고, 불교의 배척과 함께 깨달음의 상징인 차도 자연스럽게 서민들의 생활에서 멀어졌다.

조선조 지배층의 유교적 가치관은 조상숭배, 남녀유별, 장유유서, 신분제도에 의한 상하계층의식 등으로 나타났고, 왕궁과 민간의 제례에는 차의 자리를 술이 차지하게 되었다. 평등한 세상 속에서 나를 성찰하는 차 음료는 산속의 깊은 사찰이나 정계에서 밀려난 유배자, 방랑자들에 의해 근근이 맥을 이어왔다.

---

**43** 전통적인 중국인의 생활필수품(開門七件事)으로 시 · 미 · 유 · 염 · 장 · 초 · 차(柴 · 米 · 油 · 鹽 · 醬 · 醋 · 茶), 즉 땔나무, 쌀, 기름, 소금, 간장, 식초 그리고 차를 꼽을 정도로 차는 중국인들의 생활에서 중요한 생필품 중 하나였다.

1907년 돈황석굴에서 발견된 중국 당대(唐代)의 문서 《다주론(茶酒論)》에는 차와 술의 재미있는 대화가 보인다. 술과 차가 서로의 장단점을 이야기하며 논쟁을 벌인다.

차가 나서서 말하기를:

"여러분은 떠들지 말고, 잠깐 내 말을 들어보세요. 저는 온갖 풀의 우두머리요, 수많은 나무 가운데 꽃이라 할 수 있습니다. 귀한 꽃술과 소중한 싹을 땁니다. 그런 까닭에 명초(茗草)라 부르고, 차(茶)라 이름 붙였습니다. 제후의 저택에 올리고, 제왕의 거처에도 바칩니다. 언제나 신선한 맛을 제공하며, 일생 동안 영화를 누립니다. 당연히 존귀한 몸인데, 과장해서 말할 필요가 있겠습니까?"[44]

술이 말하기를:

"가소로운 소리! 자고로 지금까지, 차는 천박했고 술은 고귀했습니다. 옛날에는 한 잔의 술을 강물에 풀고, 삼군(三軍)이 취하도록 마셨습니다. 군왕이 술을 마시면 신하들은 만세를 불렀고, 신하들이 술을 마시면 군왕은 고마움을 표했습니다. 생사를 결정할 때는, 신명께서도 기쁘게 받으셨습니다. 술이라는 음식은 인간에게 결코 악의가 없습니다. 술에는 법도가 있으니, 바로 인의예지(仁義禮智)입니다. 본래 존귀한데, 어찌 수고롭게 비교할 필요가 있겠습니까?"[45]

차(茶)가 모든 식물의 우두머리라고 나서자 술이 말하기를, 술은 인의예지의 덕이 있기에 자신이 이 세상에서 가장 존귀하다고 주장했다. 차와 술이 서로 자기 자랑을 계속하자 제삼자인 물(水)이 나선다. 인생은 땅·물·불·바람으로 성립되는 것, 차나 술도 물이 없이는 본색을 드러낼 수 없다고 말한 물은 스스로 겸손하여 공덕을 내세우지 않으면서 둘 사이를 화해시킨다.

---

44 茶乃出來言曰: "諸人莫鬧, 聽說些些. 百草之首, 萬木之花. 貴之取蕊, 重之摘芽. 呼之茗草, 號之作茶. 貢五侯宅, 奉帝王家. 時新獻入, 一世榮華. 自然尊貴, 何用論誇!"

45 酒乃出來: "可笑詞說! 自古至今, 茶賤酒貴. 單(簞)醪投河, 三軍告醉. 君王飮之, 叫呼萬歲, 群臣飮之, 賜卿無畏. 和死定生, 神明歆氣. 酒食向人, 終無惡意. 有酒有令, 仁義禮智. 自合稱尊, 何勞比類!"

일본 오스사(乙津寺)의 란슈구(蘭叔) 선사가 지은 《주다론》이란 글도 술과 차의 다툼에 관한 내용이다. 망우군(忘憂君: 술을 마시면 근심 걱정을 잊는다)으로 의인화 한 술과 척번자(滌煩子: 번민을 없앤다)로 이름한 차가 서로 우열을 다투는데, 한인(閑人)이 중재자로 나타나서는 술의 덕이나 차의 덕은 같다며 다투지 말라고 화해시키는 내용이다.

우리나라 최초의 차(茶) 기록으로 바로 설총이 지은 화왕계를 이야기한다. 설총(薛聰: 658~?)은 신라 경덕왕 때 이두(吏讀)를 만든 대학자다. 이두는 중국 한자를 신라어로 치환, 해석한 우리나라 최초의 문자다. 설총은 〈화왕계(花王戒)〉에서 차와 술의 덕이 다 필요하다고 왕에게 아뢴다. 그는 신문왕에게 이 글을 지어 올려, 왕이 비행을 경계하고, 스스로 자성할 것을 촉구했다. 설총은 왕을 꽃 중의 꽃인 모란꽃으로, 충신은 할미꽃, 간신은 장미꽃으로 비유하면서 할미꽃(백두옹)으로 하여금 모란꽃에게 여쭙도록 한다.

"비록 주위에서 받들어 올리는 것들이 넉넉하여 기름진 음식으로 배를 채우고, '차와 술로 정신을 맑게 하고', 의복이 장롱 속에 쌓여 있더라도…"

이 기록을 두고 설총이 아름다운 차와 술이라는 다주동위론(茶酒同位論)을 펼쳐내고 있다고들 하지만, 설총은 술보다는 차에 더 비중을 두었을 것이라고 본다. '정신을 맑게 한다.'라는 청신(淸神)은 차이지 술일 수 없기 때문이다. 문장 구성상 앞의 고량(膏粱)과 대(對)를 맞추기 위해 술 주(酒)가 끼어들었을 뿐인 것이다. 더구나 화왕의 앞에 나타난 늙은 현자, 할미꽃은 왕에게 올바른 길을 가르쳐주는 충신이다. 왕에게 술을 권한다는 것도 어울리지 않는다. 또 설총의 성씨인 '설(薛)' 자와 '자(茶)' 자는 동의어[46]이기 때문이기도 하다. 설이 차와 같은 의미라면, 설씨 집안은 제사를 주관하는 제관의 집안이었을 것이다. 일부 학자들은 우리 명절 '설'이란 명칭도 차와 연결되어 있을 가능성이 크다고 본다. 설의 어원에 대해서는 여러 가지 가설이 있지만, 설과 차

---

**46** 차를 뜻하는 글자는 중국 육우의 《茶經》에 '다茶, 가檟, 설蔎, 명茗, 천荈'이 있다고 쓰여 있다. 주에 의하면 촉(蜀)의 서남인들이 차를 '설'이라고 부른다고 한다. 지금도 중국 운남의 소수민족은 차를 '설'이라고 한다.

가 같은 뜻이라고 보면 설에 지내는 제례를 차례라 하는 것도 쉽게 이해가 가지 않을까?

예로부터 우리 민족은 풍류를 즐기는 민족이었다. 차의 풍류와 술의 풍류는 각각의 세계를 가지고 있다고 할 것이다. 하지만 술의 풍류는 그 도를 넘었을 때의 폐해가 우려되었기에 금주의 시대가 있어 왔다. 다산의 《목민심서》에는 일반 백성의 막걸리는 금할 것이 없지만 증류주는 금해야 한다고 경계했고, 또 다산 선생께서도 또 강진 유배기에 둘째 아들 학유가 술을 끊지 못함에 걱정이 많아 편지로 단속하기도 하였다.

"너희들은 내가 술을 반 잔 이상 마시는 것을 본 적이 있느냐. 참으로 술맛이란 입술을 적시는 데 있는 것이다. 소가 물을 마시듯 마시는 저 사람들은 입술이나 혀는 적시지도 않고 곧바로 목구멍으로 넘어가니 무슨 맛이 있겠느냐. 술의 정취는 살짝 취하는 데 있는 것이다."

다산 정약용선생

• TEA TIME •

## 와인으로 불리는 홍차, 딜마 와테Watte 시리즈

스리랑카는 그야말로 차의 나라다. 실론이란 이름으로 불리던 시절, 영국의 중국차 수요를 대체하기 위한 목적으로 차 재배가 시작되었기에 자체의 차문화는 특별하지 않지만, 다원에서 직접 공급하는 신선한 차, Fresh tea를 무기로 많은 차 회사들이 차를 생산하고 또 수출한다.

딜마 와테 시리즈

스리랑카 홍차 브랜드 가운데 가장 돋보이는 회사는 딜마(Dilmah)다. 딜마가 생산하는 제품 라인업에 유독 재미있는 홍차가 와테 시리즈. Watte는 와인과 티의 합성어처럼 보이지만 사실은 '다원'이란 뜻이다. 와테 시리즈는 다원의 해발고도에 따른 네 종류의 홍차를 말하는데, 란와테는 샤도네이, 우다와테는 피노누아, 메다와테는 쉬라즈, 와다와테는 카베르네쇼비뇽에 비유된다. 모두 양조용 포도품종이다.

섬나라인 스리랑카의 특징상 섬 중앙의 가장 높은 산, 피듀르탈라갈라 아래 해발 6천 피트의 누와라엘리야 지역에서 생산되는 홍차를 란와테로 분류했다. 부드럽고 섬세하며 향기가 뛰어나 홍차의 샴페인으로 불리는 다즐링 홍차와 겨룰 만하다. 우유를 넣지 않고 스트레이트로 마시는 것이 좋다. 란와테는 세계 3대홍차 중 하나로 알려진 우바 홍차보다 해발고도가 더 높은 곳에서, 더 이른 시기에 딴 찻잎을 주로 사용하기에, 화이트 와인 품종의 맑고 프레시한 느낌과 밝고 청명한 바디감을 선사한다.

상대적으로 해발고도가 낮은 우다와테, 메다와테, 와다와테라고 해서 결코 홍차의 품질이 낮지 않다. 낮은 지역일수록 더 짙고 달콤한 향기와 각각의 개성 있는 바디감을 보여주는 것이 스리랑카 홍차의 매력이다.

– 〈티마스터 이계자〉

## 02

# 차로 술을 대신하다. 以茶代酒

중국에서는 '이차다이지우(以茶代酒: 술 대신 차로)'란 사자성어가 있다. 중국인은 연회자리에서 술잔을 들고, 잔을 먼저 비움으로 상대에 대한 공경(敬)을 표시하는 예절이 있다. 하지만 내가 술을 못하거나, 술이 없는 자리에서는 찻잔을 들어 '이차다이지우'라고 외치며 잔을 비우면 된다. '차로 술을 대신'하겠다는 말이다. 또 손님이 방문하였으니 마땅히 술을 대접해야 할 텐데 술을 접대할 여건이 여의치 않다면 찻잔을 내밀면서 역시 '이차다이지우(以茶代酒)'라고 양해를 구한다. 중국은 관리에게 '차로 술을 대신하고 차로 청렴을 기른다(以茶代酒 以茶養廉)'라는 말을 교훈처럼 전한다. 술자리에도 늘 차가 함께 나오고, 너무 취했다고 생각되면 차를 마시며 술을 깨고 자리를 정리한다.

차는 술로 흩어진 마음을 다시 모은다. 이한철의 〈취태백도〉를 보자. 좌측 상단에 매화가지가 멋지게 늘어져 있는 것으로 보아 때는 바야흐로 봄이다. 마당의 침상에는 금방 쓰러질 듯 고주망태가 되어 졸고 있는 이태백이 앉아있다. 술을 마시고 시 한 수 지으려는 듯 등 뒤로 지필묵도 보인다.

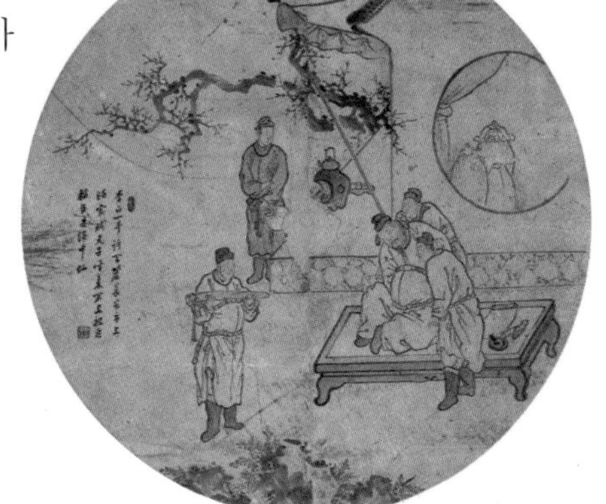
취태백도(醉太白圖)(희원 이한철 작)

이태백은 '술 한 말에 시 백 편'을 읊었다고 하지

않았던가. 왼쪽에는 두 손으로 피리를 받치고 선 하급 관리가 보인다. 주선 이태백이 거나하게 한잔하시고 취한 풍류를 즐기려 하는데, 뒤쪽에 부채를 든 다동이 서 있고, 등 뒤로 손잡이가 달린 예쁜 화로 위에 차가 익어가고 있다. 화로 뒤편의 쟁반 위에는 찻잔이 가지런하게 놓여있다. 차를 마실 준비가 되어있는 것이다. 이태백은 술에 취하면 황제가 불러도 가지 않을 정도로 술을 너무도 사랑한 술꾼이었지만, 술을 마신 후에는 반드시 차를 마시고 정신을 모았다. 술로 흩어진 정신을 차로 가다듬는 것이 옛 문인들이었다.

'이차대주(以茶代酒)'란 사자성어는 삼국지에는 오나라의 군주인 손호가 술이 약한 신하 위요를 배려하여 술 대신 차를 준 데서 유래했다. 손호는 신하들과 질펀한 연회를 자주 가졌는데, 신하들에게 의무적으로 7승(升, 되)의 술을 마시도록 했다고 한다. 하지만 그가 총애했던 위요의 주량이 2승에 못 미쳐 슬쩍 그에게만 차를 따라 주었다고 한다. 바로 '이차대주(以茶代酒)'란 용어가 생긴 시작점이다. 하지만 손호는 결국 위요까지 처형했고 호화롭고 사치스런 향락을 일삼았던 오나라는 망하게 된다. 서진(西晉)에 의해 패망한 오나라 군주 손호는 낙양에 포로로 끌려가 결국 비참한 죽음을 맞았다. 술로 나라가 망한 대표적 사례가 된 셈이다.

"울분을 풀려거든 술을 마시고, 정신을 모으려거든 차를 마셔라"

– 육우 《다경》

술은 권력의 중심에서든, 권력의 밖에서든, 육우의 말처럼 울분을 푸는 가장 좋은 도구였다. 중국의 3세기, 그러니까 지금으로부터 1700여 년 전, 혼란스러웠던 위진(魏晉)왕조 교체기에 부패한 정치와 혼란한 사회를 등지고 대나무 숲에 모여 술자리로 세월을 보냈다는 일곱 명의 현인이 있었다. 알고 보면 세상에서 소외되어 술로 울분을 풀며 세월을 보냈다. 바로 '죽림칠현'이다. 1700년 동안 그 일곱 명은 세속의 명리를 초월한 신선들로 추앙받아왔다. 한재 이목의 〈다부〉에 수록된 병서(並書, 머리말)에도 일곱 명의 현자 가운데 대표인 유영(劉伶)의 술 사랑을 언급한다.

> 이백(李白)의 달이나 유백륜의 술은 그 좋아하는 바가 다르더라도 즐기기에는 같은 것이다.[47]

중국 역사를 통틀어 가장 술을 좋아하여 '주신'으로까지 불렸고 〈주덕송〉이란 '술 예찬곡'을 남긴 사람이 바로 유영(백륜)이다. 하지만 그들도 술자리엔 언제나 술과 함께 차를 마시며 술에 취하면 차로 대신하는 '이차대주(以茶代酒)'의 검박한 차정신을 추구했다.

조선 말기 이명기의 그림을 자세히 들여다보면 대숲을 배경으로 큰 탁자를 앞에 두고 현자들이 앉아있다. 죽림칠현은 술을 사랑하기로 유명했건만 술 시중을 드는 시동은 보이지 않고 쌍상투를 튼 다동이 부채를 들고 화로 앞에 앉아 차를 달인다. 그림 속 다동의 출현은 술로 흐트러지고 탁해진 마음을 다시 추스르려는 현자들의 의지를 보여준다. 죽림칠현이 구현하고자 한 '정신적 맑음과 청정한 세계'로의 역할에 차가 중요한 위치를 차지하였음을 보여준다고 하겠다.

하지만, 조선의 현실은 상반된 현상으로 나타난다. 바로 차 대신 술, 이주대차(以酒代茶)다. 술이 차를 대신하는 현상이다. 경우는 좀 다르지만, 우리는 말에는 '차례(茶禮)를 지낸다.'라고 하면서 차례상에 차 대신 술이 올라간다.

조상과의 소통 자리인 차례에 차를 대신해 술을 올리게 된 것은 조선시대에 와서 차의 생산과 소비가 크게 줄어 그 가격이 비싸진 이유도 있지만, 16세기에 평균기온이 크게 떨어지는 소빙기를 맞아 차 농사가 잘 되지 않기도 했다. 그럼에도 청나라에 공물로 보내는 차의 수량이 늘면서 이를 충족시키기 위한 차 세금은 오히려 늘어났고

---

**47** 若李白之於月 劉伯倫之於酒 其所好雖殊 而樂之至則一也

이명기 〈죽림칠현도(竹林七賢圖)〉 지본담채. 26.4 x 30.9㎝, 선문대학교 박물관 소장.

차 세금은 백성의 큰 짐이 되었다. 과중한 세금을 내야 하는 차 생산은 농민의 기피의 대상이 되었고 급기야 차밭을 버리고 도망치는 농민들까지 생겨나게 되었다. 결국 사찰이나 왕실이 아닌 다음에야 일반 백성이 차를 구하기는 하늘의 별따기였던 것이다. '이주차대(以酒代茶)'할 수밖에….

차는 삼국시대에서 통일신라를 거쳐 고려에서 가장 흥했고, 조선 초기까지 조정에서 아주 귀중하게 취급하던 음료였다. 고려와 조선 궁중에는 다방(茶房)을 두어 다사(茶事)와 주과(酒果)를 관리했다. 약과 함께 꽃, 과일, 술, 채소 등을 관리하며 다례를 책임졌다. 다모(茶母)는 원래 드라마 속에서처럼 포승줄 들고 다니던 사복형사가 아니라 차를 담당하던 궁녀였다. 지금의 검찰격인 사헌부가 매일 아침 다 같이 모여 바른 판결을 내리기 위한 다시(茶時, 티 타임)를 두고 차를 마신 까닭도 신중한 결정으로 억울한 백성이 없도록, 즉 '공평무사'라는 자신의 본분을 다하기 위함이었다.

그런데 어째서 조선에서는 관청의 다방이 사라지고, 다모는 차를 달이지 않고 사복경찰이 되었으며, 다시(茶時) 같이 훌륭했던 사헌부의 티 타임이 사라지게 되었을까?

한마디로 유학, 특히 성리학의 이념으로 나라를 세운 조선의 집권세력이 인간에게 주어진 성(性)이 하늘과 땅, 남자와 여자, 부모와 자식의 위치처럼 절대 고정불변이라는 이데올로기를 목숨으로 지키고 또 전파했기 때문이라고 할 수 있다.

고려에서 비교적 자유롭던 신분제도조차도 조선에 들어와서 고착화된다. 신분의 계층간 이동이 불가능해졌다는 말이다. 서자는 멸시와 차대의 대상으로 양반이 될 수 없었고 천민은 영원히 천민의 신분을 벗을 수 없었다. 리(理)와 예(禮)를 사수하기 위해 목숨을 걸었던 성리학자들이 조선조 500년의 권력구조를 관통하였기 때문이다. 예의 나라 조선은 '예가 문란하면 정치가 문란해진다.'며 죽은 자를 위한 예(禮)에만 매달리다(禮訟) 결국 나라를 잃고 마음(心)을 잃었던 것이다.

•≡• TEA TIME •≡•

## 광동대엽청 황차 廣東大葉靑 黃茶

광동대엽청

황차(Yellow Tea)는 녹차와 우롱차의 장점을 가진 특별한 차다. 찻잎, 차탕, 차를 우리고 난 잎인 엽저가 모두 황색이라 황차라고 불린다. 분명히 6대다류에 드는 다류지만 생산량이 많지 않고 차별화된 향미가 부족하다고 평가되기도 한다. 향기는 맑고, 맛은 부드러우며 달고 상쾌하다. 어떤 경우는 녹차스럽고 어떤 경우는 약한 우롱차 느낌이다. 그렇다 보니 아예 6대다류에서 빼자는 이야기가 나올 정도다. 하지만 전통적으로는 황차는 민황(悶黃)이란 특별한 제다과정을 거친 후발효차로 개성과 명성이 있는 차들이 많다.

후발효차는 녹차처럼 열처리를 통해 산화효소를 파괴시킨 후, 찻잎을 퇴적시켜 공기 중의 미생물의 번식을 유도함으로써 다시 발효가 일어나게 만든 차이기 때문에 다른 다류에서 만날 수 없는 테아플라빈과 폴리페놀류의 특별한 성분과 향미를 가진다.

황차는 원료의 크기에 따라 황아차, 황소차, 황대차로 나뉜다. 사천 몽정산에서 나는 몽정황아나 중국 호남성 악양현의 동정호수 가운데 군산도의 군산은침은 대표적인 황아차다. 이런 황아차는 이미 지명도가 높아 시중에서 쉽게 구해 마실 수 있으나, 북항모첨, 위산모첨, 온주황탕의 황소차와 광동대엽청 황대차, 곽산황대차 등은 흔히 볼 수 있는 차는 아니다.

황차(黃茶)의 득징은 '황탕황엽(黃湯黃葉)'이다. 광동대엽청 황차는 황대차 계열로 녹차의 신선함, 구수함과 우롱차의 농밀함과 매끄러움, 거기에 화과향을 더한 매력적인 차다. 생산지는 광동성 봉개현 국가지질공원이다.

– 〈티마스터 김미향〉

03

## 차례상의 주례와 차례(以茶禮代酒禮)

차례는 명절 아침 조상을 섬기고 조상의 음덕을 기리는 약식 제사다.

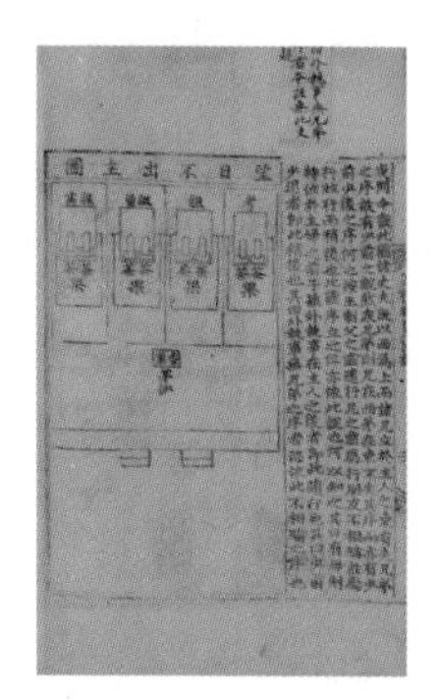

주자가례 중 망일불출주 도(望日不出主圖)의 차례

《삼국유사》에 충담이 미륵부처께 차를 올렸다는 기록은 불교에서 차례를 지낸 기록이라고 할 것이다. 유교 예법의 창시자라 할 수 있는 남송의 주희가 '차의 성지'라고 불리는 무이산에서 강학을 했고, 명의 구준(丘濬)이 편찬한 《주자가례(朱子家禮)》에도 제사에 차를 쓰고 있는 것을 보면, 불교든 유교든 망자나 절대자에게 차를 올리는 습속인 차례는 오랜 역사를 가진 문화 전통인 것이 확실하다.

헌데 우리는 지금 차례가 아닌 주례(酒醴)를 지내고 있다. 왜 그럴까? 언제부터 용어는 '차례'인데 차가 빠지고 대신 술이 쓰이게 됐을까?

역사 기록에 근거해서 조선 영조(1694~1776) 때부터 차례가 생겼다고 말한다. 임진왜란, 병자호란 등의 이유로 국가 경제가 피폐해지자 영조는 백성들의 생활을 걱정해서 귀하고 비싼 차 대신에 술이나 뜨거운 물, 즉 '숭늉'을 대신 쓸 것을 지시했다. 이후 차례에 차가 사라지고 술이 등장하게 되었다고 한다.

하지만 그보다 400년 이른 시기의 유학자 한재 이목(李穆: 1471~1498)이 조상께 지낸 제사 홀기(笏記, 제사 순서표)에 '국을 내리고 차를 올렸다(撤羹奉茶)'라는 내용이 있

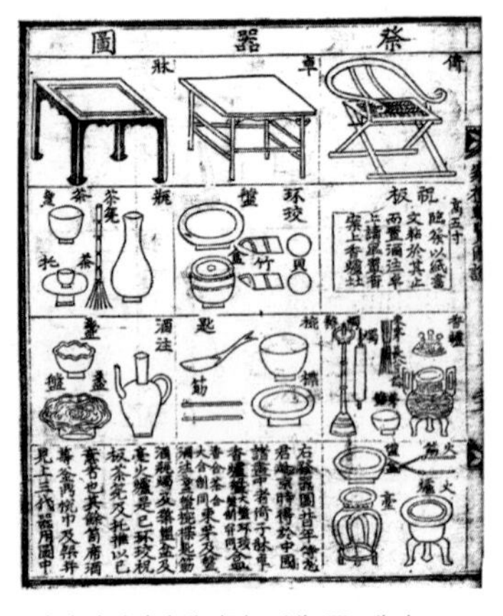


김장생의 〈가례집람도설〉 중 제기도

는 것으로 보아 더 이른 시기에 이미 제사상에서 차가 없어졌다는 것을 알 수 있다. 국립민속박물관에 소장된 《가례집람》에는 보름날 신주를 내놓지 않고 지내는 제사 그림에 차(茶)란 글자가 남아있다. 사당에서 올리던 차례는 정월 초하루 설과 대보름, 매월 초하루와 보름·한식·단오·칠석·추석 등 각종 명절과 절기에 지냈는데, 사당이 사라지면서 차례는 명절의 낮 제사로만 남게 되었다. 그나마 오늘날에는 명절 중에서도 설날과 추석에만 차례를 지낼 뿐이고 차도 술로 대치되었다.

사계 김장생(1548~1631)의 《사계전서》에 수록된 제기도를 보면 술을 올리기 위한 도구 그림과 함께 다구 그림이 있다. 병, 다선, 찻잔과 다탁이다. 조선 시기에는 차례가 아닌 제사에도 차가 쓰였음을 알 수 있다. 물론 모양은 아래의 설명처럼 중국의 것을 베낀 것이지 실제 사용되고 있던 것은 아니다.

우리 민족은 유교의 영향을 받아 조상에게 제사를 정성껏 지내야만 후손 된 도리를 다하는 것으로 생각한다. 유교 윤리의 핵심은 효(孝)인데 유교의 효는 부모님이 살아 계실 때에 공경하고, 돌아가신 후 정성껏 섬기는 일이다. 그러므로 제사가 바로 어버이 섬김의 요체인 것이다.

그런데 문제는 유교의 제사관이다. 유교에서는 죽은 사람의 혼이 죽는 순간 곧바로 이 세상을 떠나는 것이 아니고, 얼마간(4代)은 지상에 머물러 있다고 보는 것이다. 유교에서는 백(魄, 몸)이 사라졌다고 해서 부모의 혼(鬼)을 차마 박대할 수 없기 때문에 신주를 모시고, 조상의 혼이 깃드는 몸으로 삼는다. 신주란 부모, 조상의 상징적 육신인 것이다. 유학의 창시자라고 할 공자는 정작 괴력난신(怪力亂神)의 초자연을 말하지 않았지만, 후대의 유학자들은 한결 같이 조상 제사에 목숨을 바쳤다.

유교적 사고 속에서는 조상은 죽었지만 죽은 조상의 혼이 후손에게 복을 줄 수 있다고 믿기 때문에 제사를 지내야 조상의 음덕(蔭德)을 입는 것으로 생각했다. 즉 유교와 한국의 제례사상은 후손들이 죽은 조상들에게 음식을 정성껏 차려서 경건하게 제사를 드리면 조상신이 흠향하고 그 음식으로 인해 복을 내려준다고 믿었다. 만약 후손들이 조상에게 제사를 제대로 드리지 않으면 공중에 떠다니는 혼이 나쁜 기운으로 뭉쳐 귀신이 되어 집안에 재앙을 가져온다는 것이다. 풍수에서 양택(집터)보다 음택(묘터)에 더 신경을 썼던 것도 같은 이유라고 할 것이다. 조선에서 유교는 살아있는 사람보다 죽은 사람이 더 중요하고 더 대접받는 사회를 만들었다. 죽은 자를 위해 산자가 온갖 고통을 감내해야 하는 '죽은 자를 위한 사회'가 조선 500년이었다.

조선왕조는 500년 동안 조상숭배를 왕실과 나라의 운명인냥 받들었다. 그런 조선이 일제에게 망한 것은 치성이 부족해서일까? 중국은 1842년 영국과의 아편전쟁 패배로 비로소 잠에서 깨어났다. 노신(魯迅)은 식인 풍습과 연관지어 유교를 '사람이 사람을 먹는(食人) 사회'라며 공자가 만든 유교사상을 완전히 버렸다. 종주국인 중국도 버린 유교의 조상숭배 사상을 우리는 지금까지 미풍양속으로, 꼭 지켜야 하는 사회적 규약으로 받들고 있다.

우리는 전통, 효도라는 미명으로 죽은 자를 숭배하고 귀신을 섬기는 유교사상에서 깨어나야 한다. 우리가 우리의 과거, 조상을 잊지 않고 기리는 일이 필요하다면, 이제 술이 아닌 차로, 이차대주(以茶代酒)의 맑은 정신으로 조상 모시기를 제안한다.

• TEA TIME •

## 눈 속에 피는 차, 설아차(아포차) 움차

설아 찻잎

설아차(雪芽茶)의 다른 이름이 아포차(芽孢茶)다. 운남에서 생산되는 이 차는 학문적으로 차로 분류되지 않는 일종의 불완전한 차로, 보이차로 인정받지 못한 차이다. 하지만 6대다류의 분류 기준표 안에 들지 못한다고 해서 차가 아닌 것은 아니다.

아포(芽孢)란 차나무의 싹 가운데 진짜 잎의 싹이 아닌 줄기에 붙은 싹을 말한다. 엄밀하게는 보이차 나무의 잎이 아니라 포자, 혹은 움인 셈이다. 겨울에도 따뜻한 운남에서는 봄이 오기 전에 차나무 가지의 싹이 나기 시작하는데, 그 싹은 맹아(萌芽, Sprouting)라고 볼 수 있다. 이 싹을 눈 속에서 채취한 싹이라고 해서 설아(雪芽), 봄을 알린다는 보춘(報春) 등의 이름으로 부르게 된 것이다. 또 봉우리가 솜털로 덮여있다 하여 아포(芽苞)라고도 부른다. 우리말로는 '움차'가 적당할 듯하다.

가공방식에 있어서, 보이차가 되기 위해서는 햇빛에 말리는 쇄청, 열처리 과정인 살청 과정이 있어야 할 터인데 설아차는 단순하게 위조(시들리기)와 건조 과정만을 거친다. 일단 많은 사람이 마시고 있고, 차나무에서 나온 싹이니 성분에 있어서 차와 크게 다르지 않을 것이다. 차의 한 가지로 인정은 해야 할 것이며, 보이차로 인정될 수 없다면 설아차를 '운남의 아포백차'라고 불러도 무리가 없을 것이다.

차나무에서 아포를 채취하면 그 자리에 찻잎이 자라지 않아, 중국 운남성 정부에서 2006년부터 채취금지령을 내렸다고 한다. 하지만 계단형 차밭이 아닌 야생의 차나무에서 채취했다는 설아차는 중국의 차 박람회나 차 상점에서 높은 가격에 팔리고 있다. 어린 죽순 모양의 찻잎은 자색이 부분적으로 들어가 있거나 전체가 붉은 색의 설아차도 있고, 보이차처럼 떡으로 뭉친 형태(병차)로 상품화되기도 한다. 녹차와 같이 청열해독(清熱解毒)이나 피부미용 등에 좋은 점 외에도, 윤장통변(潤腸通便) 등의 건강 효능이 뛰어난 것으로 알려져 있다.

설아는 백자 개완이나 유리그릇에 우리는 것이 좋다. 우리는 내내 푸르고 앙증맞은 몸매를 보여주기 때문. 탱글탱글, 참새 혓바닥 모양의 찻잎이 아주 적은 양으로도 야생의 풋풋한 꽃향으로 주변을 편안하게 채워준다. 차탕은 녹차보다 맑고 투명하며 반짝인다. 차탕을 한 모금 입에 넣으면 약간의 산미가 느껴지지만, 달고 매끄런 질감이 입안 가득하다. 두터운 단맛이 입안을 꽉 채워주고 매번 물을 부을 때마다 아주 조금씩 화향이 터져 나온다. 10번 이상을 우려도 그 향이 변함없으니 가성비도 갑이다.

– 〈티마스터 윤종숙〉

설아

# 04
## 이차대주(以茶代酒)의 영국

술로 차를 대신했던 우리와 반대로 영국은 이차대주(以茶代酒)의 새로운 문화로 근대 산업화를 이루었다는 점이 흥미롭지 않을 수 없다. 바로 아시아에서 전해진 차문화, '티 타임(tea time)이 술독에 빠진 영국을 구했고, 영국의 산업화를 이루는 밑바탕이 되었다는 역사적 사실을 우리는 잘 모르고 있다.

홍차는 18세기 영국에 전해진 뒤로 지금까지 영국을 대표하는 음료이다. 차나무가 자랄 수 없는 환경 속에서도 세계에서 국민 1인당 가장 많은 양의 차를 소비하는 나라가 영국이다. 미국인들이 커피 한잔으로 아침을 맞는다면 영국인들은 홍차 한 모금을 마시며 하루를 시작한다. 영국인들은 하루에 7~8잔 정도의 차를 마신다. 최근 BBC 보도에 따르면 영국인이 하루에 마시는 차의 총량이 대략 1억 2천만 잔이라고 한다. 중국과 아시아에서 전래된 차가 유럽에 전해지면서 영국에서 꽃을 피우게 된다. 유럽대륙에서는 생산되지도 않는 차가 영국인의 일상 속에 뿌리를 내릴 수 있었던 이유는 도대체 무엇일까.

사실 영국은 술에 관한 한 가장 자유로운 나라였다. 지금도 합법적이지는 않지만, 5세부터 술을 마실 수 있도록 허용하며 버스나 지하철 같은 공공장소에서 술을 마실 수 있는 나라가 영국이다. 이는 영국이 알코올음료에 대한 개념이 다른 나라와 다르다는 데 기인한다. 그들에게 술은 오랫동안 수분 보충을 위한 생활음료였다. 유럽의 물은 석회석 성분이 많이 녹아 있어 맛도 좋지 않고 오래 마시면 몸에 담석이 생길 수 있다는 문제가 있었다. 특히 제대로 된 급수와 정수 시설이 없던 18~9세기 영국의 도시민들은 각종 세균에 무방비로 노출되어 있을 수밖에 없었다. 안전한 물은 늘 부족했고 온 도시에는 악취가 진동을 했던 것이다. 전통적으로 유럽에서 안전한 물이란 미생물이 살 수 없는 알코올뿐이었다.

메리 커셋(Mary_Cassatt)
다섯 시의 홍차(Five_O'Clock_Tea)

이는 유럽에 와인이 발달한 이유이기도 하다. 와인은 미생물이 살 수 없는 안전한 음료였다. 포도나무가 살지 못하는 영국에서는 어린아이들까지도 물 대신 싸구려 맥주를 마셨고, 가정은 술에 의한 폭력으로 불안했으며, 거리에는 온통 술에 취한 사람들이 넘쳐났다. 이렇게 술독에 빠진 영국을 구한 것이 바로 아시아에서 온 '차'였다. 일차적으로 찻물에는 박테리아가 살 수 없었고, 차의 항균 효과로 질병 발생 건수를 크게 줄일 수 있었기 때문이다.

아시아에서 영국으로 차가 최초로 수입된 것은 17세기 초다. 1662년 포르투갈의 공주 캐서린이 시집오면서 가져온 차가 영국의 홍차문화를 열었다. 처음에 차는 영국 왕족과 귀족의 전유물이었다. 캐서린은 일본의 다기, 중국의 도자기를 영국 귀족들 사이에 유행시키며 차문화를 선도했다. 금보다도 더 비쌌던 찻잎은 물론, 은제 찻주전자, 도자기 찻잔에 이르기까지 연관된 모든 것들이 고가 사치품이었기 때문에 티타임은 상류 사회의 부와 매너를 과시하는 장이며 사교 문화가 되었다.

사교계의 티 타임 문화 속 차가 영국의 국민음료로 탈바꿈 할 수 있었던 것은 빅토리아 여왕(1837~1901)의 적극적 지지였다. 빅토리아 여왕은 즉위 해인 1837년에 트와이닝을 왕실의 공식 업체로 지정했고, 국민들이 음주를 줄이고 차를 마실 수 있도록 적극적인 계몽 활동에 앞장섰다. 그녀는 극빈자·실업자· 무주택자와 윤락녀들을 모

빅토리아 여왕(1819~1901)

이게 했으며, 알코올의 폐해에 대해서도 널리 알리며 차를 권했다.

유럽에서 가장 일찍 시작된 영국 산업혁명의 성공은 바로 티 타임의 힘이었다. 홍차의 인기에 편승하여 산업 현장에서 매일 노동자들에게 티 타임을 제공함으로써 얻은 결과인 것이다. 술을 음료로 여기던 시절, 술에 취한 노동자들은 기계화된 생산 현장에서 사고뭉치였다. 노동자들 간의 싸움, 부주의로 인한 신체 절단 사고 등 큰 음주 사고들이 생산성을 떨어트렸다. 홍차의 공급은 이들 노동자들이 술에 취하지 않은 채 온종일 맑은 정신으로 일할 수 있도록 했고, 노동자들에게 '이 정도는 나도 누릴 수 있다.'라는 자존감을 높여 생산성을 높일 수 있었던 것이다. 또 차는 영국 특유의 습한 날씨로 인해 푹 젖어 축축해진 몸과 마음을 따뜻하게 해주는 '기적의 약'이기도 했다.

'신사의 나라'라는 영국은 역사적으로 가장 남성적이고 자만심과 자존심이 강한 민족이었다. 하지만 영국인들은 외향적인 이미지와 달리, 타고난 수줍음으로 중증에 가까운 대인기피증에 시달리며, 익숙한 평온함이 깨지는 것을 무엇보다 두려워했다고 한다. 영국인들은 대부분 병적인 '사교 불편증'을 내재하고 있었다는 것이다. 정신적 문제를 알코올로 극복하고 있던 영국인들에게 내면의 평온함을 찾아준 것이 바로 홍차였다. 왕실에서 장려한 홍차는 광적으로 영국인들에 받아들여졌다. 차는 술독에 빠진 영국인들이 오염된 물과 술독에서 벗어날 수 있게 해준 유일한 치료제였고, 산업혁명으로 지친 노동자들의 에너지 공급원으로 더없이 건강한 음료였던 것이다.

18세기 빅토리아 시대 영국에서는 '시계가 오후 4시를 치면, 6시까지 영국 내의 모든 가정의 주전자가 한꺼번에 펄펄 즐겁게 소리를 내고, 도자기 찻잔에 설탕을 넣어 짤그랑 부딪치는 소리가 들렸다'고 한다. 영국 작가 시드니 스미스는 "차를 우리에게 내려주신 신께 감사하라! 차가 없었다면 과연 어떤 일을 할 수 있었을까?"라는 말을 남겼다.

영국은 유럽의 변두리 중 변두리에 위치한 나라로, 우리나라 정도의 면적을 가진 작은 나라였다. 하지만 18세기 술 대신 차를 선택(以茶代酒)함으로써 열악한 기후와 국민성을 극복하고 '맑은 정신, 깨어있는 영혼'으로, 빠른 산업화를 이룰 수 있었다. 그들은 대항해시대에 선두에 섰던 유럽의 모든 나라들을 제치고, 해가 지지 않는 위대한 나라(Great Britain no time to lose)를 만들 수 있었고, 전 세계 4분의 1 인구를 지배하는 글로벌 슈퍼파워를 과시할 수 있었다.

아래는 영국의 식민지에서 독립한 나라들의 연도를 표기한 지도다. 물론 영국의 홍차문화, 티 타임이 전파되어 현재도 차를 즐기는 국가들의 리스트이기도 하다. 영국의 성공은 세계를 향한 가장 강력한 차문화 전파의 힘이었던 것이다.

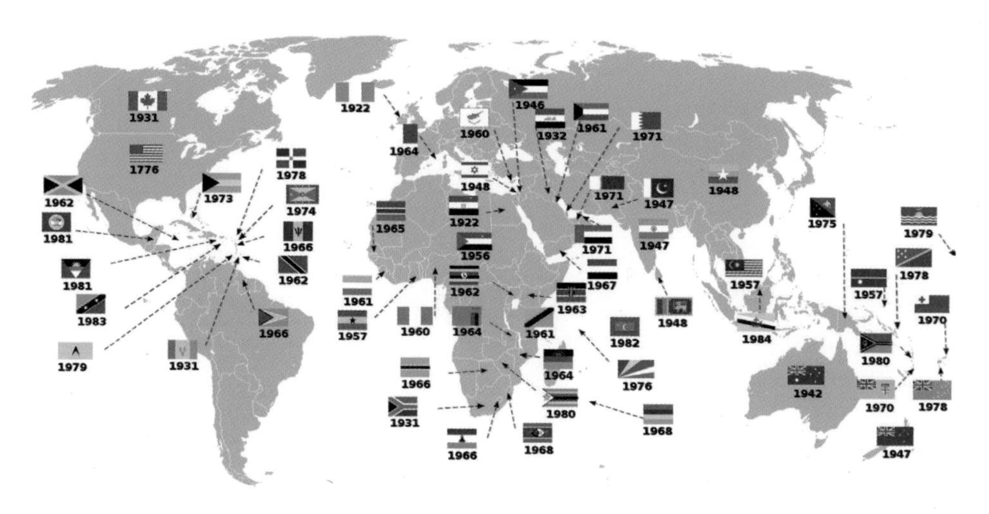


영국으로부터 독립한 나라들

• TEA TIME •

## 이스트 인디아 컴퍼니(EIC) 로열플러시 오피1

동인도회사의 로고

이 회사는 실제 역사 속의 대항해시대에 유럽 7개국에서 아시아의 무역을 독점하기 위해 세워진 동인도회사(東印度會社, East India Company, EIC 1600~1874)는 아니다. 인도인에 의해 영국에서 재탄생되었다는 차 회사다.

1954년 엘리자베스 여왕의 실론 섬 방문

동인도회사의 이름은 무역 회사지만 회사의 수장이 식민지 총독을 겸하였으므로, 현대의 무역 회사와는 성격이 전혀 다르다. 특히 아시아 지역의 무역을 완전 독점하고, 회사 영토 내에서의 사법 및 치안권은 물론, 제한적인 외교권 및 군사행동권(현지 용병을 고용 등)까지 갖고 있는 사실상의 총독부였다.

영국 홍차에 Royal이 붙기 위해서는 왕실의 인증(Warrant)이 있어야 한다. 이 차의 로열 인증은 무척 흥미롭다.

엘리자베스 2세 여왕과 그녀의 남편 필립공이 1952년 대관식 후 6개월에 걸친 영연방국 월드투어를 시작하였다. 1954년에 영국의 식민지였던 실론, 지금의 스리랑카에 도착한 필립공은 누와라엘리야 지역에 있는 Pedro 다원을 방문하여 기념 차나무를 심었고, 2012년 엘리자베스 여왕의 재위 60년이 되는 기념식인 다이아몬드 주빌리(Diamond Jubilee)의 공식 왕실 만찬에 차를 제공하는 회사로 선택된 이 회사가 아주 특별한 차를 내놓게 된다. 그것은 바로 60여 년 전 필립공이 심었던 차나무에서 자란 찻잎으로 만들어진 차, 바로 로열 플러쉬 OP1이다.

Royal Flush OP1은 실론을 베이스로 한 미디움 바디의 부드러운 홍차다. 밀크를 넣지 않고 즐길 수 있는 편안한 홍차다. 퀸 엘리자베스 2세와 필립공이 월드투어로 실론섬에 도착하여 의식을 진행하는 흑백사진이 틴에 인쇄되어 있다. Orange Pekoe(OP)는 차나무에서 채엽하는 찻잎 중 두 번째 크기로 달린 어린잎이라는 것(가장 어린잎이자 최고 등급의 차에 주로 쓰이는 FOP, 다음이 OP, P, PS, S 순서로 명명한다.) FOP(Flowery Orange Pekoe)의 경우 차나무의 가지마다 나는 새로운 싹과 첫 번째 잎으로서 퀄리티를 증명하는 잣대이다. 고급차일수록 이런 어린잎과 가지들만이 포함되기 때문이다.

Royal Flush OP1

수색은 정말 곱다. 우디(woody)한 향, 구운 듯한 곡물 냄새, 낙엽향이 강렬하다. 혀를 조여오는 수렴성에 빠르게 입안 전체가 탄닌으로 가득 차 버린다. 팽팽한 긴장감 속에서도 시원함이 느껴진다. 로열플러시 OP1은 누와라엘리야 고지대에서 억센 바람을 이긴 실론 찻잎의 맛을 그대로 전하는 듯하다.

– 〈티마스터 최은미〉

Party.10

# 하늘의 향기를 듣다 문천향 (차와 오감)

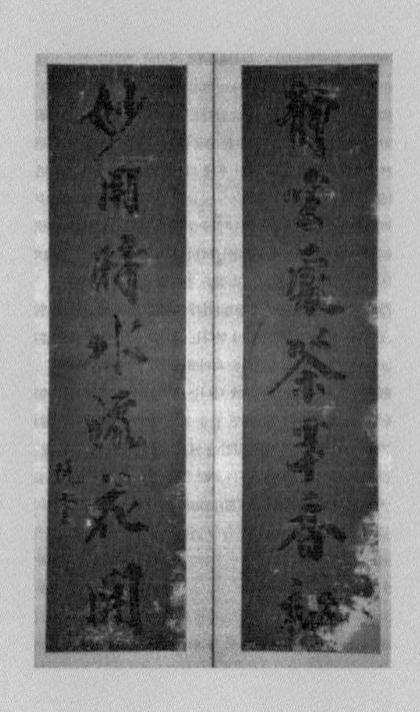

'고요히 앉은 곳, 차 익어 향 오르고, 묘한 작용이 일 때, 물 흐르고 꽃 피네.'[48] 추사 김정희의 대련(對聯)으로 잘 알려진 문장이다. 이 시는 일반적인 한시의 구문과 달리 3 · 4로 끊어 읽는다. 정좌처(공간)와 묘용시(시간), 다반과 수류, 향초와 화개가 아름답게 서로 대칭을 이룬다.

차는 즐겨야 한다. 차는 오감, 색·향·미·형·촉으로 즐긴다. 차를 즐기는 일은 바로 내 몸의 5감(五感) 회복에서 출발한다. 다구와 찻물의 다양한 색감을 눈으로 즐기고, 코로 향기를 느끼며, 찻물이 혀 안에 노닐며 전해주는 다섯 가지 맛의 자극에 희열을 느낄 수 있어야 한다. 나아가 혀에 닿는 찻물의 촉감과 귀로 들리는 물 끓는 소리, 찻물 따르는 소리에 오감을 집중하다 보면 문득 깨달음의 오묘한 시간(妙用時, 묘용시)에 도달할 수 있을 것이다.

그런데 왜 우리는 오랫동안 5감의 즐거움인 차를 즐기지 못했을까? 바로 500년 동안 우리의 일상을 지배해온 유교적 이데올로기 때문이다. 정확하게는 성리학적 사고의 틀 때문이다. 성리학적 사회에서는 리(理)를 거스른다고 판단되는 모든 것들은 비리(非理)란 이름으로 배척되었고, 정복당했거나 열등한 것으로 폄하되어왔다. 리(理)를 거스르는 것은 바로 감각기관을 통해 즐거움, 오감이다. 성리학 아래서는 리(理)를 거스르는 욕망이나 본능, 감정적인 것, 감각적인 것들을 표현하거나 누리는 것은 점잖지 못한 것이고, 고상하지 못한 비천한 것이었고, 심지어 죄악시되는 것이었다.

성리학에서 격물치지(格物致知)를 중요하게 말한 것은 선천적인 아이큐(IQ)를 중요시한 것으로 이해된다. 이치에 밝으면 도덕성도 밝다고 본 것이다. 같은 뿌리의 유학이지만 양명학에서는 오감의 작용을 중요하게 보았다. 양지, 혹은 덕성으로 개인의 자연스러운 감성 표현을 들었다. 아이큐보다는 이큐(EQ)가 높아야 한다고 본 것이다. 차 마시는 일은 아이큐(IQ)를 높이기 위한 행위가 아니라 이큐(EQ)를 높이는 일이고, 이큐(EQ)로 즐기는 일이어야 하는 것이 아닐까?

---

**48** 靜坐處茶半香初, 妙用時水流花開(정좌처다반향초, 묘용시수류화개)

# 01

## 차의 향기는 듣는(聞) 것이다

허신(AD 58년~147년)의 《설문해자》에는 '향(香)'은 방향(芳)이라 하였으며, 《춘추전》에는 향이란 곡식에서 나는 향기라고 하였고, 《설문해자주해》에는 '곡식이 술이 되면서 나는 냄새가 향이다.'라고 하여 삶을 영위하는 데 가장 기본적인 요소인 음식에서 나는 냄새를 향이라고 이해하였다. '향'은 좁은 의미로 맡기 좋은 냄새를 지칭하기도 하였지만, 넓은 의미에서 '향'은 사물의 발산된 기(氣)를 지칭하는 것이었다.

8세기 충담이 경덕왕에게 차를 끓여 올렸는데 '독특한 향기가 그윽하게 풍겼다(異香鬱烈)'는 기록이 《삼국유사》에 전한다. 경덕왕이 맡은 이 짙은 향기, 욱열(鬱烈)한 향을 맡는 것은 바로 후각이라고 알고 있다. 후각은 감각기관 중 가장 기억력이 뛰어난 기관이다. 모든 동물에게 후각은 꼭 필요한 기능이자 생존에 있어 가장 중요한 기관이다. 연어나 거북이가 산란을 위해 자기가 태어난 장소로 이동하는 것은 그곳의 물 냄새를 정확히 기억하기 때문이라고 한다.

하지만 차는 코만으로 느끼지 않고 오감으로 감지한다. 인체의 다섯 가지 감각은 외부와의 의사소통 시스템으로 이해된다. 오감이 우리 생활에 얼마나 큰 영향을 끼치는 지는 말할 필요조차 없다. 시각이나 청각은 물론 냄새를 맡지 못하고 맛을 느끼지 못한다면 삶의 즐거움이 없어진다. 눈으로도 차를 마시는 셈이고 코로도 마신다. 은은하게 배어나는 향기로도 차를 음미한다.

오래전부터 인류는 향기를 신으로부터 받은 것으로 생각해서 종교적 의식에 향을 사용함으로써 신과 소통했다. 향기는 하늘로 올라가고 하늘로부터 온다. 카인과 아벨은 번제를 통해 하느님께 제를 올렸고, 고대 이집트의 미라나 중국의 마왕퇴 무덤에서도 향을 통해 사자와의 연결을 도모했음을 알 수 있다.

하지만 유교는 현실적이었다. 《논어》의 〈술이편〉에 자불어괴력난신(子不語怪力亂神)이란 말이 있다. 공자께서는 괴력난신에 대해 언급하지 않았다는 말이다. 괴력난신이란 '초자연적인 것'이고 평상적인 인간적인 일, 상덕치인(常德治人)의 반대의미다. 공자는 누구보다 합리적이고, 점성술과 같은 미신에 대해 냉철한 시각으로 비판하였으며 이에 현혹되는 우매함에 대해 오히려 예절을 지키라고 하였다. 공자는 제자 자로가 귀신을 섬기는 일에 대해 묻자, "내 주변도 섬기지 못하는데 어찌 신을 섬길 수 있겠는가?"라고 답했다. 눈에 보이지 않는 것에 대해 언급하는 것은 부적절하다고 보았던 것이다. 유가적 전통에서는 눈에 보이지 않는 향(香)을 표현하거나 드러내는 것도 상덕으로 보지 않았다. 향을 여섯 가지 욕정 가운데에 넣어 작위적인 것으로 이해하려 했다. 하지만 차를 즐길 줄 아는 사람들은 정성을 다해 우린 차를 마신 후 답례로 '차가 맛있습니다.'라고 하지 않고 '차향이 참 좋습니다.'라고 말한다. 차는 향으로 먼저 다가오기 때문이다.

차의 신선이라고 불리는 매월당 김시습(金時習: 1435~1493)의 다시를 한 수 들여다 보자

> 이슬 반짝이는 새싹 차 가득 따고, 물 한 가운데 화덕을 놓네.
> 활활 타는 불 소리 들으며 달이자니, 문득 하늘의 향기 들리네.[49]
>
> – 〈다조(茶竈)〉

의병장 조헌의 제자인 인봉 전승업(全承業: 1547~1596)도 차향을 하늘의 향기로 묘

---

**49** 采采金露芽 竈在水中央 聊以活火煎 便覺聞天香

사하였다.

> 온몸에 하늘의 향기 감돌아,
> 외로움과 답답함 다 걷히고
> 번뇌의 괴로움도 모두 소멸하네.[50]
>
> – 〈다창위부(茶槍慰賦)〉

여기서 하늘의 향기는 인간 세상에서 맡을 수 없는 절대의 오묘한 향이니 우주 진리에 대한 깨달음으로 해석할 수도 있을 것이다. 차나무가 하늘의 기운과 땅의 기운을 머금고 자란 영물이기에 차향은 하늘의 향기로 묘사되었다고 생각된다. 옛사람들은 차향뿐 아니라 모든 향기를 하늘에서 온다고 생각했다. 향은 기(氣)로 발산되기 때문이다. 한의학에서의 기미(氣味), 혹은 성미(性味) 개념을 보면, 모든 만물은 하늘에서 기(氣)를 받고, 땅에서 미(味)를 받는다고 한다. 하늘에서 받은 것은 양(陽)으로 가고, 땅에서 얻은 것은 음(陰)으로 간다. 한의학적으로 볼 때, 모든 본초(本草)는 하늘과 땅의 영향을 받은 만물의 일부이기에 인체에 들어가서 기(氣)의 흐름을 조절하는 특성을 가진다고 이해할 수 있다. 《신농본초경(神農本草經)》에는 "향은 기운을 바르게 한다. 바른 기운이 몸에 가득 차게 되면 삿된 것이나 오염된 것들이 사라진다."[51]라고 했고, 《황제내경 소문(黃帝內經 素問)》에서도 "향(五氣)은 코를 통해 인체에 들어오지만 잘 조화를 이루면 얼굴빛도 좋아지고, 음성이 낭랑해진다."[52]고 하여 향은 하늘의 기운으로 정신건강에 도움이 된다고 보았다.

차의 향기는 '맡는다'고 하지 않고 '듣는다(聞)'고 한다. 여기서 향기를 듣는다는 문(聞)은 말소리를 소리를 듣는다(聽)와 다른 단어다. 향기를 어떻게 귀로 듣지? 처음

---

**50** 渾體天香 孤悶旣除 煩鼓消亡

**51** 香者氣之正 正氣盛則除邪辟穢也

**52** 五氣入鼻 藏於心肺 上使五色修明 音聲能彰

듣는 사람은 문향이란 단어를 시적이고 멋진 표현이라고 이해한다. 조주식 공부차에는 문향배(聞香杯)란 잔이 있다. 바로 차를 마시는 잔이 아니라 향기를 즐기기 위한 전용 잔이다. 문향배는 일반 잔보다 몸통이 길고 좁아 잔 안에 향을 가두기에 유리한 구조로 되어있다. 문향의 문(聞)은 오감을 통해 느끼는 일차적 감각의 단계를 넘어서서 이해하고 인식하게 되는 깊이 있는 느낌을 의미한다. 문(聞)은 그냥 청각을 통해 들리는(聽) 것을 넘어 들어서 깨달아 아는 것이다.

향기를 듣는 잔, 문향배 聞香杯

견문(見聞)이란 말과 시청(視聽)이란 말이 다르다고 이해하면 쉽다. 시청은 깊은 생각이 필요하지 않다. 그냥 보고 듣는 것이고, 견문은 객관적인 사물을 잘 관찰하여 이해하고 인식한 것을 말한다. '향을 듣는다'는 것은 단순히 코로 향을 맡는 것이 아니라 후각으로 감지된 향을 뇌로 인식하여 어떤 이미지로 승화시켜 알게 되는, 인지된 깨달음의 단계를 의미한다고 할 수 있을 것이다. 그래서 차의 향기는 하늘에서 오는 것이고, 코로 맡는 것이 아니라 듣는 하늘의 기운이다.

• TEA TIME •

## 차의 샴페인, 다즐링

'홍차의 샴페인'이라는 별명을 가진 다즐링 홍차는 북인도의 히말라야 고산 다르질링 지역에서 생산되어 다르질링이라고도 불리는 홍차다. 하늘에 가장 가까운 다원으로 하늘의 향기를 품은 고급 홍차의 대명사다. 세계 3대 홍차 중 하나로 꼽히는 것은 영국이 중국의 차나무를 가져다, 아니 훔쳐다 처음으로 재배에 성공한 지역이기 때문일 것이다. 다즐링이란 말은 티벳어로 'Dorjeling', 즉 번개와 천둥이 치는 곳이라는 말이란다. 해발고도 2,000m 이상 고지대에 위치한 관계로 기온차가 크기 때문에 찻잎을 따는 시기에 따라서 차의 등급이 나뉜다.

고도가 높지만 위도가 낮아 우리나라와 달리 겨울에 눈이 내리지 않기 때문에 거의 1년 내내 수확이 가능하다. 3월 초순에 가장 먼저

수확한 것을 다즐링 퍼스트 플러시(Darjeeling First Flush), 우리말로 첫물차다. 5~6월에 수확한 다르질링 세컨드 플러시 (Darjeeling Second Flush), 7월에서 9월 사이는 장마철에 생산되는 몬순 플러시(Monsoon Flush), 9월에서 11월 중순까지 생산되는 다즐링을 오텀널 플러시(Darjeeling Autumnal Flush)라고 부른다.

첫물차는 아주 부드럽고 상쾌한 떫은맛이 특색이다. 향이 뛰어난 유럽 포도인 머스캣처럼 달콤하면서 푸른 사과 향이 난다. 두물차는 이른 봄의 퍼스트 플러시보다 홍차다운 떫은맛은 좀 더 강하지만 향은 좀 떨어진다. 호박색의 수색을 보여준다. 우기의 여름 차는 생산량은 제일 많지만 맛과 향에서 섬세함이 부족하다. 가격 또한 저렴해 보통은 티백제품으로 많이 사용된다. 가을차는 떫은맛이 진하고 과일 향이 나는 것이 특징으로 낙엽 냄새에 가까운 향이 나며 구릿빛의 짙은 수색으로 가장 홍차답기에 특별히 사랑스럽다.

다즐링 지역에는 약 87개의 다원이 있다. 다원은 일정한 면적의 차 밭과 여기서 생산되는 찻잎으로 차를 만드는 티 팩토리(Tea Factory)로 구성되어 있다. 다즐링 지역 홍차생산의 최소단위라고 볼 수 있다. 1850년대부터 설립되기 시작했으니 많은 다원들이 이미 170년 전후의 역사를 가지고 있다고 하겠다.

특별히 푸심빙(pussimbing) 다원에서 생산된 다즐링은 매혹적인 오렌지색 차탕과 함께 신선한 허브향, 우디한 자연의 숲속 향기를 입안 가득 선사한다. 아쌈이나 스리랑카의 홍차들과는 결이 다른 히말라야의 향기가 가득한 다즐링 푸심빙은 언제나 후회없는 최상의 선택이다.

– 〈티마스터 김종분〉

## 02
# 금염금색(禁染禁色) 시대의 차

차는 오감으로 즐긴다. 특별히 색·향·미를 이야기 하는데 언제나 색(色)을 앞세운다. 시각이 먼저다. 눈으로 보는 것이 우선이다. 색(色)이란 것이 꼭 시각적인 자극만을 이야기하는 것은 아니다. 백문이불여일견(百聞而不如一見)이란 말을 생각해보자. '백번 듣는 것보다 한번 보는 것이 낫다.'는 말이다. 감각기관 가운데 시각이 가장 압도적인 위치를 차지한다는 말로 눈으로 보는 시각의 비중이 가장 크다는 말이다.

냄새를 맡거나 소리를 듣기 위해서는 그곳에 일정한 시간을 머물러야 하지만 눈으로 보는 것은 아주 짧은 시간이어도 좋다. 눈으로 보이는 세상은 정보가 넘친다. 인간이 외계로부터 정보를 입수하는 경로는 시각기관 이외에 청각, 촉각 등 여러 감각기관이 있으나, 시각기관을 통하여 입수하는 정보가 전체 정보량의 70% 이상이라고 한다.

처음 만났을 때 형성되는 이미지. 첫인상이 미치는 효과를 초두효과(첫인상 효과, Primary effect)라고 하는데, 캘리포니아 대학교 심리학과 교수인 알버트 메라비안은 첫인상에 있어서 시각적인 요인이 55%, 언어적인 요소가 7%, 목소리 등 청각적인 요인이 38%를 차지한다고 밝혔다. 즉, 사람의 만남에서 첫인상의 시각적인 요소가 가장 중요하게 작용한다는 것이다.

흔한 표현 가운데 '기왕이면 붉은 치마, 동가홍상(同價紅裳)'이란 말로 보면 우리도 시각적인 느낌에 높은 가치를 부여해 왔다고 보인다. 외국어로 번역하기 어려운 우리말의 다양한 색감표현의 다양성에서 보이 듯, 한국인은 다른 민족에 비해 오감의 즐거움 가운데 시각적 즐거움을 중요하게 여겨왔으리란 생각을 하게 된다.

하지만 성리학의 나라 조선에서는 우주의 원리, 특히 방향과 신분으로 정해진 오방색[53] 이외의 색을 표현하거나 드러내는 것은 불경스런 일이었다. 황·청·백·적·흑의 5가지 색 사이에 낀 사이색은 잡색으로 여성적이며 어두운 음(陰)의 기운에 해당하는 색으로 생각되어 배척되었다.

조선에서의 색은 신분 계급뿐 아니라 특별한 우주 운행의 의미를 상징하고 있었다. 조선의 서민들은 비싼 염색 옷을 입을 수도 없었고, 상민은 금염금색(禁染禁色) 제도의 틀 속에서 색이 없는 백색을 강요받았다. 고문헌에는 색의 명칭이 104가지나 된다고 하지만, 순수한 우리말은 오방색의 정색을 표현하는 빨강, 파랑, 노랑, 하양, 까망 이외에는 존재하지 않는다. 나머지 색 이름은 '빛'이나 '색'자를 붙인 조어라는 것을 보아도 우리가 얼마나 틀 속의 색만을 강요받았는지 짐작할 수 있다.

색의 표현에 인색했던 것은 조선만의 일이 아니다. 1990년대 '이제 시각의 시대가 온다.'며 '즐거운 사라'를 노래하던 한 교수는 형무소살이를 해야 했고, 2017년 비극적으로 인생을 마감했다. '즐거운 사라'의 일본어 번역본은 일본에서 아무 문제없이 베스트셀러가 되었다. 우리 사회에서 색(色)의 개념은 형이하학이요, 색을 노래하는 것은 오랫동안 금기사항이었다.

빛 색(色)이란 글자의 원래 뜻은 성애 과정에서 나타나는 흥분된 '얼굴색'이며, 이로

**53** 오방색(五方色)이란 오행사상을 상징하는 색을 말한다. 오행사상에서 유래되었으며 방(方)이라는 말이 붙은 이유는 각각의 빛들이 방위를 뜻하기 때문이다. 파랑은 동쪽, 빨강은 남쪽, 노랑은 중앙, 하양은 서쪽, 검정은 북쪽을 뜻한다.

부터 '성욕'과 성애의 대상인 '여자', 나아가 정신의 혼미함 등을 뜻하게 되었기 때문으로 보인다. 성리학적 이데올로기 속에 살아온 우리 사회에서 색의 표현은 오랜 기간 부정적 의미로 각인될 수밖에 없었던 것이다. 금염금색의 시대에 다양한 색상의 표현은 금기의 벽을 깨는 것이었다. 차를 오감으로 즐기지 못하고, 차의 탕색을 감각적으로 표현하고 누리는 것에 인색할 수밖에 없었던 이유가 바로 여기에 있었다.

• TEA TIME •

## 장미의 유혹, 잉글리시 로즈(ENGLISH ROSE)

만사가 귀찮은 아침 별생각 없이 차 통을 열었다. 순간 풍겨오는 꽃향기에 처음 뚜껑을 열고 향을 맡았던 기억이 떠올라 잠시 그날을 회상했던 적이 있다.

가끔 처음 블렌딩을 생각해낸 사람은 어떤 사람이었을까 하는 생각이 든다. 처음 가향차가 탄생했을 시점 서양에서 차는 귀했고 귀족들만이 즐길 수 있는 상류층 문화였다. 먼 동양에서 배를 이용해 차를 들여오면서 가장 아쉽게 생각했을 부분이 동양에서 처음 즐겼던 차의 향을 그대로 즐길 수 없었다는 점이 아니었을까 싶다. 향이 다 날아 가버린 찻잎에 기억하고 있는 향 한두 방울 그리고 아름다움을 더하는 꽃과 말린 과일을 넣어 맛보지 않아도 다른 사람을 사로잡을 수 있도록 한 그때의 노력이 지금의 가향차들을 탄생시키지 않았을까.

우리나라에서는 대부분 장미를 관상용으로 사용하지만, 서양에서는 장미 잼, 장미 젤리, 장미 케이크 등 여러 가지 요리에 장미를 활용하곤 한다. 또, 화장품, 향수, 오일 등 여러 가지 뷰티 제품에도 장미를 활용한다. 실제로 장미에는 비타민 C, 베타카로틴, 폴리페놀, 세라토닌 등 건강을 유지하는 데 도움을 줄 수 있는 다양한 성분들이 존재한다. 개인적으로 주목하고 싶은 성분은 세라토닌이다. 세라토닌은 생활에 대한 활력과 만족을 주며 기분이 울적한 것을 완화 시키고 스트레스를 해소하는 데 도움을 주는 물질이지만 식품을 섭취하는 방법으로만 얻을 수 있다고 알려져 있다. 직접 장미를 섭취하지 않고 꽃의 향을 맡는 것만으로도 스트레스를 완화 시키고 안정감을 줄 수 있다고 한다. 본인도 모르게 기분이 요동치는 갱년기 시기에 여러 가지 방법으로 장미를 즐기는 것을 추천한다. 잠깐의 향기로운 휴식시간은 기분을 가라앉히고 울적한 생각을 덜어낼 수 있는 전환의 시간이 될 수 있을 것이다.

오후 3시 조금은 나른하고 무기력한 시간, 오전의 무기력함과 스트레스를 해소하고 활기찬 오후를 보내고 싶다면 영국 위타드(Whittard)사의 잉글리쉬 로즈(English Rose) 한잔을 추천한다. 차 통의 뚜껑을 여는 순간 향기로운 장미 향이 공간을 가득 채운다. 보라색과 노란색이 자연스럽게 어우러진 장미 봉우리와 카카오 색의 찻잎이 어우러져 차 통을 여는 것만으로 장미 정원에 서 있는듯한 기분이 든다. 곶감 빛의 맑은 탕색을 음미하다 보면 진한 장미 향에 자칫 공허하게 느껴질 수 있는 빈자리를 홍차의 쌉쌀함이 슬며시 채워 오는 것을 느낄 수 있다. 향기로운 차 한 잔을 즐긴 후 차를 담았던 컵의 향을 느껴보기를 추천한다. 처음 느꼈던 진한 장미 향과는 다르게 은은한 일랑일랑의 향을 느껴볼 수 있을 것이다. 향긋한 티 타임을 위해 찻잎 3g, 장미 한 봉오리에 95℃, 300mL의 물로 2분간 우려내는 것을 추천한다. 조금 더 진한 차 맛을 느끼길 원한다면 3분간 우려내는 것도 좋다.

이 외에도 장미를 이용한 다양한 차들이 판매되고 있다. 장미의 강한 향 보다 홍차의 맛을 즐기고 싶다면 포트넘 엔 메이슨(Fortnum&Mason)의 로즈포총(Rose Pouchong)을 추천한다. 묵직하고 달큰한 포총차의 맛에 은은한 장미 향을 즐길 수 있는 또 다른 매력의 차이다. 홍차의 쌉쌀한 맛이 싫다면 포숑(Fouchon)의 로즈 애플티(Rose&Pomme)를 추천한다. 홍차와 사과의 상큼한 조화에 이어 살짝 스치는 장미 향으로 마무리할 수 있다. T2의 Just Rose는 오롯이 장미 그 자체를 즐길 수 있으며, Green Rose는 장미와 망고, 파파야가 이루는 장난스러운 향의 차 한잔을 즐겨 볼 수 있다.

– 〈티마스터 손현아〉

# 03

## 차의 맛은 MSG?

사람의 미각이 감지하는 맛이란 전통적으로 오미를 이야기한다. 우리가 느낄 수 있는 기본 맛으로는 단맛, 쓴맛, 신맛, 짠맛, 감칠맛의 5가지가 있다. 즉, 우리가 느낄 수 있는 맛은 5가지만 있으며, '바닐라 맛', '사과 맛', '딸기 맛'과 같은 것은 맛이 아니라 코의 후각상피에서 느끼는 향이다. 그래서 맛은 향의 지배를 받는다고 한다. 결국 우리가 느끼는 '맛'의 80% 가량은 후각이 담당한다. 후각이 정상이 아니라면 맛 역시 정상적으로 느낄 수 없다. 맛없거나 쓴 음식이나 약을 먹을 때 코를 부여잡고 먹는 것도 이 때문이다.

맛있는 차란 어떤 차일까? 차의 맛을 옛 사람들은 달다, 감(甘)으로 많이 썼다. 제호(醍醐), 감로(甘露)에도 비유했다. 맛있는 차는 단맛이 풍부한 차다. 단맛은 쾌감을 주어 에너지가 풍부한 당분을 많이 섭취하도록 만든다. 인류 역사상 칼로리가 많은 음식은 대체적으로 보기 힘든 물질들이었고, 이에 따라 사람의 미각은 칼로리가 높은 음식들의 맛을 선호하게 되었다고 본다. 바로 '달다' '구수하다'라고 표현되는 맛이다. 인류가 선호하는 맛은 구체적으로는 당이 높은 음식과 지방이 많은 음식이다.

5미 가운데 '감칠 맛'은 늦게 발견, 혹은 제일 늦게 분류 되었기에, 옛사람들에게는 감칠맛도 단맛으로 이해되었을 것으로 생각된다. 감칠맛은 식욕을 당기는 맛이며, 고기 맛(영어로 meaty 또는 savory)이라고 표현된다. 이는 치즈나 간장, 그리고 이외의 여러 가지 발효식품에서 느낄 수 있으며, 이 맛은 해산물과 콩류에서 많이 느낄 수 있다.

동양 음식에서는 감칠맛이 중요하게 여겨져 왔으며, 1908년 일본의 과학자들이 처음으로 언급하였다. 감칠맛은 단백질이 풍부한 음식을 섭취하도록 돕는다. 향미증진제인 MSG는 강한 감칠맛이 난다. 좋은 차, 혹은 어린 싹으로 만든 차에서는 MSG의 감칠맛이 많이 난다. 감칠맛, 단맛이 차의 본질이다.

《만보전서(萬寶全書)》에서서도 '차의 맛은 달고 윤기 나는 것으로 으뜸을 삼고, 쓰고 먹기 거북한 것은 하등이다.'[54]라고 했다.

조선조 이덕리(1725~1797)의 《동다기》 본문에도 우리 차의 맛에 관해 언급한 내용이 있는데 "차는 고구사(苦口師)니 만감후(晩甘侯)니 하는 명칭이 있다. 차는 맛이 달아 감초(甘草)라고도 하는데 혀로 핥으면 단맛이 난다."고 했다.

모두들 차의 단맛을 사랑했다고 할 수 있다. 성리학을 완성한 남송의 유학자 주희(朱熹: 1130~1200)는 차의 단맛에 철학적 의미를 부여했다. 주희는 차를 진하게 마시기를 즐겼다고 한다. 바로 쓴맛, 고미(苦味)를 당연하게 받아들였다. "단것을 마시면 반드시 신맛이 남고, 쓴 것은 도리어 단맛을 남긴다. 차는 본래 쓴 것이니 먹고 나면 달다."라며 이것이 바로 사람이 사는 이치, 도리라고 했다. 세상살이 인생길에서 열심히 살다보면 근심과 고생이 닥치지만, 마침내 안일과 즐거움으로 끝맺게 되니 리(理)이고 화(和)가 온다는 것이다.

주희는 젊어서 술을 끊고 차로 덕을 쌓았다는데, 조선의 성리학자들을 차를 버리고 광약(狂藥), 술을 택했다. 유교의 기본 이론은 '본성을 따르는 것'이고 바로 도(道)라고 말하는 것이었다. 여기서 더 나아가 사람이 하늘로부터 받은 본성을 잘 따르는 것을 '도리(道理)'라고 한다. 바로 솔성지위도(率性之謂道)는 《중용(中庸)》의 가치이다.

---

**54** 味以甘潤爲上 苦滯爲下

하지만 조선의 성리학자들은 본성을 따르지 않고, 옛사람들이 벌성지광약(伐性之狂藥)이라며 경계한 술을 소통의 수단으로 선택함으로써 역사를 거슬렀다. 술의 폐해를 절감하고 있던 영조임금은 제사에 예주(醴酒)를 쓰라는 전교를 내렸다. 영조 31년의 일이다. 예주는 감주(甘酒), 즉 단술이다.

• TEA TIME •

## 모로칸 민트 티(Moroccan mint tea), 아타이

모로칸 민트 티는 모로코를 비롯한 마그레브 지역에서 마시는 전통차라고 한다. 마그레브는 아랍어로 "해가 지는 지역" 또는 "서쪽" 이란 뜻의 Al-Maghrib라는 단어에서 유래한다. 대체로 오늘날의 북아프리카 지역, 즉, 모로코, 알제리, 튀니지를 아우르는 지역을 말한다. 지도를 보면 연 강수량 500mml 이하의 건조지역이다. 건조기후에서는 강수량보다 증발량이 많아 식생이 자라기에 불리하므로 주로 사막이다. 낮에는 태양이 작열하고, 밤에는 기온이 0℃ 가까이 뚝 떨어져 낮과 밤의 기온 차가 무려 30~40℃에 이른다.

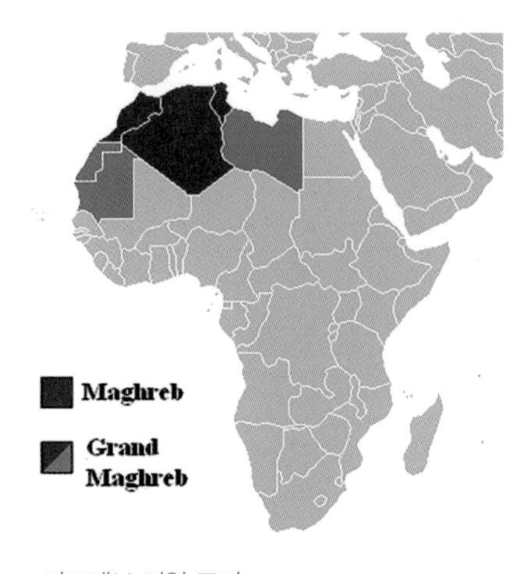


마그레브 지역 표기

따뜻하고 달콤한 차나 커피같은 음료가 없다면 작열하는 태양 아래의 증발량과 차가운 밤을 이기기 어려울 것이다. 더구나 이 지역은 전통적으로 술을 마실 수 없는 무슬림 지역이 아닌가.

이 마그레브 지역에 가장 인기 있는 차는 향이 강한 중국 녹차에 설탕과 스피아민트 잎을 넣어 끓이는 아타이, 바로 모로칸 민트 티이다.

녹차는 돌돌 말린 중국의 '건 파우더'를 쓰는데 모양이 꼭 옛날 화약같아서 그렇게 이름을 붙였다고 한다. 모로코에서는 이 민트 티를 만드는 일은 남자들이 한다. 마그레브에선 손님이 왔을 때 집안의 가장이 민트 티를 우려서 대접하는데, 사양하면 무례하다고 여기니 2잔 정도는 마셔줘야 예의라고 한다.

모로코의 1인당 차 소비량은 4~5위를 할 정도로 상당히 높다. 아니, 정말 엄청난 소비량이다. 오히려 5위 안쪽으로 동아시아 국가는 하나도 없다. 모로코에 차가 들어온 것은 18세기 영국과의 교역을 통해서다. 모로코는 아프리카 사막지대의 기후 영향으로 무덥고 비가 적게 내려서 소나 양고기가 주식이다. 그래서 과일이나 채소의 섭취가 부족하여 그 영양을 보충하기 위해 차를 많이 마신다고 볼 수 있다. 또 이슬람 이란 종교 관계로 술을 마실 수 없으니 그 소비는 더 늘어날 수밖에 없다.

특히 모로코에서는 영국의 영향을 받아 홍차를 많이 마실 것 같지만, 모로코 사람들은 민트티를 즐겨 마신다. 모로코인들은 깔끔한 맛의 민트차를 하루 종일 들고 다니며 수시로 마시는데 현지에선 '앗타이'라고 한다. 모로코의 길거리에는 카페가 굉장히 많은데, 카페 안에 손님들의 절반은 아타이를 마시고 있는 걸 목격할 수 있다.

모로코에서 차는 음료의 기능뿐만 아니라 사회적인 공동체에서 환영의 의미를 가지고 있다. 그래서 모로코에서는 언제나 차가 제공된다. 가정에는 물론이고, 카페, 호텔 등에서 항상 함께한다. 모로코의 어떤 사적인, 공적인 모임도 달콤, 상큼한 이 민트 티 없이는 완성될 수 없다.

– 〈티마스터 김종분〉

# 04
## 차의 소리 듣기

마음이 외로워지는 날엔
찻물을 끓이자
그 소리
방울방울 몸을 일으켜
솨 솨 솔바람 소리
후두둑 후두둑 빗방울 소리
자그락 자그락 자갈길 걷는 소리

– 하정심, 〈찻물 끓이기〉 중에서

차를 마심에 손수 물을 길어 찻물 끓는 소리를 즐기는 것은 큰 기쁨이 아닐 수 없다. 좋은 차일수록 차의 색, 향, 기(氣), 미(味)의 정령을 드러낼 수 있는 좋은 물이 있어야 한다. 차는 물의 신(神)이고 물은 차의 몸이라 했다. 차를 마시는 주체인 자신과 차를 다루는 전 과정이 일체가 되어야 하니, 물을 끓이는 일이 차 즐김의 시작이 아닐 수 없다.

육우의 《다경》에는 물을 끓이는 과정을 세 단계, 3비(三沸)로 나누어 설명했다. 어목(魚目 물고기 눈), 용천연주(湧泉連珠 물이 용솟음치며 구슬이 연이어 꿰어지는 모양), 그리고 등파고랑(騰波鼓浪 파도가 일며 북치듯 부글부글 끓는 모양)이다. 이 삼비를 넘어서면 물이 늙어버려 제맛을 잃게 된다고 했다. 주로 수포의 형태를 보고 물 끓이는 단계만을 설명했을 뿐 소리에 대한 청각적 묘사가 없었다.

장원의 《다록》과 초의선사가 초사한 《다신전》에서는 찻물의 끓이기의 흐름을 소리와 그 모습으로 구별하도록 했다. 바로 물을 솥에 끓임에 형변(形辨), 성변(聲辨), 기변(氣辨)의 세 가지 구별법으로 순숙을 만들어야 한다는 것이다.

형변(形辨)은 끓는 형태에 따른 구별법이다. 끓는 물의 기포가 새우 눈, 게눈, 물고기 눈, 구슬꿴인 맹탕의 형태에서 파도가 일 듯이 물이 솟구치는 순숙의 단계로 거치는 것이다

성변(聲辨)은 물이 끓는 소리를 듣고 구별하는 방법이다. '쏴아'하는 소리가 나는 초성, 둔탁하게 구르는 소리, 떨리는 소리, 솔바람과 전나무 잎에 비 내리는 소리다

세 번째 기변(氣辨)은 물이 끓는 기운, 즉 증기를 보고 구별하는 방법이다. 수증기가 한 가닥 피어오르고, 두 가닥, 서너 가닥 어지러이 피어오름의 순서에 따라 맹탕의 단계를 거쳐 수증기가 곧장 꿰뚫을 것 같이 위로 솟구치는 순간이 순숙의 단계에 이르는 것이다. 너무 끓여서 탕이 늙어버리거나 덜 끓여서 맹탕이 되어서도 안 된다.

선인들은 찻물 끓는 소리에 세밀히 귀 기울여 차가 익는 정도를 짐작했다. 철주자, 오지탕관, 돌솥은 각각 다른 소리를 냈다. 종이를 덮거나 뚜껑이 없이 끓이는 경우가 많아 지금보다 소리에 더 민감하게 반응했을 것이다.

> 게눈 지나 물고기가 눈이 생기고
> 솔바람이 부는 소리를 솨아솨아 내려 할 제
> 여기저기 맷돌에서 나와 잔 구슬 되어 떨어지고
> 어지러이 사발을 돌아 가벼운 눈 되어 날리더라[55]
>
> – 소식(소동파), 〈시원(試院)에서 차를 끓이며〉

---

**55** 蟹眼已過魚眼生 颼颼欲作松風鳴 蒙茸出磨細珠落 眩轉遶甌飛雪輕

성리학의 신봉자로 절개를 지키며 선죽교에서 쓰러진 여말선초의 포은 정몽주(1337~1391)는 대표적 다인이다. 〈돌솥에 차 달이며(石鼎煎茶)〉란 시를 보면,

나라 위해 한 일 없는 늙은 서생
차 마시는 일 벽이 되어 세상에는 뜻이 없다네
고요히 집에 누우니 눈바람 부는 밤이라
돌솥에서 나는 솔바람 소리, 즐겨 듣누나.[56]

-《포은문집(圃隱文集)》

차벽(茶癖: 차를 좋아하는 것이 너무 지나쳐 병이 됨)이 생겼다는 말은 그가 차 덕후(매니아)가 되었다는 말이다. 찾는 이 없는 고요함 속에 찻물이 끓는 맑은 소리, 혹은 솔바람 소리(松風)를 즐겨 듣는다는 것은 자연과의 합일을 말한다. 청각적 요소의 삽입으로 혼자의 생활이 적막하지만은 않다는 심경을 술회한다. 자연의 소리를 들으며 자연의 일부가 되었다는 아취와 풍류의 서정적 경지를 보여준다.

물을 끓이는 소리, 차를 달이는 소리를 선인들은 전다성(煎茶聲)이라는 용어로 표시했다. 예부터 문인이나 승려들은 찻물이 끓는 소리를 자연의 솔바람 소리(松風)에 많이 비유했다. 지렁이 소리와 빗소리, 대나무 바람 소리, 산골 물소리, 가는 빗소리, 생황이나 피리 소리 등 자연의 소리로 표현하기도 했다. 물 끓는 소리와 차 향기, 그리고 주와 객이 자연과 어우러져 펼치는 차의 세계가 추구하는 바는 바로 '내 마음의 자유로움(吾心自在, 오심자재)' 그 자체이었으리라.

---

**56** 報國無效老書生 喫茶成癖無世情 幽齋獨臥風雪夜 愛聽石鼎松風聲

•≡• TEA TIME •≡•

## 공예차(꽃차, 花茶)

색·향·미를 두루 즐기기에 적합한 차는 꽃차다. 꽃차는 크게 두 종류다. 100% 꽃으로만 만드는 순수한 꽃차. 그리고 찻잎과 꽃이 어우러진 화차다. 순수한 꽃차는 정확하게 차(茶 카멜리아 시넨시스)가 들어가지 않았으니 차라고 부를 수 없지만, 우리나라에서는 '차'의 범주에 넣고 '꽃차'라고 부른다.

찻잎과 꽃잎이 들어있는 차는 찻잎에 꽃의 향기를 입힌 차와 아예 찻잎 속에 꽃을 넣은 차가 있다. 명대 전춘년(錢椿年)이 저술한 《제다신보》에는 차를 만들 수 있는 꽃의 종류와 꽃을 따는 요령, 화차를 만드는 요령을 기록하고 있어 일찍부터 화차를 가공하고 있었음을 알 수 있다. 화차는 당대 말기부터 송대에 시작되어 원·명 시대에까지 발전되었고, 청대에 화향차가 상류층에서 유행하면서 오늘날의 화차로까지 발전되었다. 청나라는 유목민족인 여진족(17세기에 이르러 만주족이라고 부르게 됨)의 누르하치가 건국한 나라로, 청나라가 들어서면서 말리화 같은 꽃잎을 넣는 화차가 유행하기 시작하였다.

화차 가운데 꽃을 찻잎으로 잘 감쌌다가 물을 부을 때 꽃의 원형이 그대로 되살아나는 차를 특별히 공예차라고 한다. 품이 많이 가고, 가격도 비싸 일종의 예술 작품으로 여겨진다. 중국에서는 예로부터 귀한 손님들을 대접할 때, 말리화 공예차로 찻잔 속 공연을 선보였다. 포종차에 말리화를 섞어 만들어 내면 말리화차가 되고, 옥란화(목련)를 섞어 만들면 옥란화차가 된다. 이 밖에 화차를 만들 때 자주 이용하는 꽃으로는 카네이션, 계화, 자스민, 장미 등이 있다. 차의 맑은 맛과 꽃의 신선한 향기가 어우러지는 것은 기본이다. 뛰어난 시각적 효과로 여느 차와는 다른 독특한 분위기를 만들어내며 6대다류의 마지막, 재가공차로 분류된다. 기본적으로 차가 가지고 있는 효능을 거의 다 가지고 있으면서 독특한 남국의 꽃향기가 더해져 새로운 풍미를 자아낸다. 다만 화차에서는 꽃이 객(客)이고 차가 주인이다. 꽃을 감상하느라 시간을 길게 끌면 쓴맛이 많이 우러나는 단점이 있다.

우리나라에서는 야생의 꽃과 식물들을 차로 만드는 특색이 있다. 계절에 따라 산과 들에 피어나는 우리 꽃을 애호가들이 직접 만들거나 시중에 제품화되어 팔리고 있는 꽃차가 목련꽃차·생강나무꽃차·매화꽃차·메리골드꽃차·찔레꽃차·뚱딴지꽃차 등에 백화차 까지 있고 보니, 백종은 족히 넘어 보인다. 꽃차는 꽃잎 자체에 들어 있는 영양 성분 외에도 천연의 꽃향(아로마)이 우리 몸에 미치는 이완 작용은 매우 신비롭다. 아름다운 색과 좋은 향기는 혈관을 확장시켜 수많은 현대인이 안고 있는 심한 스트레스를 풀어주고, 우울증에도 도움을 준다.

꽃차는 만드는 과정부터 물에서 다시 태어나는 그 모습을 바라만 보아도 가라앉았던 기분이 상쾌해지고 슬픔까지도 정화되는 느낌을 준다. 한남대에서는 어르신의 치매 예방, 우울증 치료 프로그램으로 꽃차 만들기를 활용하여 '정신건강 증진'의 좋은 결과를 만들어내고 있기도 하다.

꽃차 자체로도 훌륭하지만 차와 특별히 잘 어우러지는 꽃이 있다. 하동 녹차와 우리의 토종 장미인 찔레꽃과의 조음(調飮)은 싱그러움과 단아함, 화려함의 조화가 극치를 이룬다.

– 〈티마스터 나옥희 〉

〈찔레꽃차〉

# 05

## 색향미구전(色香味俱全, sèxiāngwèi jùquán)

중국의 일상용어 가운데에는 '색향미구전(色香味俱全)'이란 말이 있다. 동작이 함께 하는 '동작의 언어'로 영어로는 썸스업(thums up), 우리말로는 '엄지척'이라고 할 수 있다. 아름다운 색에, 좋은 향기, 입안에서의 즐거운 맛까지 갖출 것은 모두 갖추었다는 이 말은 음식에 대한 칭찬에서 유래되었을 것이다. 하지만 지금은 어떤 일을 아주 잘 해내거나, 빈틈없이 완벽하게 해냈을 때도 어김없이 '엄지척'과 함께 '서향웨이 쥐췐'을 외친다. 이 말은 눈과 코와 귀를, 즉 모든 감각기관을 만족시킨다는 최고의 칭찬인 셈이다. 우리가 중국인의 찻자리에서 차를 마신 뒤, 감사의 표시로 '엄지척'과 함께 '서향웨이 쥐췐'을 외쳐 주는 것은 훌륭한 매너가 아닐까?

양저우대학 요리학과의 주임교수이셨던 모교수로부터 중국 요리를 사사 받은 적이 있었다. 일주일 단위로 매번 한 가지씩 중국의 대표적인 요리를 배우는 과정이었는데, 하루는 각이 나게 다림질이 된 하얀 요리복을 입고 비장한 표정으로 천하제일의 요리를 전수하겠다고 나오셨다. 간단한 질문부터 수업이 시작되었다.

사부: "세계에서 가장 뛰어난 음식문화를 가진 나라는?"
학생: "당연 중국이죠."
사부: "중국의 4대 요리 가운데 가장 뛰어난 요리는?"
학생: "당연히 상하이 아니겠어요?"
사부: "상하이 지역에 가장 유명한 요리학교는?"

학생: "양저우대학이죠. 양저우대학은 요리계의 하버드로 통하던데요."

사부: "양저우대학의 가장 최고의 셰프는 누구일까?"

학생: "……"

사부: "바로 학과 주임교수인 나란 말이야. 내가 오늘 중국에서 최고의 요리란 이름을 가진 '천하제일채' 요리를 전수해 줄 테니까 잘 따라해 보세요."

위풍당당, 새까만 007가방을 열고 번쩍이는 요리 칼 세트를 펼치며 분위기를 압도한다. 중국 요리계의 최고는 곧 세계 최고인 셈. 이 세계 최고의 요리사가 '천하제일요리(菜)'를 선보이고 전수시켜 준다니…. 자못 기대가 크지 않을 수 없다. 현란한 솜씨로 닭 가슴살과 신선한 해물을 손질하고는, 달구어진 기름 팬에 누룽지를 풍덩! 넣어 튀긴다…. 튀겨진 누룽지 위에 닭가슴살과 해물을 넣어 만든 소스를 휘리릭 부으니 순식간에 멋진 요리가 만들어졌다. 헛, 그런데??? 이건 해물누룽지탕? 그냥 중국 음식점에서 우리가 시켜 먹던 누룽지탕과 별반 다를 것이 없는 모양새고 보니 다들 실망의 눈빛이다.

이때 천하제일 사부님의 스토리텔링이 이어진다. 이 누룽지탕이 바로 청나라 강희황제로부터 '천하제일채(天下第一菜)'라는 이름을 하사받은 음식이다. 청나라는 한족이 아니라 주변의 오랑캐인 만주족이 세운 나라였다. 당시 청나라는 30만 명의 만주족이 조직한 팔기군으로 1억 5천 명의 한족을 통치해야 하는 상황이었기에 강희제는 다수의 한족으로부터 지지를 얻기 위한 각고의 노력을 경주해야만 했다. 한인의 문화를 존중해주는 대규모 편찬사업을 추진했고 한족 인재들을 중앙 관리로 발탁하며 청나라의 번영을 꾀하였다. 강희제가 즐겨 쓰던 황제의 도장은 끝이 닳아있었다고 한다. 하루에 천개 이상의 서류를 결재했기 때문이란다.

또 강희제는 장수한 황제로도 유명하다. 8세에 황제가 되어서 근 70까지(1661~1722) 살았으니 재위 기간만도 61년이나 된다. 중국의 역대 300여 황제 가운데 가장 길다. 재위기간 동안 강희제는 공식적인 일정 이외에도 민간복 차림으로 전국 방방곡곡을 누비며 잠행을 한 것으로 유명하다. 물론 전국 방방곡곡의 요리를 직접 맛보았을 것이고 이 세상의 진귀한 음식이라면 먹어보지 못한 것이 없다는 정력가였다. 그래서인지 중국에서 요리의 유래를 말할 때 빠지지 않고 등장하는 인물이 강희제다.

민심을 몸으로 직접 확인하기 위해 강희제가 상하이 북쪽의 강소성(江蘇省)을 잠행했을 때의 일이다. 황제 일행이 매화꽃이 만발한 매림(梅林)이란 곳에 이르러서는 아름다운 경치에 취해 있다 보니 그만 날이 저물었다. 황제를 위해 저녁식사를 준비하지 못한 수행원들이 당황해서 주변을 샅샅이 뒤졌으나 겨우 농가 한 채를 발견했을 뿐이었다. 허기가 진 황제 일행이 할 수 없이 농가에 들어가 먹을 것을 구하니 늦은 저녁 남아있는 것이라고는 말라서 비틀어진 누룽지뿐이었다. 변복을 한 강희제를 몰라본 농부의 아내가 허기진 모습이 불쌍했던지 곧바로 누룽지를 튀기고는 그 위에 뜨끈한 소스를 만들어 얹어서 대접했다. 허기로 뱃가죽이 등에 붙은 강희제는 순식간에 한 접시를 비우고는 이 누룽지 요리가 얼마나 맛이 있었던지 수행원에게 붓과 먹을 가져오라 명하여 '천하제일채(天下第一菜)'란 글을 남기고 훗날 포상하도록 했단다. 채(菜)란 요리라는 말이니 '천하에 가장 뛰어난 요리'라는 극찬인 셈이다.

헌데 당대 최고의 미식가가 단순하게 허기진 차에 맛있는 음식을 만나, 단순히 감사의 마음을 표현하고자 일필휘지, 중국 최고의 요리란 이름을 하사하였을까? 아니다. 우리는 여기서 강희제의 미학적 기준을 생각해볼 수 있다. 강희제에게 최고의 요리란 '인간이 가진 오감의 욕구를 모두 충족시킬 수 있어야 한다.'는 미학적 기준에 부합하여야 하는 것이다.

달구어진 철판 위에서 바싹 튀겨진 뜨거운 누룽지가 여러 해산물 재료가 어우러진 뜨거운 소스와 만나 "쏴아"하는 맛있는 소리를 내면서 고소한 향기가 방안에 가득해진다. 바로 시각적 아름다움, 좋은 향기, 좋은 맛에 청각적 즐거움(쏴하는 소리)과 촉감(튀겨진 누룽지의 바삭바삭한 식감)까지 보태져야, 인체의 모든 감각기관(오감)을 만족시키는, 최고의 요리가 탄생하는 것이다.

사부님의 사족: '천하제일'이란 이름은 강희제가 단순히 요리가 맛이 있어 붙인 이름이 아니라 이 지역 장수성의 지역적 특성을 고려한 이름이란다. 육우의 《다경(茶經)》이란 책에서 이곳 '전장(鎮江)'의 샘물이 중국 최고라고 평하셨고, 예부터 이곳의 아름다운 경치 또한 중국 제일이란 평을 받아 왔기에 자연스럽게 '천하제일'이란 이름은 장수성을 의미하는 용어로 쓰이게 되었고, 강희제께서 장수성의 대표적인 요리에 '천하제일'이란 용어를 붙이게 되었다. 솥단지는 중국어로 궈(鍋), 누룽지는 중국어로 '궈바(鍋巴)'라고 한다. 우리나라의 중국음식점에서는 '누룽지탕'을 시키면 '천하제일채'에 근접한 요리를 먹을 수 있지만, 중국여행을 가서 누룽지 요리를 오리지널로 드시고 싶다면 메뉴판에서 '톈샤띠이차이(天下第一菜)', 혹은 '궈바탕(鍋巴湯)'이라고 쓰인 항목을 찾아 손가락으로 꾹 짚어주시면 된다. 멋진 차, 맛있는 음식을 대접받고 나서는 반드시 '엄지척'과 함께 팽주, 혹 주방을 향해 sèxiāngwèi jùquán (色香味俱全)을 외치는 매너를 잊지 말자. "칭찬은 고래를 춤추게 한다."

• TEA TIME •

## 포도와 우롱차의 만남… 루피시아 오카야마 포도 우롱 (LUPICIA岡山葡萄ウーロン)

"어떤 차를 제일 좋아하세요?"

쉬울 것 같은 이 질문이 정말 어려운 것은, 그때그때 마시기 좋은 차, 생각나는 차가 달라 어떤 한 가지 차만을 고집하기 어려운 까닭일 것이다.

무더운 여름이면 생각나는 차는 단연 일본 오카야마(岡山)의 지역 특산물인 피오네 포도품종을 모티브로 만들어진 오카야마(岡山) 지역 한정 LUPICIA의 포도우롱이다. LUPICIA는 일본의 전국에 매장을 구축하고 있는 매우 탄탄한 티브랜드로 일본차는 물론, 인도의 다즐링과 대만 등 세계 전역의 차산지에 직접 전문가를 파견해 좋은 차들을 엄선해서 판매하는 회사다. 또한, 빼어나고 매력적인 가향차를 많이 출시하여 국내에도 매니아층이 두터운 편이다.

루피시아의 유명한 Book of Tea나 시즌 한정 차, 스테디셀러 상품들은 국내에서도 구입할 수 있지만, 지역 한정 차(茶)들은 그 지역에 가지 않으면 구입하기 어려운 경우가 많다. 岡山의 포도 우롱은 바로 오카야마라는 지역의 한정품으로 발매되는 차이기에 귀할 수밖에 없다.

대만우롱을 베이스로 한 '오카야마 포도우롱'은 거봉포도 품종인 피오네의 향을 더해 만든 가향 우롱으로 대만차에서 흔히 볼 수 있는 구슬모양(珠形)우롱이 베이스다. 검은 보라색의 피오네(Pione)는 '개척자'를 의미하는 이탈리아어로, 차의 고장인 시즈오카에서 거봉포도에 캐논홀 머스켓이란 품종과 교배해서 만든 신품종 포도다.

포도 품종은 크게 식용과 양조용으로 뉘는데 양조용 포도는 생식용 포도와 차이가 있다. 포도속(Vitis)에 양조용 포도는 대부분 유럽종인 비니페라(Vitis vinifera)종, 생식용 포도는 미국이 원산지인 라브루스카(Vitis labrusca)종이다. 양조용 포도는 생식용 포도에 비교해 포도알 크기가 작고, 과육에 비교해 껍질 비율이 높다. 생식용 포도가 평균 17~19브릭스(Brix) 당도를 지니는 바와 달리 양조용 포도는 평균 24~26브릭스로 당도가 높고 또한 산도도 높다. 물론 아로마가 풍부한 특징을 갖는다.

생식용의 거봉포도에 부족한 아로마와 신맛, 당도를 양조용인 케논홀 머스켓으로 보완해서 만든 것이 바로 피오네(Pione)라는 추측이 가능하다. 차는 대만의 어느 지역 어느 우롱을 사용했는지 공개하지 않고 있어 정확히 알 수는 없다. 동정우롱에 가깝기도 하고, 수색과 엽저 등 기타 조건과 가향 우롱임을 감안하면 신품종인 사계춘(四季春)으로 만들지 않았을까 추측해본다.

차통을 열자마자 달콤 상큼한 포도향이 퍼져 차를 마시기 전부터 기대감을 높이며 기분을 좋게 만들어준다. 청포도맛 사탕을 연상케 하는 강렬한 포도 가향이다. 우롱 본연의 풍미를 찾아내기 어렵다는 단점이 있기는 하지만, 그런 단점을 감안하고도 무더위에 지쳐 무기력하고 힘들 때, 포도 우롱의 향을 음미하며 피로를 풀 수 있다는 것은 최고의 선물이 아닐 수 없다. 또 냉침이나 급랭을 해도 향이 줄어들지 않기 때문에 차와 함께 산뜻함과 청량함을 즐긴다고 생각하면 그야말로 여름에 즐기는 최고의 차가 아닐까 싶다.

여름이면 일본의 역 주변 부스에는 향기롭고 새콤달콤한 생과일 피오네 주스가 여행객의 미각을 자극한다. 습하고 무더운 여름, 오카야마 포도 우롱 한잔으로 지친 심신을 위로해 보자.

– 〈티마스터 차성화〉

# Party.11

## 청음(淸飮)과 조음(調飮)

우리는 차(茶 tea)는 차나무, 카멜리아 시넨시스의 잎을 우려야 차라고 규정해 왔다. 그럼 순수한 찻잎만이 아닌 다른 마실 거리는 차라 할 수 없을까? 우리가 차로 부르는 대추차·생강차 등과 찻잎으로만 만든 차 사이의 혼동에 대해 다산 정약용선생도 일찌감치 고민한 적이 있다.

우리나라 사람들은 차(茶)란 글자를 환(丸)이나 고약 같은 것을 끓여 마시는 종류로 생각하여, 약물을 한 가지만 넣고 끓이는 것은 모두 차라고 말한다. 생강차·귤피차·모과차·상지차(桑枝茶)·송절차(松節茶)·오과차(五果茶) 같은 말이 익숙해서 늘 이렇게 말하는데 잘못이다.

–《아언각비(雅言覺非)》의 〈차(茶)〉

2백 년 전 조선에도 다산은 우리와 똑같은 고민을 하고 있었던 것이다. 우리가 고민하는 문제, '수정과·쌍화차·대추차·생강차 등이 전통차인가?'하는 문제다. 이것은 찻잎으로 만든 것이 아니니 차가 아닌 것이 분명하다. 다산선생도 한방에서의 단방(單方)은 차라고 부를 수 없다고 규정했다. 하지만 한 가지가 약재가 아니라 찻잎이 들어간 마실 거리는 차로 인정하였다.

다산선생은 중국의 예를 들어 중국 문헌 속의 잣나무차·창포차·감람차·복사꽃차는 찻잎이 들어간 블렌딩 티이기 때문에 차라고 불렀다고 정리하고 있다. 우리가 습관적으로 차라고 부르는 음료를 모두 차라고 할 수는 없으나 최소한 찻잎이 들어간 음료는 차라고 불러도 좋을 것이다. 바로 우리가 차에 다른 재료들이 섞여 새로운 풍미를 만들어내는 블렌딩 티의 범주에 넣을 수 있다는 것이다.

티 블렌딩은 현대적 개념의 용어로만 이해될 것은 아니다. 중국의 차는 처음에 음료가 아니라 약이나 음식의 개념으로 찻잎을 채취해 생강이나 귤 등의 다양한 재료들과 섞어서 끓여 마셨다. 3세기 위나라 장읍이 지은 《광아(廣雅)》란 기록에는 '형주(荊州)와 파촉(巴蜀) 지역에서는 차를 마실 때 먼저 불에 구워서 붉은색이 돌게 한 후, 절구에 찧어서 가루로 만든 다음, 도자기 용기에 넣고 물을 붓고 뚜껑을 덮는다. 그다음, 파·생강·귤을 넣어 끓여 마셨다'라고 기록하고 있다.

차에 대한 최초의 기록이라고 할 수 있는 《다경》에서도 티 블렌딩의 흔적을 찾을 수 있다.

"암차는 파·생강·대추·귤껍질·산수유·박하 등을 오래 넣고 끓인다…. 이런 것들은 하수구에 버려야 할 것들인데 이런 습속은 그치지 않는다."

이렇게 차와 다른 재료를 배합하여 섞어 마시는 방법은 중국 본토뿐 아니라 소수민족에게서도 흔하게 보이던 방식으로 고를 조(調)자를 써서 조음(블렌딩)이라 하였고, 찻잎 한 가지만 마시는 것을 맑은 청(淸)자를 써서 청음이라 하였다. 청음은 당대 육우의 《다경》에서 제창한 이후에 유행하였고, 널리 퍼져 지금에 이르게 되었다고 보인다. 현대적 개념의 스트레이트 티인 셈이다.

## 01
## 18세기 조선, 부안 스타일의 티블렌딩

우리의 '전통차'는 어떻게 정의해야 할까? 우리 땅에서 생산된 찻잎으로 만든 차? 많은 한국의 차인과 차농들은 '찻잎이 들어가지 않은 차는 차라고 부를 수 없다'고 목소리를 높인다. 하지만 마트에는 '둥굴레차', '헛개차', '보리차' 등 찻잎이 들어가지 않은 차들이 즐비하다. 또 한국전통찻집의 간판을 붙인 찻집에서는 예외 없이 대추차, 생강차, 쌍화차를 팔고 있다. 〈한국 전통차의 생리활성 및 항산화작용〉이란 논문을 보니 분석 대상인 한국 전통차(Traditional Korean Teas)로 장미차, 감국차, 솔잎차, 감잎차, 뽕잎차와 녹차, 6종을 대상으로 폴리페놀 함량과 항균력 등을 비교 연구해놓고 있기도 하다.

녹차 이외의 차를 과연 전통차라 부를 수 있을까? 이미 이런 논쟁은 진부해 보인다. 사전적 범주를 넘어, 우리 역사 속에서 차는 오래전부터 마실거리 전체로 차의 외연이 확대되어 있었기 때문이다.

18세기 이운해(李運海, 1710?)의 《부풍향다보(扶風鄕茶譜)》란 문헌을 보자. 《부풍향다보》는 1755년경에 지어진 우리나라 최초이자 유일무이의 티블렌딩 다서다. 그 내용은 부안현감으로 있던 이운해가 고창 선운사 일원의 차를 따서 약효에 따라 7종의 향약(香藥)을 가미해 만든 약용차의 제법에 관한 것이다. 조선시대 차가 기호음료보다는 약으로 쓰였다는 증거자료인 셈이다. 우리나라 조선후기 차에 관한 저술로 1837년에 지은 초의(17861866)의 《동다송》, 1785년을 전후하여 지어진 이덕리(李德履, 1728?)의 《동다기(東茶記)》보다 50~80년 앞선 시기의 저작이다. 이 기록은 분량이 두 쪽밖에 되지 않지만, 18세기 조선의 음다 풍속과 그 실상, 특히 조음(티블렌딩)을 이해하는 데 더 없이 중요한 정보들을 제공한다.

《부풍향다보》의 내용을 들여다보자.

부풍(扶風, 전북 부안의 옛 이름)은 무장(茂長)과 3사지(舍地) 떨어져 있다. 들으니 무장의 선운사(禪雲寺)에는 이름난 차가 있다는데, 관민(官民)이 채취하여 마실 줄을 몰라 보통 풀처럼 천하게 여겨 부목(副木)으로나 쓰니 몹시 애석하였다. 그래서 관아의 하인을 보내서 이를 채취해오게 했다. 때마침 새말 종숙께서도 오셔서 함께 참여하였다. 바야흐로 새 차를 만드는데, 제각기 주된 효능이 있어, 7종의 상비차(常茶)를 만들었다. 또 지명으로 인하여 부풍보(扶風譜)라 하였다. 10월부터 11월과 12월에 잇달아 채취하였는데, 일찍 채취한 것이 좋다.[57]

차에 대한 설명에 이어 찻잎을 기본으로 하는 7종의 기능성 티블렌딩의 레서피를 정리해 놓았다. 정리해보면 아래의 도표와 같다.

표점 찍은 글자를 취해 칠향차(七香茶)로 삼으니 각각 주치(主治)가 있다.[58]

차를 만들어 마시는 방법은 7종의 향차가 모두 한 가지 방법이다.

차 6냥과 위 재료 각 1전(錢)에 물 2잔을 따라 반쯤 달인다. 차와 섞어 불에 쬐어 말린 후 포대에 넣고 건조한 곳에 둔다. 깨끗한 물 2종(鍾)을 다관 안에서 먼저 끓인다. 물이 몇 차례 끓은 뒤 찻그릇[缶]에 따른다. 차 1전(錢)을 넣고, 반드시 진하게 우

57 扶風之去茂長, 三舍地. 聞茂之禪雲寺有名茶, 官民不識採啜, 賤之凡卉, 爲副木之取, 甚可惜也. 送官隸採之. 適新邨從叔來, 與之參. 方製新, 各有主治, 作七種常茶. 又仍地名, 扶風譜雲. 自十月至月臘月連採, 而早採者佳.

58 風 甘菊 · 蒼耳子, 寒 桂皮 · 茴香, 暑 白檀香 · 烏梅, 熱 黃連 · 龍腦, 感 香薷 · 藿香. 嗽 桑白皮 · 橘皮, 滯 紫檀香 · 山查肉. 取點字爲七香茶, 各有主治.

| 풍 맞았을 때[風] | 감국(甘菊) | 창이자(蒼耳子) |
|---|---|---|
| 추울 때[寒] | 계피(桂皮) | 회향(茴香) |
| 더울 때[暑] | 백단향(白檀香) | 오매(烏梅) |
| 열날 때[熱] | 황련(黃連) | 용뇌(龍腦) |
| 감기 들었을 때[感] | 향유(香薷) | 곽향(藿香) |
| 기침할 때[嗽] | 상백피(桑白皮) | 귤피(橘皮) |
| 체했을 때[滯] | 자단향(紫檀香) | 산사육(山査肉) |

려내어 아주 뜨겁게 마신다.[59]

계량 단위는 10전(錢돈)이 1량(兩)이니, 1냥은 지금 기준으로 37.5g으로 계산하면 맞을 것이다. 차와 향재의 기준은 60:1:1이다. 일곱 가지 향차에 찻잎 60, 각각의 재료 1씩을 배정했다. 향차란 무엇인가? 바로 향기가 나는 한방의 식물성 약재를 넣은 차다. 《부풍향다보》에서는 증세에 따라 차와 어우러지는 총 14종의 향재료를 제시하였는데, 자세히 들여다보면 모두가 향이 강한 약재들이다.

대부분의 한방재료는 독특한 향기를 가지고 있으며 인체에 일정한 약리 작용을 한다. 한약재가 모두 다 향을 가지는 것은 아닐지라도, 향이 있는 식물은 동서양을 막론하고 대부분 약재로 쓰였다.

향이란 식물이 만드는 방향물질로 자신을 지키기 위해 만들어내는 2차대사 산물이다. 향이 강한 식물들은 대부분 인체에 약성을 가지며, 현대에서 우리는 이를 허브(Herb)라고 부른다. 허브들은 향신료, 또는 차나 치료제로 사용한다. 방향식물을 치료 개념으로 인체에 적용하는 것은 현대의 아로마 테라피(Aroma Therapy)와도 일맥상통한다. 방향성 식물(약재)의 향취는 대뇌변연계에 빠르게 전달되며 인체에 일정한 영향을 주기 때문에 서양의학이나 한방에서 오랜 기간 유용하게 이용되어왔다고 할 수 있을

59 茶六兩, 右料每卻一錢, 水二盞, 煎半. 拌茶焙乾, 入布帒, 置燥處. 淨水二鍾, 罐內先烹, 數沸注缶, 入茶一錢, 蓋定濃亟熱服.

것이다.

한의학에서 인체에 대한 향의 작용에 관한 대표적인 언급은 '현존 최고(最古)의 한방서'라고 불리는 《황제내경 소문(黃帝內經 素問)》에 보인다.

"5기(五氣, 향)는 하늘에서 오고, 5미(五味, 맛)는 땅에서 온다. 하늘에서 온 다섯 가지 기운은 코를 통해 심폐(心肺)를 채워주고, 위로 얼굴빛을 밝게 해주고 음성을 또렷하게 해준다. 위와 장을 통해 몸에 들어온 5미(五味)는 5기(五氣)를 길러주고, 그 기운이 잘 조화를 이루면 진액이 왕성해지고 신(神)이 충만해지는 것이다."[60]

향은 코를 통해 몸에 들어가지만 신(神)을 충만하게 하는 작용을 한다는 것이다. 한방에서도 향은 정신, 신경계에 직접적인 영향을 끼친다고 보았다. 여기에 언급된 5

〈부풍다향보〉의 14종 향재

60 "天食人以五氣, 地食人以五味. 五氣入鼻, 藏於心肺, 上使五色修明, 音聲能彰; 五味入口, 藏於腸胃, 味有所藏, 以養五氣, 氣和而生, 津液相成, 神乃自生."〈素問 · 六節藏象論〉

기(五氣)는 바로 향(香)으로 하늘에서 오는 것이다. 문자를 직역해 보면 '하늘은 5기로 사람을 먹이고, 땅은 5미로 사람을 먹인다.'는 뜻이다. 5기란 사물의 발산된 氣(향기)를 지칭하는 것으로 조·초·향·성·부(臊氣·焦氣·香氣·腥氣·腐氣 누린내·탄내·곡식 익는 내·비린내·썩은 내)의 5가지 냄새(五臭, 오취), 혹은 풍·서·습·조·한(風·暑·濕·燥·寒)의 다섯 가지 기운을 말한다. 한의학에서는 그것이 너무 지나치지 않아서 상해(傷害)되지 않을 정도면 사람을 길러 줄 수 있다고 본다. 즉 사물에서 나오는 다섯 가지 기(氣)는 하늘에서 온 것으로 인체를 튼튼하게 해주기도 하고 병변을 치료해 주기도 한다는 말이다.

| 5종류의 향(五氣) | | 오장(五臟) | 오방(五方) | 오행(五行) | 오색(五色) |
|---|---|---|---|---|---|
| **풍風** | **조臊** | 간肝 | 동東方 | 목木 | 청靑色 |
| **서暑** | **초焦** | 심心 | 남南方 | 화火 | 적赤色 |
| **습濕** | **향香** | 비脾 | 중中央 | 토土 | 황黃色 |
| **조燥** | **성腥** | 폐肺 | 서西方 | 금金 | 백白色 |
| **한寒** | **부腐** | 신腎 | 북北方 | 수水 | 흑黑色 |

• TEA TIME •

## 오스만 그린티

오스만투스(Osmanhtus)는 계화를 말한다. 그리이스어의 냄새(osme)와 향기(anthus)의 합성어로 우리말로는 금목서다. 계화는 계수나무 꽃으로 중국 사람들이 좋아하는 꽃이며 향기가 10리 밖까지 난다고 하여 오래전부터 그 향기를 화장품에 사용하기도 했다. 또 집중력 향상에도 도움을 준다고 알려져 있다. 예전에 계림지방에서는 집중력이 떨어진 학생들을 계수나무 아래에 세워두기도 했다고 한다. 계화는 한 가지만으로도 차로 마신다. 감기예방과 심신안정 그리고 스트레스랑 불면증에도 좋다고 한다. 중국에서 많이 생산되고 많이 마신다.

우리나라에선 주로 남쪽 지방에서 서식하는데, 중부지역에도 10월경 꽃을 피운다. 계화가 피고 지기를 두 번 하고 나면 한 해가 저무는 것을 느낄 수 있고, 가을바람에 우수수 쌀알 같은 계화꽃이 떨어지면 그 향기가 구석구석 스며들고 아련한 추억들이 살아난다.

보통 차는 따뜻하게 마시는 것이란 선입견이 있겠지만, 오스만 그린티는 아이스티로도 좋다. 계화와 녹차가 만난 계화잼(코디얼)과 블렌딩 하여 얼음과 함께 시원하게 마시면 더 좋다. 계화와 녹차로 만든 오스만 그린티는 중국 당나라 이태백처럼 달 속에 있던 계화 향기에 취하고 행복에 취하며 오랜 친구처럼 물리지 않는 좋은 차다.

– 〈티마스터 모현주 〉

# 02

## 조선에 둘도 없는 요리책, 그 속의 차

1924년 출판된 《조선무쌍신식요리제법(朝鮮無雙新式料理製法)》이란 요리책이 있다. 조선무쌍은 조선요리 만드는 법으로서는 이만한 것은 둘도 없다(無雙)라는 뜻이다. 백년이 된, 당대 최고의 요리책이다. 조선 후기의 우리 차를 이해하는데 아주 중요한 자료라고 할 수 있다. 이 책은 출판되기 백 년 전, 그러니까 1800년 초반 조선 후기 실학자 서유구가 편찬한 《임원십육지(林園十六志)》의 일곱 번째 〈정조지(鼎俎志)〉를 바탕으로 중요한 사항을 가려내어 국역해서 뼈대로 삼고, 여기에 새로운 조리법·가공법을 군데군데 삽입하여 만든 책으로 조선 후기의 음식뿐 아니라 차를 이해하는데 너무도 중요한 내용이 담겨있다. 전체는 3백 페이지에 달하는 책이지만, 차와 관련된 내용은 딱 세 페이지다. 차 항목에는 11종이 실려 있다. 번역이랄 것도 없이 읽을 수 있기는 하지만, 현대적 어법으로 다시 정리하여 아래에 실어본다.

《조선 무쌍신식 요리제법》 표지

**구기차【枸杞茶】**: 깊은 가을에 붉게 익은 구기자를 따서 마른 밀가루(乾麵)와 함께 반죽하여 떡 모양처럼 만들어 볕에 말려 갈아 곱게 가루 낸다. 그리고 매번 강차(江茶) 1냥에 구기자 가루 2냥을 넣고 끓인 타락 3냥을 넣는다. 이때 참기름을 대신 넣어도 좋다. 곧 끓는 물을 붓고 휘저어 된 고약처럼 만들어 소금을 조금 치고 냄비에 달여 마시면 매우 유익하고 눈이 밝아진다.

**국화차【菊花茶】**: 이슬 내릴 때에 감국을 따서 단단한 가지는 따 버리고 깨끗한 질그릇에 백매(익어서 떨어질 무렵의 매실나무 열매를 소금에 절인 것) 한두 개를 밑에 넣고 꽃송이를 넣어 평평하게 하고 또 백매를 넣고 소금 국물을 꽃송이 위에 오르도록 그릇 가장자리까지 붓는다. 그리고 돌로 눌러 꼭 봉하여 두었다가 이듬해 6, 7월에 꽃 한 가지를 꺼내어 깨끗한 물에 담가 소금 맛을 씻어버린 후에 차 가루와 함께 사발에 담고 끓는 물을 부으면 차 맛이 더욱 맑고 향기가 비상하다. 차와 같은 종류 중에 이 법과 같은 방법으로 하는 것이 없다. 또는 감국을 볕에 말려 꼭 봉하여 두었다가 가끔 한 움큼씩 집어내어 차 삶는 법과 같이 한다. 삶은 것을 '국탕(菊湯)'이라고 하는데 여름에 목마른 것을 없앨 수가 있다. 또 다른 법은 국화가 다 핀 것을 따서 푸른 꼭지는 버리고 꿀에 축였다가 녹말에 묻혀 끓는 물에 잠깐 데쳐내어 다시 꿀물에 넣어서 마신다. 또는 반쯤 핀 꽃을 푸른 꼭지 없이 따서 깨끗한 물에 넣으면 꽃이 뜨고 청량하다.

**기국차【杞菊茶】** : 들국화[野菊花] 1냥, 구기자 4냥, 찻잎[茶芽] 5냥, 참깨[芝麻] 반 근을 함께 갈아서 고운 가루로 만들어 체로 친다. 먹을 때는 1수저를 타는데 소금을 조금 넣고 우유기름[酥油, 버터]은 양에 구애받지 않는다. 한번 끓었던 물에 타서 먹는다.

**귤강차【橘薑茶】** : 귤홍(橘紅: 귤피 안쪽의 흰 줄기를 없앤 것) 3돈과 생강 5쪽과 작설 1돈을 한데 달여 걸러서 꿀을 타 마시면 식적(食積: 음식이 잘 소화되지 아니하고 뭉치어 생기는 병)과 담체가 잘 내린다. 오랫동안 복용할 수는 없다. 또는 귤병(귤 당절임)과 민강(閩薑: 생강 설탕조림)을 잘게 썰어 각각 2돈과 생상 1돈을 잘게 썰어 함께 달여 마시면 가래를 삭이고 폐와 호흡기에 좋다.

**포도차【葡萄茶】** : 포도와 물컹한 배(문배)를 함께 짓이기어 즙을 내고 생강즙을 조금 넣는다. 꿀을 오래 끓인 물에 넣어 섞고 식기를 기다렸다가 세 가지 즙을 쏟아부어 골고루 휘저어 마신다. 맛이 기가 막히다. 만약 차게 해서 마시면 기침이 생기기 쉽다.

매화차【梅花茶】 : 납월(섣달) 후에 반쯤 핀 매화봉오리를 따서 말렸다가 여름에 끓는 물에 넣으면 꽃이 뜨고 맛이 청량하다.

귤화차【橘花茶】 : 귤화는 제주서 말려온 것이 제일 좋다. 백비탕에 넣으면 맛이 달고 향기로운 것이 비길 데가 없다.

보림차【普林茶】 : 이 차는 장흥땅에서 많이 나는 것이다. 잇반대기처럼 만들어 오는 것을 불에 잠깐 구워 차를 만들어 마시면 맛도 좋고 소화도 잘된다고 하며, 생강과 설탕을 찻물에 넣으면 더욱 좋다. 모양이 지나(중국)에서 나오는 보이차와 비슷하다.

계화차【桂花茶】 : 계화는 7~8월쯤 핀다. 꽃은 작아서 볼 것이 없으나 꽃을 따서 백비탕에 곧 넣어 조금 있다가 마시면 향기가 입안에 가득해진다.

오매차【烏梅茶】 : 오매육(짚불 연기에 그을려 말린 매실)을 가루내고 백청(색이 맑고 깨끗한 고급 꿀)을 끓이다가 넣고 휘저어 백자 항아리에 담았다가 여름에 냉수에 타서 마시면 제호탕과 같은 맛이다.

미삼차【尾蔘茶】 : 미삼이란 홍삼이나 백삼을 꽁지 딴 것인데 그중에서도 홍삼의 굵은 뿌리가 제일 좋다. 물에 넣고 끓일 때 생강이나 진피를 함께 넣어 끓이면 맛도 좋고 술 먹는 사람에게 매우 좋다.

위의 11가지 차 가운데 구기차, 국화차, 기국차, 귤강차, 보림차 5종을 제외한 6종이 찻잎이 전혀 들어가지 않은 꽃차, 과일차, 뿌리차이지만 모두 차(茶)라고 호칭하고 있다. 물론 찻잎이 들어간 5종도 모두 블렌딩 차로, 우리 차의 전통은 청음이 아닌 조음(블렌딩)에 있었음을 증명하고 있다.

## TEA TIME

## 진피 청태전

진피는 오래 묵힌 귤의 껍질이다. 동서양을 막론하고 운향과[61] 식물의 열매인 귤과 차는 가장 잘 어울리는 배합이다. 귤과 차가 서로 잘 어울리는 것은 하늘이 준 덕성이다.

귤나무와 차나무는 알고 보니 천생배필이다. 초의선사 《동다송》의 첫 구절이 남쪽에서 자라는 차와 귤은 천생배필이라는 언급이다.

하늘이 아름다운 너를 귤의 덕과 짝지었으니
자리를 옮기지 아니하고 따뜻한 남쪽에서만 자라나니
풍성한 잎은 찬 기운과 모진 추위를 견뎌내 겨우내 푸르러라[62]

자리를 옮겨 북쪽으로 가지 못하며 겨우내 푸른 상록수다. 귤과 차나무의 만남, 감보차(柑普茶), 진피보이차(陳皮普洱茶), 우리는 감귤, 또는 귤이라고 부른다. 하지만 중국에서는 감(柑)과 귤(橘)을 구분한다. 감은 귤보다 껍질이 단단하고 탄력이 있으며 두텁다. 과육도 감이 귤보다 더 단단하고 야무진 느낌이 난다. 이 감과 귤의 껍질에 보이차를 넣어서 후발효시켜 음용하는 것은 광동 사람들이 발명한 새로운 음용법이다. 감피로도 만들고 귤피로도 만드는데, 감피가 귤피보다 더 비싸고 고급이다. 약성이 더 좋다고 생각한다. 최근 중국 차업계를 강타하며 엄청난 인기를 끌고 있는 차이기도 하다.

예로부터 감피는 따로 말려서 오래 보관했다가 약재로 쓰는데, 이것을 진피(陳皮)라고 한다. 일본인의 기록물이지만, 《조선의 차와 선》에는 장흥의 돈차는 "찻잎에 생강, 유자, 참죽나무 잎을 넣어 약으로 음용했다."라고 기록하고 있다. 지금 장흥 지역에서 만드는 청태전은 약용이 아니라 음용인 만큼 찻잎 이외의 다른 것들을 넣지 않는데, 최근에는 진피 등의 약재를 넣어 만든 블렌딩 청태전을 만날 수가 있어 반갑다.

현대화일 수도 있고 옛차의 재현으로도 해석될 수 있다. 청태전 차의 묵은 향미를 불편하게 느끼는, 특히 젊은층에게 권할 만하다. 찻잎과 귤피의 만남은 언제나 옳다.

– 〈티마스터 김미향 〉

---

61 운향과(芸香科, 학명: Rutaceae 루타케아이)는 무환자나무목의 과이다. 향이 강한 꽃이 피며 시트러스류의 과일들, 즉 귤, 오렌지, 레몬 등의 나무를 포함한다.

62 後皇嘉樹配橘德후황가수배귤덕/受命不遷生南國수명불천생남국/密葉鬪霰貫冬青밀엽투산관동청

## 03

## 서양의 티블렌딩

서양의 티블렌딩은 산업화와 맞물려 있다. 18세기에 차가 중국에서 유럽으로 전해졌고, 기후 환경상 찻잎 생산이 불가능했던 유럽 국가들은 모든 차를 중국으로부터의 수입에 의존할 수밖에 없었다. 중국 남부와 타이완 지역에서 범선에 실려 아프리카 남쪽 희망봉을 돌아 유럽까지 올라오는 데는 약 6개월의 시간이 소요되었다. 왕복 2년 이상이 걸리는 경우도 있었다고 한다. 농산물인 찻잎을 장기간 배에 싣고 오다 보니 아무래도 일관된 품질을 기대하기에는 어려움이 있었을 것이다. 원래 중국에서 생산된 차의 신선한 풍미를 그대로 유지하고 있지 못했을 테니 향을 살리기 위한 가향 작업이나 타 지역의 찻잎을 섞어 일관성을 유지하려는 노력이 블렌딩이란 기법 도입의 시작이었다고 보인다.

아시아 무역 독점을 위한 영국의 동인도회사 East India Company는 1600년에 설립되었지만, 유럽에 차가 전해진 것은 1610년 네덜란드에 의해서였다. 차 유통업의 효시라고 할 수 있는 트와이닝(Twinings)은 1706년에 최초로 티 룸을 열었는데, 그 티룸은 아직도 런던 스트랜드 216번지에 남아 있다. 창립이 좀 늦은 잭슨스 오브 피커딜리(Jacksons Of Picadilly)는 1815에 영업을 시작했지만 트와이닝스에서 만들었다는 블렌딩티, 얼 그레이를 두고 분쟁이 있다. 립톤(Lipton)은 1890년에 토마스 립톤에 의해 설립되었고 직접 스리랑카 다원에서 차를 생산하여 영국으로 공급하였다. 립톤이 세계적인 브랜드로 성장하게 된 데에는 1869년 수에즈 운하의 개통이 큰 도움이 되었음은 당연하다. 영국의 차 업자들은 중국 밖의 식민지에서 재배한 찻잎을 자신들의 기호에 맞추어 블렌딩함으로써 정체성을 확보하였고, 프랑스는 차 이외의 재료들을 차에 보태는 방식으로 정체성을 확보했다. 프랑스의 유명 차 브랜드 마리아쥬 프레르(Mariage Freres)는 1854년, 포숑(Fauchon)은 1886년에 설립되었고, 프랑스적 특성을 더해 가향 블렌딩 티 생산에 꽃을 피웠다.

처음에 차는 왕실이나 귀족을 포함한 부유한 계층만 누릴 수 있는 문화 대상이었으나 차의 인기가 높아지면서 차의 대중화는 술 소비의 감소로 이어졌고 영국 정부는 세수 감소라는 어려움에 직면한다. 이에 영국 정부는 차에 무거운 세금을 부과, 18세기 중반까지 차 세금이 무려 119%에 이르렀다. 이 무거운 과세가 차 밀수와 엉터리 차 블렌딩이라는 사회적 부작용을 유발했다고 본다. 수많은 차 밀수업자들이 양산되었고, 버드나무·감초·슬로잎과 같은 다른 물질로 차를 오염시키기 시작했다. 심지어는 우리고 난 찻잎을 말린 뒤 새로운 차에 섞어 재활용하는 사례까지 있었다고 한다.

영국 홍차 블렌딩의 대명사이자 영국인들이 가장 사랑한다는 잉글리쉬 브렉퍼스트 티는 인도, 실론, 케냐에서 생산된 찻잎의 적절한 조합으로 건강한 아침 차가 되었고, 향긋한 베르가모트 향의 얼그레이는 세계에서 가장 유명한 홍차가 되었다. 애프터눈 블렌드는 나른한 오후에 기운을 북돋아 주는 차로서 애프터눈 티 타임과 함께 변함없이 홍차문화의 대표적인 아이콘으로 자리하게 되었다.

영국 차문화의 발전은 찻잎의 뱃길 수송과 큰 연관이 있다. 1869년, 지중해와 홍해를 잇는 수에즈 운하(Suez Canal)가 개통되면서 차를 실어 나르던 범선, 티 클리퍼는 막을 내리고 증기선으로 대체되었다. 차를 실은 증기선의 이동거리와 시간도 획기적으로 짧아져 차가 대량으로 유럽에 공급되기 시작했다. 수에즈 운하는 기존의 운항거리를 무려 7000km를 줄이게 된 것이다. 절반의 거리로 줄어든 것이다. 더구나 바람이 불어야 운행이 가능했던 기존의 범선이 증기선으로 대체되면서 선적 효율이 좋아졌다. 막대한 예산 투입으로 재정이 파산 지경에 이른 이집트 정부는 1875년에 국가 소유의 수에즈운하회사 주식 지분을 영국에 매각함으로써 영국으로의 중국 차 공급은 날개를 달았다. 운송비의 55%가 절감된 것이다. 운하를 뚫은 것은 프랑스의 기술과 투자였는데 운하를 가장 많이 이용한 나라는 영국이었다. 준공 몇 년 내에 운하를 사용한 배의 4분의3이 영국 배였다고 한다.

영국은 수에즈 운하를 통과하면서 인도 식민지와 오스트레일리아, 뉴질랜드를 통치하기가 수월해졌다. 당연히 인도와 스리랑카에서 생산된 차들이 저렴한 생산과 운반비용으로 영국에 쏟아져 들어올 수 있었고, 수에즈 운하의 개통은 영국과 유럽 내 차의 대중화에 기폭제 역할을 했다. 하지만 수에즈 운하의 개통으로 지구의 3/4을 가로지르는 100일간의 경주, 클리퍼선의 레이스는 1871년으로 마지막이 되었다. 당시 최대 규모의 최신형 클리퍼였던 '커티삭(Cutty Sark)'은 1869년 만들어졌지만 한 번도 달려보지 못한 비운의 클리퍼선이 된다. 커티삭은 현재 그리니치 천문대 옆에서 관광객들의 사랑을 받고 있다.

런던 그리니치 천문대 옆에 보존된 커티샥

•≡• TEA TIME •≡•

## 하프 크라운 퍼펙션 블렌드

포트넘앤메이슨(Fortnum & Mason)은 영국 황실에 식료품을 납품하면서 성장한 회사다. 차의 이름이 특별하다. 하프 크라운 퍼펙션 블렌드(Half Crown Perfection Blend), 하프 크라운은 1526년 헨리 8세부터 1970년 엘리자베스 2세 여왕까지 발행되었던 동전이다. 틴의 뚜껑이 동전 옆의 톱니모양이다.

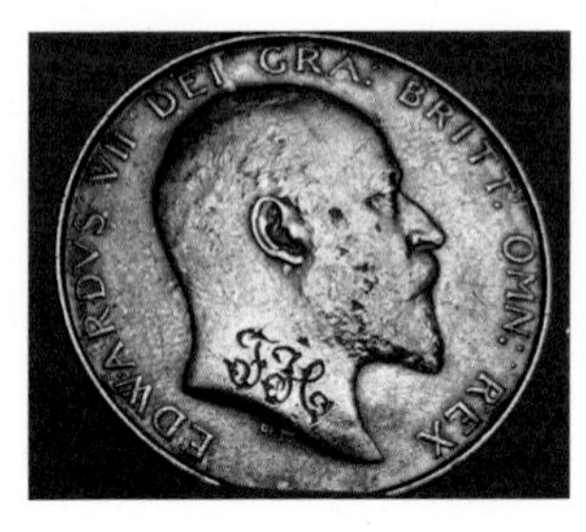


½ CrownEdward VII(1902~1910)

이 블렌딩은 에드워드 7세의 즉위를 축하하고 새로운 세기의 도래를 기념하기 위해 만들어졌다. 에드워드 7세는 태어난 지 25일 만에 왕세자가 되었지만 빅토리아 여왕이 너무 장수하는 바람에 (빅토리아 여왕은 82세까지 살았고, 64년간 재위) 1901년 60세의 나이가 되어서야 왕위에 올라, 8년을 재위한 후 1910년 사망한다.

운남과 다즐링 1st Flush FTGFOP1의 블렌딩이다. 스파이시하면서 훈연향이 가득한 풀바디감 홍차다. 마른 찻잎에선 훈연향이 솔솔 나고 약간의 실버팁과 다즐링다운 푸릇한 잎이 보인다. 탕색은 옅은 황갈색이고 편안한 아로마, 꽃향, 젖은 나뭇잎 향과 토스트향이 두드러진다. 맛은 동서양의 적절한 어울림이라고 할까? 전체적으로는 부드럽지만 가볍지 않아 좋다.

– 〈티마스터 최은미〉

# Party. 12

# 찻잔 속의 시네마 천국 Cinema Paradiso in a teacup

# 01
## 차는 신분이다

**〈위대한 쇼맨** The Greatest Showman〉(2017)

요즘 MBTI 같은 각종 심리검사의 인기가 상당하다. 자신이 잘 인지하지 못했던 자신의 면모를 확인할 수 있기 때문이다. 사람들이 이런 심리검사를 신뢰하는 이유를 심리학에서는 '바넘 효과(Barnum effect)' 때문이라고 한다. 바넘 효과란 사람들이 보편적으로 가진 성격이나 심리적 특징을 자신만의 특성으로 여기는 심리적 경향을 말한다. 쉽게 말해 코에 걸면 코걸이, 귀에 걸면 귀걸이인 상황을 뜻한다. 관상이나 혈액형, 태어난 해의 띠에 따른 두루뭉술한 설명을 보고 '나와 딱 들어맞는다.'고 감탄하는 증후군이 바로 바넘 효과이다.

이 용어는 바로 미국의 서커스 사업가, 피니어스 테일러 바넘(Phineas Taylor Barnum, 1810~1891)에서 왔다. 그의 '모든 사람을 만족하게 할 수 있는 무언가가 있습니다.(We've got something for everyone.)'란 문구가 바넘 효과란 용어를 만들어냈다. 바넘은 미국 쇼 비즈니스의 창시자로 그가 창단한 '링글링 브러더스, 바넘&베일리 서커스단'은 146년의 역사를 자랑한다.

'바넘 효과'의 원조 'P.T.바넘'의 이야기에서 영감을 받아 탄생한 뮤지컬 영화가 바로 〈위대한 쇼맨(The Greatest Showman)〉이다. 바넘은 실제 서커스단에서 사람의 성격을 알아 맞추는 역할을 했다고 한다. 그는 사람들이 원하는 것만 보고 듣고 믿으며, 그래서 잘 속는다고 말했고, 세상에는 언제나 속는 자들이 있기 마련(There's a sucker born every minute)"이란 말을 남겼을 정도로 가짜, 혹은 트릭으로 사람을 속이는 재주가 뛰어났다고 한다.

P. T. Barnum, 1810~1891

실제의 P.T.바넘은 '피지의 인어', '171세의 마녀' 같은 이른바 '프리크 쇼(freak show)'로 명성을 날렸는데, 모두 돈벌이를 위해 조작된 가짜였고, 가짜를 만들기 위해 고문과 가혹 행위를 서슴지 않았다는 비난을 받았다.

하지만, 영화 〈위대한 쇼맨〉의 주제는 'THIS IS ME! 우리는 누구나 특별하다!', '당신에게도 무언가 특별한 것이 있다.'로 누구나 성별, 인종, 나이, 학벌에 상관없이 무대에 설 수 있다는 자신감과 꿈을 전하는 사업가 바넘의 꿈 이야기다.

"The Noblest art is that of making others happy"
"다른 사람을 행복하게 만드는 것이 가장 고귀한 예술이다."

– P.T. Barnum

〈위대한 쇼맨〉의 주연은 호주 출신 유명 배우, 휴 잭맨이다. 그는 이미 뮤지컬 영화 〈레미제라블〉에서 가창력을 인정받았었다. 그가 부른 최고의 뮤지컬 넘버 'Who am I'는 뮤지컬 영화의 영원한 전설이다.

영화의 시작에서 어린 바넘은 가난한 양복쟁이 아버지를 따라 어느 상류층 집을 방문한다. 바로 여자 친구 체러티의 집이다. 남루하지만 밝은 모습의 양복장이 아들 바넘과 부잣집 외동딸 체러티, 새장 속의 새처럼 갇혀 생활해온 채러티는 가난과 외로움 속에서도 늘 환상을 꿈꾸는 바넘이 유일한 탈출구였다. 물론 실재 바넘의 어린 시절과는 좀 다른 구성이다.

거실 한쪽에서 바넘의 아버지가 양복 치수를 재고 있는데, 식탁 위에는 은 쟁반과 은으로 만든 찻주전자가 놓여있고, 핑크색 케이크 스탠드 위에는 하얀 슈가 파우더를

머리에 인 케이크가 눈에 들어온다. 접시 가득 탐스러운 스콘이 가득 놓여있고 근엄한 얼굴의 가정교사가 곁에 서서 채러티에게 차 예절을 가르치고 있다.

"새끼손가락을 펴고 팔 들고 팔꿈치는 바깥으로 우아하게 홀짝홀짝 조금씩 마신 다음 잔은 수평이 되게 천천히 내려놓아요."

양복장이 바넘의 아버지는 채러티 아버지의 양복 치수를 재고 있다. 아버지를 따라온 바넘이 채러티의 차 예절 공부를 흉내 내다가 수업을 망쳐버린다. 채러티가 웃음을 참지 못하고 입속의 차를 품어낸 것이다. 이를 본 채러티의 아버지는 화를 내며 바넘의 뺨을 때리고 내쫓는다. 이후에 채러티는 차를 제대로 가르치는 예절학교에 보내진다. 당시 아메리카 대륙에서 차는 신분의 상징이었다. 영국에서와 마찬가지로, 19세기 아메리카 대륙에서도 상류층의 전유물이던 차가 가격이 떨어져 일반화, 대중화된다. 이에 소위 상류층들은 대중들과의 차별화를 꾀하게 된다. 비싼 다기 세트에 품위 있게 차를 마시고, 티파티에 초대되었을 때 지켜야 하는 사교예절은 당시 상류층의 상징이었다.

천한 양복장이 아들이란 신분 때문에 바넘은 여자 친구 앞에서 따귀를 맞고 쫓겨난다. 하지만 이 사건은 바넘의 신분상승에 대한 열정의 발단이 된다. 바넘이 마시지 못한 차 한 잔은 향후 출세, 성공의 명분과 함께 사회적 약자 내지 소수자들도 열등한 것이 아니라, 특별한 무엇으로 인식될 수 있으며, 누구든 열정 하나로 아메리칸 드림을 이룰 수 있다는 인간 승리의 강한 메시지를 관객에게 넌진다.

〈위대한 쇼맨〉에서 신분의 장벽은 마음의 벽일 뿐, 체러티는 바넘의 부인이 되어 행복한 가정을 꾸리게 된다. 흑인, 난쟁이, 키다리, 뚱보, 털보, 트랜스 젠더 같은 사회적 약자들은 자신이 더 이상 어둠 속에 감추어진 존재가 아니라 특별한 존재임을 화려한 무대에서 몸짓으로, 노래로 보여준다. 'THIS IS ME! 우리는 누구나 특별하다!'

I'm not a stranger to the dark

나는 이 어둠이 낯설지 않아

"Hide away," they say

숨으라고 그들은 말하지

"Cause we don't want your broken parts"

우리는 불완전한 부분을 원하지 않기 때문이야

I've learned to be ashamed of all my scars

나의 모든 상처들을 부끄러워하라고 배웠어

"Run away" they say '도망쳐라'라고 그들은 말하지

"No one will love you as you are"

아무도 너의 그대로를 사랑하지 않을 거야

But I won't let them break me down to dust

하지만 나를 먼지로 부셔버리게 두지는 않을 거야.

I know that there's a place for us

나는 우리를 위한 곳이 있다는 것을 알아

For we are glorious

우리는 영광스러운 존재이니까

위대한 쇼맨

•≡ • TEA TIME • ≡•

## 영국 홍차 포트넘 앤 메이슨 퀸스 블렌드

1707년 처음 차사업을 시작한 포트넘 앤 메이슨(Fortnum & Mason)은 영국 황실에 식료품을 납품하면서 성장한 회사로 300년이 넘게 현 런던 피커딜리 매장 한 군데를 고집한다.

1902년 포트넘앤메이슨은 킹 에드워드 7세(1481~1910)를 위해 아쌈을 베이스로 실론을 블렌딩하여 부드러움을 더한 로열 블렌드를 만들어 로열워런트(Royal Warent)를 획득, 꿀 향이 나는 부드러운 풍미로 지금까지 사랑받고 있다. 원래는 밀크티 용으로 블렌딩되었지만 스트레이트로도 훌륭하다.

다른 영국의 홍차 회사들과 같이 2012년 엘리자베스 여왕 즉위 60주년에 다이아몬드 주빌리(jubilee)를 발매했고, 2016년 엘리자베스 2세가 빅토리아 여왕의 재위 기간을 넘어서자 '가장 오랜 기간의 통치자'가 된 기념으로 바로 퀸즈 블렌드 티를 발매했다. 이 퀸즈 블렌드 티는 특별히 케냐 홍차를 베이스로 했는데, 이는 그녀가 1952년 케냐를 방문했을 때, 국왕 조지 6세의 서거로 현지에서 왕위에 즉위하게 되었음을 기념하기 위해서라고 한다. 전형적인 영국식 홍차의 맛과 향을 가진 블렌딩 홍차다.

퀸즈 블렌드 티

포트넘앤메이슨에서 한국 진출 2주년 기념으로 2018년, '남산 블렌드'를 출시했다. 다즐링과 로즈플라워가 블렌딩되어 있다. 향료를 사용하지 않고 홍차와 허브 본연의 맛을 살려 차엽의 외관뿐 아니라 맛도 다즐링 홍차의 맑은 머스켓 향과 과하지 않은 이란 산 장미향과 잘 어우러져 있다. 하지만 대한민국 한정 제품이라는 아쉬움, 또 서울 남산을 모티브로 했다면서, 남산과 크게 관련 없어 보이는 장미를 선택했다는 점, 우리나라 차가 전혀 들어가지 않았다는 점은 아쉬움이 아닐 수 없다.

– 〈티마스터 자성화〉

## 02
## 데워진 찻잔에 팔팔 끓인 물을 다오…

〈베스트 엑조틱 메리골드 호텔 2〉 (The Second Best Exotic Marigold Hotel) (2015)는 우리말로는 '최고의 이국적인 금잔화 호텔'이다. 존 매든 감독의 코미디 영화로 영국 노인들이 각자의 목적으로 인도의 땅에서 노년기를 보내며 사랑하고 늙어가는 감성적 이야기의 영화다. 매기 스미스(뮤리엘), 리처드 기어(가이 챔버스), 빌 나이(더글라스), 주디 덴치(에블린)…. 정말 화려한 캐스팅이다. 나이에 상관없이 희망과 꿈을 따라 이국땅, 인도 자이푸르에서 펼치는 새로운 노년 인생의 모습들을 보며, 관객도 함께 슬퍼하고 함께 웃는다.

매기 스미스

영화가 던지는 메시지들이 하나하나 소중하다.

"편견을 버리고 주변의 아름다움에 관대해질 것,
눈앞의 행운과 실패의 가능성을 사심 없이 받아들일 것,
그리고 무엇보다 나의 외로움과 욕망에 솔직해질 것."

영화의 시작, 젊은 인도 호텔 사업가(소니)를 동반하고 할머니 한 분(뮤리엘)이 미국에서 한 회사에 호텔 확장 제안서를 제출하러 간다. 할머니는 낯익은 배우 '매기 스미스'다. 미국식 오픈카를 타고 사막을 달려온 두 사람, 차가 멈추자 뮤리엘은 차를 내리기도 전에 이곳에 '비스킷과 뜨거운 차'가 있는지부터 확인한다. 영국인에게 있어 홍차와 비스킷은 포탄이 쏟아지는 전쟁 속에서도 포기할 수 없는 특별한 의미를 가진

무엇이다.

투자 제안을 심사받으면서 그녀는 사무실에서 서비스 해주는 티백 차에 강한 불만을 표시한다. 홍차의 나라, 영국에서 온 노인 뮤리엘(매기 스미스)은 티 서비스의 기본이 되어있지 않음에 매우 화가 난 어조로 꾸짖는다. 찻물에 대한 투정은 사실 화끈한 투자 요청의 메시지로 해석할 수 있다.

'미국식으로 이리저리 재고 따지고, 또 계산기 두드리지 마시고 화끈하게 한번 밀어주시오.'

뭐 이런 메시지다. 투자 요청을 심사하는 사무실에서는 스테인리스 보온병에 담겨져 있는 미적지근한 물로 형식적인 티서비스를 한다. 뮤리엘(매기 스미스)이 야단을 치듯 화를 내며 가르친다.

"차는 바짝 말린 허브라서 오줌 같은 온도의 물로는 차의 생명을 살릴 수 없어요. 팔팔 끓인 물을 부어야 생명력이 생기죠."
"이렇게 온도가 낮으면 탕색이 우러날 때까지 넣었다 빼내기를 반복해야하지요. 우리 같은 나이엔 이럴 힘도 시간도 없답니다."

립톤 아이스티

차에 대한 비유와 설명이 기막히고 또 정확하다. 차는 일종의 허브다. 찻잎이 뜨거운 온도에서 잘 우러난다는 이야기와 함께, 편리함만 추구하는 미국식 티백 문화에 대한 불만을 통해 화끈한 투자 요청을 은유적으로 내뱉는다. 미국 투자사는 도움을 받겠다고 찾아온 주제에 주눅 들지 않고 큰소리

치는 노인네에게 한방 크게 먹은 셈이다. 역사가 짧다보니 문화에 대한 이해가 부족하고, 경제적 이윤만을 계산하는 아메리칸을 향한 시원한 한방인 셈이다.

티(tea)라고 하면 미국인은 '아이스티'를 떠올리지만, 영국인에게 '티'란 김이 모락모락 나는 따끈한 홍차다. 따뜻한 차를 즐기는 중국의 문화가 영국으로 전해졌고, 영국의 티 문화가 이민 사회인 아메리카 대륙에도 그대로 전해졌을 터인데, 어떻게 티의 온도에 차이가 생겨났을까?

알고 보면 얼음을 넣어 차게 마시는 홍차, 아이스티(Iced Tea)는 미국에서 시작되었다. 1904년 세인트루이스 국제박람회에서 영국인 홍차 상인이 전시 판매하던 차에 얼음을 넣어 판매한 것이 그 시작이다. 세인트루이스란 도시는 미국의 동부와 서부를 나누는 관문 도시로 여름에는 상당히 더운 지역에 위치해 있다. 엑스포가 열리던 뜨거운 여름날, 아무도 홍차를 마시려 하지 않자 리처드 블레튼이란 상인이 얼음을 넣어 판매하면서, 박람회에서 최고의 히트 상품이 되었고, 이것이 미국 홍차의 전통이 되어버렸던 것이다.

1904년, 아이스티의 발원지 미국 세인트루이스

우리는 미국 사람들이 커피만 마실 것으로 생각하지만, 미국은 지금도 일 년에 1인당 1kg에 가까운 차를 소비하는 차 소비 대국이다. 미국 차 협회(The Association of USA)에 따르면 미국인들은 2015년 80억 잔의 차를 마신 것으로 나타났다. 물론 아이스티의 원료로 들어가는 찻잎의 소비가 가장 많다. 미국에서 소비되는 차의 85%는 냉차이며, 우려내는 차의 65%가 티백 형태로 소비되고 있다.

미국이 아이스티를 즐기는 이유는 알고 보면 간단하다. 미국은 1년 365일 중, 200일 이상이 흐리고 안개가 끼는 영국의 음습한 기후와는 대조적인 환경이라고 할 수 있다. 섬나라 영국은 습하고 추운 겨울이 길기 때문에 따끈한 홍차가 어울리지만, 이곳 아메리카 대륙은 맑고 청명한 날씨가 많으니 시원한 아이스티가 제격이 아닐 수 없다. 특별히 대륙의 한 가운데는 바다로부터 멀리 떨어져 건조하고 사막이 많다. 또 당시에는 냉장고가 아직 보급되기 전이었으므로 아이스티는 획기적인 아이디어 상품으로 폭발적인 인기를 누릴 수 있었고, 100년을 넘긴 지금까지도 미국인에게 '홍차는 아이스'란 전통이 이어지는 것이다.

차는 뜨겁게 마셔야만 하는 것은 아닐 것이다. 하지만 차의 종주국 중국에서는 차뿐 아니라, 술을 포함해서 차가운 음료를 잘 마시지 않고 대접하지도 않는다. 맥주도 상온의 미지근한 맥주를 즐기고, 식은 차는 마시지 않고 버린다. 삼복더위 속에서도 중국인은 뜨거운 냉수를 마신다. 중국 속담에 '인주차량(人走茶凉)'이란 말이 있다. '사람은 떠나고 차는 식었다.'라는 말로 썰렁해진 분위기를 표현한다. 중국 사람들은 전통적으로 찬 음식, 찬 음료가 혈액순환에 좋지 않다는 생각을 한다. 중국 남부지방에서는 여름에 마시는 냉차를 량차(凉茶), 냉국수를 량면(凉麵)이라고 하는데, 모두 차갑지 않은 상온의 음식이다.

차는 중국에서 시작되었지만, 전해지는 곳마다 그곳의 문화로 새롭게 태어난다. 기후에 따라, 풍토에 따라 선호하는 차도, 마시는 방법도, 찻물의 온도도 달라지는 것이다. 한반도의 기후는 아메리카 대륙과 달리 반도의 성격이 강한데, 뜨거운 차보다는 냉음료가 일반화되어가는 듯하다. 한겨울에도 차가운 아이스커피를 즐기는 '얼죽아'가 늘어나는 걸 보면 음료 문화의 미국화가 대세인 모양이다.

## • TEA TIME •

### 광동홍차 영홍(英紅)

광동홍차 영홍

'중국의 3대 홍차'라고 하면 운남 전홍(滇紅), 안휘성의 기홍(祁紅)과 함께 광동홍차인 영홍(英紅)을 이야기한다. 광동성의 영덕(英德)은 당나라 때부터 유명한 역사 깊은 차 산지이고[63] 명나라 때는 조공품으로, 청나라 시기에는 해외 수출품으로 명성이 있던 지역이었다.

영덕의 현대적 차 산업은 좀 늦은 1955년에 시작되었지만, 현재 영덕 홍차는 중국의 국가 지리적 표시 상표다. 이차 차나무인 운남 대엽종을 들여와 홍차를 생산하기 시작했고 운남 대엽종의 특성인 바디감을 기본으로 봉황수선의 뛰어난 향기를 얻었다. 균형 잡힌 외양, 검은 색과 붉게 빛나는 색, 밝은 붉은 색, 풍부한 향기 등으로 특징 지어진다.

특별히 영홍9호(Yinghong No.9)는 영덕 홍차의 최고 등급으로 광동 과학 기술원에 의해 선정되고 재배된 고급 홍차 품종이다. 부드럽고 달콤하며 향이 길다.

– 〈티마스터 이영주 〉

중국의 3대 홍차

63 唐朝陸羽, 《茶經 · 八之出》 : "嶺南生福州、泉州、韶州、象州…往往得之, 其味極佳".

## 03

# 영국군의 비밀무기 티 레이션(Tearation)

**〈덩게르크〉**(2017)

레이션(Ration)은 '배급식량'이란 말이다. 어린 시절 미군 부대를 통해 맛본 씨레이션(Cration)이란 것이 있었다. 씨레이션은 캔에 들어있어서 조리하지 않고 바로 먹을 수 있는 전투식량을 말한다. ration은 원래 A,B,C로 분류되었는데 A는 신선식품, B는 야외 취사용으로 조리를 필요로 하는 식량, C는 조리하지 않고 캔을 열어 바로 먹을 수 있는 식량을 말한다.

1960년대, 70년대에 미군부대 밖에서 불법 유통되던 씨 레이션에는 햄, 소시지, 커피, 설탕, 담배 같은 것이 가득 들어있었던 것으로 기억된다. 우리 군에서도 한국형으로 보급되었던 전투식량을 미국식으로 씨레이션이라고 불렀고, 월남전 당시에는 한국형이라 K-ration이라고 불렀다고 한다.

그런데 영국군에게는 보급되는 전투식량은 티레이션이(tea-ration)이란 이름을 가지고 있었다. 2차 세계대전 당시에도 영국군의 보급품에 홍차는 빠질 수가 없는 중요 물품이었기 때문이다. 18~19세기 유럽 사람들에게 차는 이미 중요한 생필품으로, 중국에서 말하는 개문칠건사(開門七件事)[64]에 차가 들어있는 것과 같은 개념이었다.

전시에는 군인뿐 아니라 일반 시민에게도 안정적인 차의 공급이 국민의 사기 진작에 아주 중요한 요소였다고 한다. 섬나라인 영국은 2차 대전 당시 해상 운송로가 자주 봉쇄되었기 때문에 안정적인 차 공급을 위해 배급제를 실시하기까지 했다. 홍차

---

**64** 바로 중국인의 생활에서 빠질 수 없는 일곱 가지의 생필품, 땔감, 쌀, 기름, 소금, 간장, 식초, 차.

티레이션박스

2차대전에 사용된 영국군 전투식량

배급은 전쟁이 끝나고도 10년이 지난 1954년까지도 이어졌으며, 윈스턴 처칠은 차가 “탄약보다 더 중요하다.”라고 언급했다 한다.

1939년, 2차 세계대전이 발발하자 1940년부터 영국 정부는 전쟁의 소용돌이 속에도 전 국민들에게 안정적으로 차를 배급했다. 홍차의 지속적 공급은 심리적 안정을 의미했기 때문이었다. 전쟁으로 인해 식량은 떨어져도 홍차는 떨어지지 않도록 했다는 얘기다. 우리로서는 이해하기 힘든 일이지만, 전쟁터에서 여성 의용군들이 직접 홍차를 서비스하기도 하고, 아프리카로 원정 간 부대엔 이동식 홍차 서비스 차량이 배치되기도 했다. 심지어 독일군 포로에게도 홍차를 서비스했으니 영국인 그들에게 얼마나 삶의 필수적 요건으로 여겨지는지 알 만하다. 일반 시민뿐 아니라 군인에게도 중단 없는 차 공급은 삶의 질을 보장함으로써 사기를 진작시킬 수 있었던 것이다. 영국군 탱크에는 차를 끓일 수 있는 전열포트가 장착되어 있단다. 실제 2차 세계대전에서 ‘영국의 비밀 무기는 홍차’라는 말이 있을 정도였다.

차가 비교적 늦게 소개된 러시아의 경우도 상황은 마찬가지였다. 18세기 러시아 군대에는 차가 필수 공급품이었다. 특히 추운 겨울이 긴 러시아는 설탕, 꿀이 들어간 따끈한 홍차로 야전 생활을 버틸 수 있었다. 물론 차가 여러 가지 질병을 치유하며 건강에 도움이 된다는 믿음을 가지고 있었기에 가능한 일이었다. 러시아 사람들의 음

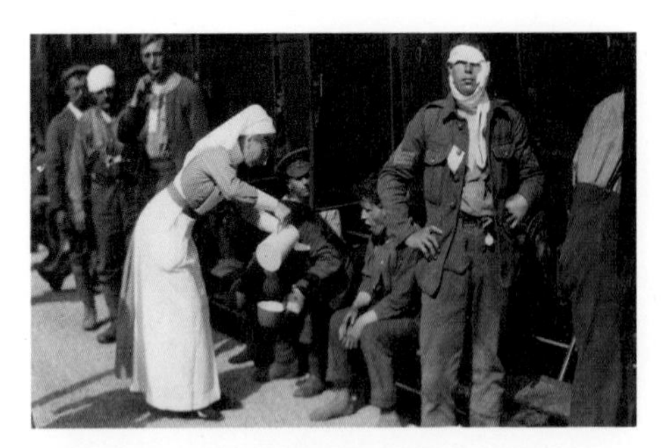
차를 배급받는 영국 부상병들

차 습관은 러시아 군대에서 비롯되었다는 말이 있을 정도로 차는 군인들에게 안정과 용기를 주는 비밀 묘약이었다. 프랑스의 나폴레옹도 '홍차병'이라고 불리는 병사가 따로 지정되어있을 정도로 홍차를 중요하게 관리했다고 한다.

제2차 세계대전, 독일군에 밀려 북프랑스의 작은 도시 덩케르크에 고립된 영국군과 프랑스군을 구출하는 것이 목표이던 다이나모 작전(Operation Dynamo)을 소재로 제작된 영화 〈덩게르크(2017)〉의 한 장면이다.

포탄이 쏟아지고 배가 흔들리는 속에서도 전쟁에 지칠대로 지치고, 고향을 그리워하며 철수하는 군인들에게 따끈한 홍차를 따라 주는 모습이 곳곳에 보인다. 독일의 공격으로 위기에 빠진 영국 정부는 군인뿐 아니라 민간인에게도 지속적인 홍차 공급을 통해 국민들의 동요를 잠재울 수 있었다. 독일의 잠수함 공격으로 모든 필수품의 공급이 부족했지만 영국은 필사적으로 홍차만큼은 안정적으로 공급하려 노력했던 것이다.

2차 세계대전의 공습으로 폐허가 된 영국

우리에게 '차'는 기호품이지만, 그들에겐 생필품이었기에 '차'를 대하는 태도가 서로 달랐던 것이리라. 우리는 차가 없다 해도 크게 생활의 불편함이나 불안감을 느끼지 않았을 것이다. 수분과 비타민이 채식 중심의 식사를 통해 충분히 섭취가 될 수 있었기 때문이다.

음료에 조금만 관심을 가져보면, 요즘 대한민국의 길가에는 나날이 커피숍이 늘어나고, 새롭고 다양한 음료들이 편의점 냉장고를 가득 채우고 있는 것을 눈으로 확인하게 된다. 우리도 이제 식사 후에는 꼭 차 한잔, 커피 한잔을 마셔야 하는 습관이 들어가고 있다. 우리도 이제 차와 커피는 생활필수품이 되어가고 있다. 서구화되어가는 우리의 식생활의 변화가 가장 큰 원인이다. 우리 식생활을 가만히 들여다보면 어느덧 육류소비가 많아지고 수분이 절대 부족한 식단으로 바뀌어있음을 확인할 수 있을 것이다.

물 사정이 좋지 않고 육류 중심 식생활에 익숙한 유럽, 특히 영국군에게 차는 필수품일 수밖에 없었을 것이다. 차가 제대로 공급되지 않는다는 것은 전세가 절대적으로 불리하게 돌아가고 있다는 판단을 하게 되는 것이다. 영국군에게는 홍차가, 미국군에게는 커피가 심리적 안정감과 함께 가장 중요한 수분과 비타민의 섭취의 통로였던 것이다. 특히 설탕과 우유를 넣은 차, 그리고 잼을 바른 빵 한 조각은 전투에 지친 병사들에게 필요한 열량을 공급해주는 좋은 보급식량이었을 것이다.

•⋝• TEA TIME •⋜•

## 타이완 일월담 Sunmoon lake 홍차

일월담(日月潭, 르웨탄)은 타이완 중부의 아름다운 산정호수로 영문 명칭은 손문(Sunmoon)호수다. 손문은 중화민국의 국부(國父)로 중국 근대화의 기점인 신해혁명의 주역이다. 호수는 해발 700m 정도의 산록에 위치해 있다. 초승달 모양의 호수 남쪽과 둥근 태양 모습의 북쪽 호수 모양으로 일월담이란 이름을 가지게 되었다고 한다. 바로 일월담 주변에서 생산되는 명차가 일월담 홍차다.

재미있는 것은 이 차의 품종이 중국 자체의 품종이 아니라, 1925년 인도의 대엽종 품종, assamica를 개량한 품종이란 점이다. 타이완의 차라고 하면 동방미인, 철관음 등 우롱차 계열의 청차가 유명한데 홍차가 명차의 반열에 올라있다는 것도 흥미롭다. 대차8호(아살모), 대차18호(홍옥), 대차21호(홍운) 등의 개량품종이 대표적인 일월담 홍차 품종이다. 가장 인기있는 홍옥(대차18호)는 빨간 보석 루비와 같은 진한 탕색을 자랑한다. 최근 중국 내 홍차의 유행은 빨강을 좋아하는 중국인들의 특성에 그 이유가 있기도 하다.

사실 타이완의 정부기관에서 만든 개량품종으로 가장 인기 있는 것은 금원(金萱)이라 불리는 대차12호다. 밀키한 느낌의 타이완 우롱의 특성을 가진 차나무로 홍차로도 만들어진다. 홍차로 만들면 우롱 느낌의 홍차가 된다.

일월담 홍차의 찻잎형은 무이암차보다 더 검고 크며 광택이 난다. 스리랑카의 우바 홍차에 달콤한 베르가모트를 입힌 듯하다가, 강렬한 몰트향이 뒤따라 올라온다. 일월담에서 자랐지만, 뼛속 DNA는 인도 평원 아쌈종의 후예임을 일깨워주는 듯하다.

–〈티마스터 박금숙〉

# 04

## 차는 기다림이다. 차에는 잘 익은 물을 써야한다

**〈협녀, 칼의 기억〉**(2015) / **〈적벽대전2〉**(2009)

찻물은 어떻게 끓여야 할까? 찻물 끓이기와 관련해서는 한국과 중국의 영화가 한 편씩 떠오른다. 한국의 〈협녀, 칼의 기억〉, 중국의 〈적벽대전2〉이다. 두 편 모두 찻물이 끓는 모양을 형용함에 다서의 내용을 인용하고 있다. 흥미로운 것은 스토리, 효과음, 영상이 매우 정교하게 잘 버무려져 있다는 것이다. 〈적벽대전2〉는 2009년, 〈협녀, 칼의 기억〉은 2015년 개봉한 영화로 6년의 차이가 난다. 당연히 〈적벽대전〉 속 물 끓이기의 어설픈 부분을 〈협녀〉에서는 더 치밀하게 정리했다고 보인다.

〈협녀〉의 배경은 차문화가 화려하게 꽃을 피웠던 고려다. 영화의 시작, 말발굽 소리와 함께'고려는 검과 차와 민란이 지배하던 시대'라는 자막이 인상적이다. 〈협녀〉는 고려 말, 왕을 꿈꿨던 한 남자의 배신, 그리고 18년 후 그를 겨눈 두 개의 칼이 부딪치는 무협영화다. 연기파 배우 이병헌과 전도연, 김고은 등 당대 최고의 캐스팅이었으나 큰 관심을 받지는 못했던 것 같다. 전도연이 찻물을 끓이는 장면이 나온다.

물이 끓는 모양은
제일 먼저 새우 눈알 같은 것이 나고,
조금 있으면 게 눈알, 물고기 눈알,
구슬꿰미 같은 것이 올라와.
아직, 아직 아니야.

아직은 물이 익지 않았어.

.......

물이 솟구쳐오는 소리를 잘 들어봐.

처음에는 쏴~하는 소리가 나구.

그다음에는 쿠루루 바퀴 소리가 날거야

땅이 진동하는 소리

말 달리는 소리가 났다가

모든 소란이 잦아질 때

소나무 숲을 지나는 은은한 바람 소리가 난다.

곧 그 바람 소리마저 잦아들고

이제 더는 아무 소리도 들리지 않을 때

지금이야. 지금이 바로 순숙, 물이 익었다는 말이야.

차는 '기다림의 미학'이라고 한다. 물을 끓이는 것부터 기다림이 필요하다. 물이 설익은 상태에서 경거망동하지 말고, 물이 온전히 익는 순간까지 기다려야 한다. 검을 다루는 무협의 세계에서도 마찬가지다. 세상의 이치가 모두 같다. 다 때가 무르익어야 한다. 기다려야 한다. 기대하는 것을 얻기 위해서는 기다림이 필요하다.

물이 끓는 모양을 형용함에 있어 〈협녀〉는 초의선사가 정리한 〈다신전〉을 내용을 따르고 있다. 초의선사는 끓는 물의 구별에는 '삼대변 십오소변(三大辨 十五小辨)'을 말했다. 삼대변이란 크게 세 가지로 구분한다는 것으로, 형변은 기포의 모양으로 구분법, 성변은 끓는 소리로의 분별법, 기변은 김이 오르는 모양으로의 분별법이다.

십오소변이란 위의 세 가지 큰 분류를 각각 다섯 단계로 세분한 것이다.

**형변에는** 해안(게 눈) → 하안(새우 눈) → 어목(물고기 눈) → 연주(이음구슬) → 용비(마구 끓음) → 용천(마구 샘솟음) → 등파고랑(騰波鼓浪: 북을 치듯 파도가 일고 물결이 침)

**성변에는** 초성(처음 소리) → 전성(구르는 소리), → 진성(진동하는 소리) → 취성(말발굽 소리) → 무성(소리 없음),
**기변에는** 일루(한가닥) → 이루(두가닥) → 삼루(세가닥) → 난루(어지러이 날림) → 기직충관(곧장 위로 꿰뚫고 치솟음)이 있다.

각각의 네 번째 단계까지는 '맹탕(萌湯)'이라 하고, 마지막 단계를 순숙(純熟), 결숙(結熟)이라 부르며 이때의 물로 차를 우려야 한다고 보았다. 지나치게 끓인 물은 노수(老水, 쇤물), 부족하게 끓은 물을 눈수(嫩水)라 하여 마시기엔 적합하지 않다고 하였다.

〈적벽대전〉의 경우, 물 끓이기의 방식이 〈협녀〉와는 약간 다르다. 주유의 부인 소교가 조조에게 가서 차를 대접하며 동남풍이 불어올 시간을 번다. 소위 미인계인 셈이다. 조조가 소교에게 차를 끓임에 가장 어려운 점이 무엇인지 묻는다. 소교의 대답은 '물 끓이기'다.

물 끓이는 것이 가장 어렵습니다.
물고기 눈 같은 거품이 일어나도록 끓이는 것이 일비(一沸)요..
가장자리에 구슬 같은 거품이 일어나도록 끓임이 이비(二沸)입니다.
이때의 차품이 최고입니다.
파도가 일어나듯 요동치는 것이 삼비(三沸)입니다.
더 끓이게 되면 물이 쇠해져서 마실 수 없게 됩니다.

세 번 끓이기, 삼비(三沸)란 당대 육우의 《다경》에서 제안한 물 끓이기다. '물고기 눈'같은 몇 가지 용어가 비슷해 보이지만 〈협녀〉와는 다르다. 차를 마시는 방식이나 도구도 다르다. 알고 보면 〈적벽대전〉의 차 마시기는 〈협녀〉보다 정확한 시대적 고증을 보여준다. 차를 우려 마시는 포다법은 명대 주원장의 폐단개산 칙령(1391년) 이후에 유행했으니, 영화의 배경이 고려라면 차를 가루 내어 끓이고 달여서 마시는 전다

(煎茶)를 보여주는 것이 맞을 것이기 때문이다. AD 208년의 스토리인 〈적벽대전〉에는 차를 달이고, 국자로 떠서 다완에 차를 나누는 분차(分茶) 장면을 아름답게 보여준다. 바로 전다(煎茶), 차를 끓여 마시던 옛 방식 그대로다.

조조: 어…, 차가 넘치네.

소교: 승상이 이와 같지 않습니까? 승상께서는 언제나 넘쳐 계시기에 다른 사람들은 결코 승상의 마음을 채우지 못하지요. 가슴에 넘치는 야심을 품고 적벽에 오셨으니 누군가는 그 가슴을 비워드려야지요.

소교는 찻잔의 차를 따라 버린다. 동남풍이 불 때까지, 그리고 자신의 남편 주유가 준비를 마칠 때까지 조조를 붙잡아 놓기 위한 계략이다. 계략 속에서도 차 한 잔으로 세상의 이치를 절묘하게 설파한다. 무엇이든지 과유불급이다. 차 한 잔을 끓여 대접하며 조조의 조급함과 뜬구름 같은 야망을 은유적으로 표현한 소교의 재치는 높이 살만하다.

물도 너무 끓이면 쓸 수 없고, 넘치는 차는 버려지는 물과 같다. 그렇다면 조조의 야망 또한 너무 끓인 물, 버려져야 할 물과 같다는 뜻이리라. 차 한 잔은 우리에게 많은 이야기를 남긴다.

• TEA TIME •

## 하늘과 땅과 별과 흙을 마시다… 포랑산 노만아

'차를 마시는 것은 하늘과 땅과 별과 흙을 마시는 것이다.'라는 말이 있다. 보이차는 거기에 세월이라는 조미료가 더해져 월진월향[65]이라는 시간의 가치가 더해진 특별한 차다. 특별히 중국 운남성에는 천년이 넘게 이 땅을 지켜온 차밭과 소수민족 마을들이 구석구석 남아 있고, 지역마다 다른 토양·바람·강수량·일조시수 등의 자연환경, 즉 떼루와 terroir 덕에 지역별로 개성이 강한 차들이 만들어진다. 소위 커피계의 새로운 유행인 '단일 원산지 즐기기', 싱글 오리진(Single Origine)과 같은 개념의 차 즐기기가 보이차계에도 형성되어 있다.

다양한 운남성의 소수민족 중에 포랑족은 최초로 야생의 차나무를 순화시켜 재배했던 고대 복인(濮人)의 후예들로 알려져 있다. 포랑족이 살고 있는 포랑산은 운남성을 남북으로 가르는 란찬강 서남쪽으로 라오스와 국경을 맞대고 있다. 노만아 마을로 가는 길은 산새가 험난하고 고도가 꽤 높다. 지프차를 타고 한참을 덜컹거리며 산으로 오르다 고갯마루에서 측정해본 고도는 1,932m다. 거기서 내리막길로 조금 더 내려가다 보면 노만아 마을을 만날 수 있다.

중국 운남성의 차산지도

65 월진월향(越陳越香) : 시간이 지나면 지날수록 더 향기가 좋아진다.

노만아(老曼峨) 마을은 포랑산 전체에서 가장 크고 오래된 마을로 일찍이 조상 대대로 물려받은 차를 재배하며 촌락을 이루고 있다. 마을 안에는 천년이 넘는 우물과 사원이 있어서 노만아의 긴 역사를 증명해주고 있기도 하다. 우연히 들어선 고찰에서 스님들께서 직접 키우고 제다 했다는 쇄청모차(햇빛에 말린 보이차 원료)를 얻어 마셨는데, 그 맛이 어찌나 쓰던지 얼굴이 찌푸려지지 않을 수 없었다. 찌푸린 얼굴에 스님들이 웃음을 지으며 다른 차를 따라 주었다. 두 번째 차는 같은 노만아 차였음에도 좀 전의 차와는 전혀 다른, 감칠맛이 풍성한 단맛의 차였다. 노만아에는 맛이 쓴 차나무와 단 차나무 두 종류가 각각 존재한다. 현재까지 그들은 조상 대대로 이어받은 3,200묘(畝)의 고차수 군락지를 잘 지키고 관리하며 최고의 차를 생산하고 있다.

노만아 고수차는 하얀 용모가 가득한 찻잎, 등황의 차탕, 꿀과 같은 달콤한 밀향(蜜香)에 강한 차기(茶氣)는 정상급 명품 보이차임을 보여준다. 물론 쓴맛과 단맛의 각기 다른 찻잎이 적절히 블렌딩 되어 있다. 10포(泡) 이상을 우려도 강인한 차기가 줄어들지 않는다.

– 〈티마스터 이낭주〉

## 05

## 나는 멀리 간 게 아니야. 길만 건넜을 뿐이지

칠레 출신 마이테 알베르디 감독 작품 〈티 타임〉(2014년)은 고등학교 동창인 여성들이 60년 넘게 매달 이어온 차 마시는 모임을 5년에 걸쳐 찍은 작품이다. 이 영화를 찍은 마이테 알베르디 감독은 지금은 세상을 떠난 테레사 할머니의 친손녀다. 이 영화는 2015년 EBS 국제다큐영화제(EDIF)에서 대상을 수상했다. 원제는 'La Once(라 온세)'다. 칠레에서 쓰는 스페인어로 티타임이나 아이들의 달콤한 간식이란 뜻으로 쓰인다. 그 어원은 정확하지 않지만, 칠레의 커피숍에 가면 '온세'란 메뉴가 있고 주로 차와 달달한 과자로 이루어져 있다고 한다.

영화의 소재는 한 달에 한 번, 고등학교를 졸업한 이래 60년을 이어온 따뜻한 차 한 잔과 맛있는 티푸드, 인생에 대한 노부인들의 수다이다. 8명으로 출발, 그동안 3명이 죽고, 남은 5명의 노부인들은 여전히 매달 함께 차 마시는 모임을 계속 이어간다. 각자 성격은 딴판이지만, 오랜 세월을 함께 하면서 서로를 깊이 이해할 수 있는 관계가 된 것이다. 이제 80인 된 그들은 함께 지나간 시절을 추억하고, 최근 일과 현재의 삶에 대해 솔직한 이야기를 나눈다. 젊음에서 나이가 들어가는 모습, 그들 간의 우정, 미래의 일들과 지나간 것들에 대한 솔직하고 유쾌한 수다가 가득하다. 서로 의지하고 극복하며 이미 세상을 달관한 그녀들의 대화는 아름답고 숭고하다.

"죽음도 삶의 일부분이므로 전혀 슬픈 일이 아니다. 삶은 끝나는 날까지 지속되기 때문에 항상 감사하게 생각하며 지내야 한다."

할머니들의 수다는 모두가 사랑, 결혼생활, 질병, 오디션 프로그램 등 일상적인 소재다. 성격은 제각각이지만 오랜 세월 우정을 쌓은 이들의 수다는 유쾌하고 정겹다. 시각적으로 아름다운 티푸드, 할머니들의 짙은 화장, 손톱 매니큐어의 화려한 색감이 눈을 사로잡고 인생을 마감해가는 할머니들의 진솔한 대화는 가슴 깊이 호감을 불러일으킨다. 대화 자체보다는 대화에 친구들이 보여주는 반응에 집중한 촬영기법은 등장인물에 대해 보다 많은 것을 알게 해준다. 80세, 수다스러운 할머니들의 대화 속에는 마음에 와닿는 대사들이 정말 많다. 잔잔하지만 삶의 깊은 성찰을 던진다.

1. 할 말이 있었는데…, 할 말은 바로 말하지 않으면 잊어버리게 돼.
2. 거울을 봤을 때, 거울 속에 우리 어머니 얼굴이 있었어.
3. 사랑은 진화한다고 봐
4. 사랑받는 기분은 중독성이 있어.
5. 겉과 속이 다른 사람이 있어서 속을 알아보려고 했는데 뭐 별 거 없더라.
6. 머릿속이 뒤죽박죽이야 "이젠 이걸 해야 돼."라고 말하지만, 어떨 땐 하얗게 되어버려.
7. 최근 일은 잊어버리게 돼. 하지만 과거 일은 다 생각나.
8. 〈마리아 테레사 할머니의 마지막 기도〉

   신이여 문을 넓혀주소서

   저는 들어갈 수 없나이다.

   저 문은 어린이용인데

   저는 안타깝게도 어른이 되었습니다.

   문을 키워줄 수 없다면

   저를 불쌍히 여겨 줄여주소서

   삶이 꿈같던 시절로 저를 돌려놓아 주소서.

   삶이 꿈같던 시절로 저를 돌려주소서.

먼저 떠난 테레사는 친구들에게 이런 편지를 남겼다.

“나는 조용히 그냥 강 건너편으로 간 거야. 우리가 아름답게 나눴던 삶도 그대로 남아 있어. 슬퍼하지도, 격식 차리지도 마. 예전하고 똑같이 내 얘기를 해줘. 우스운 이야기를 하며 똑같이 웃어줘. 보이지 않는다고 내가 너희 인생에서 사라지겠어?”

•═⋞• TEA TIME •⋟═•

## 마리아쥬 프레르의 블랙 오페라

홍차는 찻잎을 80% 이상 발효시킨 차를 말하며 세계 차 소비량의 약 80%를 차지한다. 동양에서는 가을을 닮은 빛깔로 인해 '홍차'라고 하며 서양에서는 말린 찻잎이 검은색을 띤다 하여 '블랙티'라고 부른다.

마리아쥬 프레르는 프랑스 최고의 역사와 전통을 자랑하는 홍차 전문 브랜드로 세계 3대 명차 브랜드 중 하나로 통한다. 17세기 니콜라스와 피에르 마리아쥬 형제들이 루이 14세에게 최고급 차를 공급하면서 가족 계승되어 1854년에 이 회사가 창립되어 150종 이상의 홍차 자체 브랜드 제품을 생산하고 있다.

많은 홍차 가운데 추천하고 싶은 블렌딩 홍차는 블랙 오페라다. 마리아쥬 프레르의 대표적 홍차는 아니지만 붉은 과일과 바닐라가 함유되어 프루티한 향과 벨벳처럼 부드럽게 퍼지는 은은한 바닐라향이 일품이다. 어둠 속의 달빛처럼 매혹적으로 퍼지는 부드러움, 입안에서 달콤한 선율의 오페라 가락이 펼쳐지며 아름다운 붉은 과일, 부드러운 바닐라가 조화롭게 입안에서 춤을 추는 아름다운 홍차다.

추천하는 우림은 찻잎 2.5g, 물 200㎖, 5분이다. 다른 홍차에 비해 우림 시간이 다소 길지만, 너무 진하거나 떫거나 쓰지 않다. 탕색은 맑은 호박색을 띠며 향은 스위트하다. 틴에는 과일이 들어있다고 쓰여 있는데, 내 느낌엔 과일 향보다 꽃 같은 향긋함이 느껴지고 아주 연한 계피 향이 느껴지기도 한다. 바닐라의 달달한 향, 떫지 않고 자꾸 당기는 맛으로 입안에 달달함과 향긋함이 가득 남는다.

– 〈티마스터 박봉선〉

# 06
## "차는 스스로 등급을 정하지 않는다."

〈무인 곽원갑〉은 중국의 세계적 액션스타인 이연걸이 2006년에 중국의 민족 영웅이며 실존 인물인 '곽원갑(霍元甲)'을 영화화한 작품으로 우인태 감독의 작품이다. 〈황비홍〉, 〈소림사〉, 〈동방불패〉의 주연 이연걸(李連傑), 헐리우드에 진출한 그의 영어식 이름은 JET LI다. 그의 마지막 액션작품이라고 한다. 영어로 번역된 영화명은 〈fearless〉, '두려움을 모르는', '용감한' 정도의 의미로 보인다. '곽원갑'이란 이름이 영어권에서는 생소할 수밖에 없으니 아시아 쪽과는 좀 다른 제목의 영문명을 택했다고 보인다.

곽원갑(1868~1910)은 근대 중국의 격동기를 살았던 무술가로 민족 운동가다. 이소룡 영화로 이름이 널리 알려진 무술학교 '정무문(정무체육회)'의 창시자로 알려져 있다. '대륙의 자존심'으로 불리는 그는 1910년 중국이 열강의 침탈 속에 열강들의 반식민지로 전락했을 때, 열강의 파이터 격투 선수, 러시아 레슬러, 영국 복서들을 꺾어 중국인들의 자존심을 살리고 외세의 콧대를 꺾었다고 한다. 그래서 중국에서는 중국의 민족 영웅으로 전설적인 대접을 받는다. 성격이 좀 다르긴 하지만 일본 강점기의 서울 종로 바닥의 김두한 같은 인물이랄까?

영화 속의 곽원갑은 중국인의 자존심이 되어 외국의 무술인들과 1:4의 네 차례 결투를 하게 된다. 그리고는 마지막 일본인 안도의 결투에서는 우승과 동시에 생을 마감한다. 그가 사망한 지 10년 뒤인 1920년, 중국의 국부 손문이 그를 중국 무술계의 선구자로 추도하며 그의 고향인 '난허진'을 정무(精武)진으로 개명하였고 천진시는 곽원갑의 생가를 복원해 개방하고 묘소도 새로 단장하는 한편 '곽원갑 무술학교'도 세웠다.

영화 속에서 곽원갑이 일본 무인인 안도 타나카를 만나 차를 마시며 진지한 대화를 나누는 장면이 나온다. 대화는 차로 시작하지만, 차를 통해 그들은 그들의 무예관·인생관을 이야기한다.

일본인인 안도 타나카가 차를 우린다. 안도가 일본 특유의 절제된 다도의 모습을 보여주는 반면, 곽원갑은 편안하게 차를 마시는 모습이다. 차를 대하는 일본과 중국의 다른 모습이 인상적이다. 무술가로서 서로 존중하는 모습이 아름답지만 곽원갑의 대화는 너무도 중국적이고, 안도 타나카는 일본적이다.

안도: 곽 선생께서는 정말 차에 대해 잘 모르신단 말씀입니까?

곽: 잘 알지 못하는 것은 아니지만, 그다지 알려 하지 않습니다. 차의 등급을 따지고 싶지 않아서요. 차는 차이지요.

안도: 하지만 차란 것이 저마다 특성이 다르니 등급을 매길 수밖에요.

곽: 뭐가 고급이고 뭐가 저급이겠습니까? 모든 차는 자연 속에서 함께 자라니 차이가 없지요.

안도: 차에 대해 알게 되신다면 선생도 자연스럽게 고급과 저급을 따질 겁니다.

곽: 그렇겠지요. 하지만 자고로 차는 결코 스스로 등급을 결정하지 않지요. 모두 사람이 정하는 것이고, 사람에 따라 다른 선택을 하는 것이죠. 난 그것을 원치 않을 뿐입니다.

안도: 어째서요?

곽: 차는 마음입니다. 마음이 편안할 땐 어떤 종류의 차를 마시든 중요하질 않으니까요.

안도: 독특한 견해군요. 그럼 선생은 수많은 문파의 무술이 실력의 차이 없이 똑같다고 생각하시오?

곽: 제 생각은 그렇습니다.

안도: 선생 말처럼 실력의 차이가 없다면 왜 무인들은 끊임없이 대결을 하는 걸까요?

곽: 난 모든 무술이 똑같다고 생각합니다. 강하고 약함의 정도 차이일 뿐 무인은 대련을 통해 자기 자신을 발견하지요. 우리의 가장 큰 적은 우리 자신입니다.

안도: 대련을 통해 진정한 자신을 찾는다? 우리 삶에서 자신을 이기는 것이 가장 중요하다? 선생의 말씀이 절 탄복시키는군요. 정말 존경스럽습니다. 자, 차 드시죠.

두 사람의 대화는 중 논란의 여지는 '차에는 많은 차이가 있다'와 '차이가 난다 하더라도 자연 속에서 자란 것인데 다를 것이 없다.'라는 발언이다. 분명 세계 여러 곳에서 생산되는 여러 종류의 차들이 있고 각각의 차이들은 있을 것이다. 시중에 유통되는 차에는 분명이 등급과 가격, 그리고 재배시기에 따른 품종 등등 많은 단계별 분류가 존재하고, 그 차의 단계마다 가격도 천차만별이라고 할 수 있다. 하지만 곽원갑은 차의 등급이 차 자체에 있지 않다고 단언한다.

차는 등급이 없을까? 세상의 모든 것을 수직적으로 줄 세워야 마음이 편안하고, 높고 낮음을 가려 평가해야 속이 편한 인간의 심리가 등급을 매기는 것이라고 할 수 있다. 싼 것은 품질이나 가치가 덜어지고 가격이 비쌀수록 그에 비례하여 품질이 더 좋다고 판단하는 것이 인간이다.

자본주의 이데올로기 속에 사는 우리는 누군가에게 차를 대접하거나 차를 나누는 자리에서도 이 차가 가격이 비싼 차이고 등급이 높은 차라고 호들갑을 떨며 귀한 차임을 사전에 고지한다. 그래야 상대방도 차를 마심에 더 주의를 기울이고, 더 좋은 대접을 받았다는 느낌을 갖게 된다. 또 귀한 차를 대접을 받은 사람은 그에 상응하는 답례의 말이나 물질을 잊지 않는 것이 예의로 통한다.

곽원갑

하지만 영화 속 곽원갑의 말처럼, 차를 마심에 있어서는 차의 좋고 나쁨이나 등급을 논하는 것에 관심을 두기보다는, 차 마시는 사람의 마음에 초점을 맞추고 즐겁고 편안한 자리를 만드는 것이 우선이란 생각을 하게 된다. 그의 말대로 '차는 차일 뿐'이다. 차는 평등한 마음이다. 차는 그 속성이 수평적 사고와 수평적 관계를 지향한다. 모든 사람이 평등한 존재이듯, 모든 찻잎은 평등하기에….

• TEA TIME •

## 귤과 차나무의 만남, 소청감

진피보이
소청감

혜경궁은 사도세자의 정실이며 정조의 친어머니다. 〈원행을묘정리의궤〉 등 기록에 의하면 혜경궁 홍씨의 찻상, 조다(早茶), 주다(晝茶), 만다(晩茶), 야다(夜茶)에 귤병차가 빠지지 않았다. 귤병은 귤을 꿀이나 사탕에 졸여서 만든 당속으로 오늘날의 '귤정과'다. 귤병차란 이 귤병을 차로 달여 마신 것을 말한다.

조선시대 제주산 감귤은 수량이 한정돼 있었고, 또 바다를 건너오는 동안 풍랑으로 인해 배가 전복되기도 다반사라 매우 귀한 왕실 진상품이었다. 감귤은 조선에서 왕실의 제사상에 올라가 귀한 물건으로 종묘 제향을 시작으로 국가에서 관장하는 도성과 지방의 제사에서 제수(祭需)로 확산되었고 신하에게도 하사됐다.

또 귤의 말린 껍질은 중요한 한약재였다. 왕실에서는 감귤을 먹는 열매와 약재로 구분해서 매입했다. 왕실에서는 생강과 귤을 혼합한 귤강차, 인삼을 넣은 삼귤차, 향부자가 가미된 향귤차, 계피를 더한 계귤차, 소엽을 추가한 소귤차, 살구씨를 갈아 넣은 행귤차 등을 '탕'이란 이름으로 장복했다. 특히 귤피에 계피와 생강을 더한 계강차는 영조가 즐겨 마시던 차였다.

감귤의 약성은 속보다 껍질이 더 뛰어나다. 진피에는 비타민 C를 비롯하여 항암작용을 하는 비타민 P, 식이섬유인 펙틴, 콜레스테롤을 낮추는 테레빈유가 다량 함유되어 혈관의 탄력과 밀도 유지 기능이 있고 기침 가래, 혈관 환에 좋다고 알려져 있다. 또 차로 마시면 기(氣)의 순환을 좋게 하는데 기가 잘 뭉치는 가슴과 상복부에 작용해 스트레스, 소화불량을 해소한다.

진피백차

명대 의서인 《의학입문》에는 '기(氣)가 심하게 막힐 때 귤껍질만 끓인 귤피(陳皮) 일물탕이 효과적'이라고 기록돼 있다. 《동의보감》도 귤피의 약효를 '가슴에 뭉친 기(氣)를 풀어주고, 기운이 위로 치미는 것을 막는다. 기침과 구역을 다스리고, 대소변을 잘 통하게 한다.'라고 쓰고 있다.

귤뿐 아니라 같은 운향과 열매의 껍질은 차와 아주 잘 어울린다. 영국이나 프랑스 등에서는 운향과 베르가모트 열매의 정유를 첨가한 얼그레이 블렌딩 외에도 찻잎에 오렌지 필을 첨가한 블렌딩이 보편화 되어있다.

중국에서는 오래 묵힌 귤껍질, 진피가 묵힌 햇수에 따라 엄청나게 비싼 가격에 거래된다. 또 백차나 보이차에 귤껍질을 블렌딩한 제품들도 많이 생산되고 또 소비되고 있다. 운향과 열매·껍질의 적극적인 활용은 차의 부족한 향미를 보태주는 목적도 있지만, 기(氣)를 조화롭게 만들어 주는 약성으로 차의 효능을 더 강화해주는 기능에 있다고 할 수 있다.

–〈티마스터 이국희〉

## 07
# 양보할 수 없는 나만의 가치

〈利休にたずねよ(리큐에게 물어라)〉

세상을 움직이는 것은 무력이나 금전만이 아닐진대……

내가 머리를 숙이는 건 오직 아름다운 것 앞에서 뿐입니다.

원래 〈利休にたずねよ(리큐에게 물어라)〉는 일본의 소설가 야마모토 겐이치(山本兼一: 1956~2014)가 저술한 소설이다. 2008년에 초판이 출판되었으며 야마모토 겐이치는 이 소설로 일본에서 저명한 제140회 나오키상(直木賞)을 수상하였고, 이 소설이 2013년에 영화화된 것이다.

주인공 센 리큐는 일본의 다성(茶聖)으로 통하는 인물이다. 일본의 차 정신과, 차의 형식은 오다 노부나가와 도요토미 히데요시의 다도를 관장하는 책임자, 바로 센 리큐(千利休: 1522~1591)에 의해 16세기 말에 완성되었다고 본다. 그는 도가 갖는 일상성과 구도성을 극한으로까지 추구하여 와비차(わび茶)의 다도를 대성시켰다고 인정받는 인물이다. 그는 종래의 다실 크기를 절반으로 줄인 다실을 창출하고, 조선의 투박한 용기를 와비차에 어울리는 차 도구로 높이 평가하며 화경청적(和敬清寂)의 일본 다도를 완성했다.

차의 고전적인 형태는 원래 중국과 한국과 일본이 크게 다르지 않았을 것이다. 그러나 중세 이후 일본에서는 직업적으로 차를 다루는 다케노 조오, 센 리큐 등의 다인들이 활동하여 이들이 차를 달여서 마시는 여러 가지 규칙을 정하고, 이 규칙에 따라서 차를 즐기는 일을 '다도'라고 이름하며 나름의 독특한 차문화를 만들어 낸 것이다.

원작 소설의 주된 모티프는 센 리큐가 추구한 다도(茶道)와 토요토미 히데요시의 일그러진 욕망의 충돌, 그리고 센 리큐의 아름다움에 대한 사랑이다. 소설은 센 리큐가 아름다움을 추구하게 된 원인을 한 조선의 여인으로 돌린다. 그는 당파 싸움의 과정에서 납치되어 노예로 팔리게 된 왕가 출신의 조선 여인과 19세의 나이에 사랑을 나누게 되는데 평생 잊지 못하고 가슴에 품는다. 상대 여배우는 한국계 영국인 Clara Lee 다.

센 리큐 초상화

영화와 소설은 그 구성이 큰 차이가 없다. 리큐는 누구도 따라올 수 없는 심미안을 가지고 있었고, 소신과 집념으로 그만의 다도를 만들었는데, 괴팍한 권력자 도요토미 히데요시가 리큐를 질투하면서 결국 리큐에게 할복을 명하였고, 아름다운 것에만 고개를 숙이는 리큐는 굴복하지 않고 깨끗하게 죽음을 맞는다는 내용이다.

영화의 시작은 리큐가 죽음을 맞는 날 아침부터 시작해서 한 달 전, 1년 전, 3년 전으로 시간을 거슬러 가는 구성 방식이다. 리큐가 왜 할복하게 되는지, 리큐가 가장 소중하게 여기는 아름다움의 절정이라는 향합(香盒)은 어떻게 가지게 된 것인지 계속 궁금증이 이어지게 한다. 또 리큐를 비롯한 여러 인물들의 관점에서 에피소드를 다루어 리큐라는 인물이 어떠한 성격의 사람인지, 그가 다도에서 어느 정도의 경지에 이른 것인지, 그가 추구하는 아름다움이 어떤 것인지를 알려준다.

리큐는 자신만의 기준으로 세상과 다른 아름다움을 추구한다. 그리고 아름다움에 있어서는 절대 타협하지 않는다. 그렇기에 리큐는 아름다움의 정점에 있을 수 있었고, 죽음에 이르면서도 당당할 수 있었다. 그는 무궁화를 사랑했다. 중요한 장면마다 무궁화가 등장한다. 센 리큐가 사모한 조선의 여인이 죽음을 맞는 순간에도, 센리큐가 할복하여 죽는 장면에도 무궁화와 녹유향합이 자리를 지킨다.

무궁화 꽃은 하루뿐이나 스스로 영화로 삼는다. (槿花一日自爲榮)

어찌 모름지기 세상을 그리워하며 항상 죽음을 근심하리오. (何須戀世常憂死)

사실 이 글귀는 중국 시인 백거이의 시에서 가져왔다. 무궁화는 센 리큐가 사랑했던 여인을 상징하고 또 조선을 상징하는 메타포였다. 그리고 순간 피어서 지지만 끊임없이 스스로 영화를 이루는 꽃이었다. 그런데 우리나라 번역본의 표지 사진은 빨간 동백이다. 알 수 없는 일이다.

찻그릇을 이야기함에 중국은 천목다완(텐모쿠), 한국은 이도다완이 대표하게 된다. 일본을 대표하는 다완은 단연 라쿠다완이다. 이 라쿠다완은 센 리큐의 주문으로 아미야와 조지로라는 기와 장인이 물레를 사용하지 않고 손으로 꾹꾹 눌러 만드는 기법, 테즈꾸네로 만들기 시작한 것이 시초가 되었다고 한다. 모양은 단순하며 장식이 없고 손으로 만들어지기 때문에 약간 비정형이다. 크기는 작아서 손에 들어가기 때문에 차의 온기를 손에 전달할 수 있고, 저온소성으로 흙의 질감을 더 느낄 수 있어 인기가 있다. 도요토미 히데요시가 즐거울 락(樂라쿠)자를 하사하여 도자기 명문가인

'라쿠'가문이 탄생하였다고 한다.

영화에서 리큐가 할복자살하는 장면에 사용한 라쿠다완은 교토 라큐뮤지엄(樂美術館) 소장품으로 센 리큐의 유물 진품이라고 한다. 리큐는 검은색 다완을 특별히 좋아했다. 검은색은 나와 남의 경계가 사라지는 무아(無我)를 상징하기 때문이다.

우리의 삶이 항상 고결한 무엇인가를 추구하고 갈망해야 하는 것은 아니겠지만, 나의 생각이나 마음과 관계없이 세상에 쓸려 다니며 사는 것은 아닌지 돌아본다. 다도를 주제로 하는 영화 〈리큐에게 물어라〉는 우리가 과연 '양보할 수 없는 나만의 가치와 기준'은 가지고 살고 있는지를 돌아보게 한다.

•≡ • TEA TIME • ≡•

## 불멸의 설레임, ETS 얼 그레이 홍차

향이 좋은 홍차를 대표하는 얼 그레이 홍차는 홍차에 베르가모트 오일을 첨가한 가향홍차다. 차의 이름은 1830년대에 영국 수상을 역임했던 얼 그레이 2세(찰스 그레이) 백작의 이름에서 따왔다고 한다. 얼그레이의 '얼(Earl)'이라는 단어가 영국의 백작을 뜻하니 이름에서도 품위가 느껴진다. 베르가모트가 시트러스 계열의 열매이므로 상쾌한 향과 가벼운 신맛이 우러난다. 은은한 단맛도 살짝 있기 때문에 설탕을 안 넣어도 충분히 달콤하다.

많은 차 회사들이 얼 그레이 티를 내놓고 서로 원조 경쟁을 하기도 하지만, ETS사의 얼그레이티는 그야말로 확실한 여심 저격이다. 핑크색 기득한 틴과 장미꽃들, 앙증맞은 티팟 로고, 기품이 있는 베르가모트 향은 여인들 앞에선 언제나 옳다.

1980년, 우리나라 다방에 모닝커피에 달걀노른자를 넣어주던 시절, 낯선 미국 땅에 도착해 초대받은 미국인의 집에서 처음 접한 홍차가 바로 얼그레이 홍차였다. 핑크빛 꽃무늬, 뽀얀 도자기 찻잔에 붉게 우러난 찻물, 코끝을 스치는 달콤함과 따스함은 그야말로 가슴을 뛰게 하는 홍차의 신세계였다. 나중에 알았지만 그 차가 바로 english tea shop의 얼 그레이 티였다.

지금도 얼그레이 홍차 한잔을 만날 때면 언제나 가슴 뛰고 설레던 그때 그 시절을 떠올리게 된다. 세상의 많은 차들과 좋은 스승, 좋은 차벗들을 만났고, 차 전문가인 티마스터가 되어서도 처음 그 흥분과 설렘을 주었던 얼 그레이 티를 떠나보내지 못했다. 앞으로 삶에도, 얼 그레이는 분명 내게 불멸의 설렘이다.

– 〈티마스터 레몬 길인숙 〉

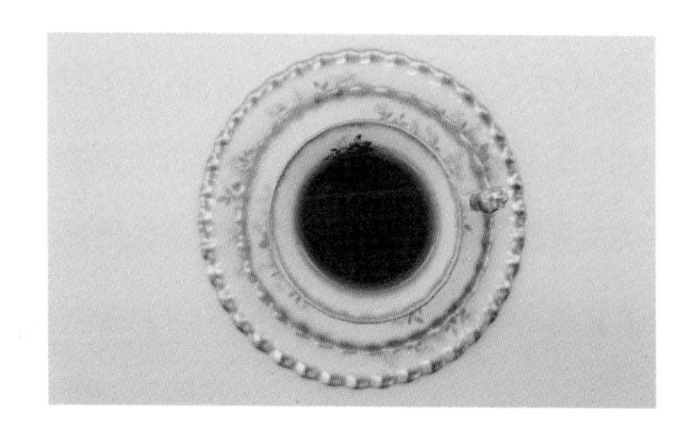

# 08

## 평범한 날들의 특별함

〈일일시호일(日日是好日)〉. 영화 제목의 글자 그대로 '하루하루가 좋은 날'이란 뜻이다. 행복은 멀리 있지 않다. 아주 가까이 있다. 이 제목은 《벽암록》에 나오는 당대 운문종의 종조 문언(文偃: 864~949)선사의 화두다.

시간은 물처럼 끊임없이 흘러가고, 화살처럼 빠르게 지나가 버린다. 무상하다. 지나간 시간이나 일에 집착해 봐야 아쉬움만 남아 고통뿐이다. 문언선사는 놓아버리라고 가르쳤다. 방하(放下)하면 벗어난다. 집착하면 묶인다. 비가 오나 눈이 오나 싫어하는 마음이 없이 자연의 순리대로 받아들이면, 봄에는 꽃이 피고, 여름에는 바람이 불고, 가을에는 달이 뜨고, 겨울에는 눈이 내린다. 365일 날마다 호시절인 것이다.

〈일일시호일(日日是好日)〉의 원작은 모리시타 노리코의 베스트셀러 에세이 〈매일매일 좋은 날(日日是好日)〉이다. 감독은 오모리 타츠시다. 영화 〈일일시호일(日日是好日)〉은 드라마틱하지 않다. 화려한 영상도, 애끓는 감성, 가슴 졸이는 위기도, 관객의 무릎을 치는 반전도 없다. 귓전을 울리는 음악도, 요란한 대사도 없다. 들리는 것은 물소리, 바람소리, 풀잎소리, 다기가 부딪치는 소리…. 오감으로 듣는 내면의 소리만이 가득하다. 요즘의 말초적 감각을 기대하고 본다면 별 재미없는 영화다.

주연 못지않은 존재감의 다도 선생, 다케나 역은 키키 키린이 맡았다. 2018년 이 영화가 공개되기 전, 키키 키린이 타계함으로써 이 작품이 그녀의 마지막 작품으로 기록되었다는 이야기는 가슴 한구석을 허전하게 한다. 이 작품은 언론의 평처럼 '키키 키린이 남긴 가장 아름다운 작별인사'가 된 셈이다.

영화는 20년간 다케다 선생 밑에서 오차를 배우는 노리코의 이야기다. 노리코가

'일일시호일'의 의미를 깨닫기까지는 10년 이상의 세월이 걸렸다. 대학 졸업 후 글을 쓰고 싶어 출판사에 취직하고 싶었으나 뜻대로 되지 않은 노리코는 엄마의 부추김으로 다케시 선생(키키 키린)에게 다도를 배우기 시작한다. 사촌도 함께였지만, 그녀는 취직을 하고 결혼을 하며 다도수업과 멀어진다. 영화 속 노리코는 꾸준한 다도 수업을 통해 하지의 장맛비와 가을비 소리의 차이를 느끼게 되고, 입동(立冬)에는 찬물과 더운물의 미세한 소리의 차이를 알아가면서 자연의 변화를 오감으로 느낄 수 있게 된다. 다도를 하면서 자신의 내면 변화를 바라보는 노리코는 그렇게 성숙해진다.

평범한 우리의 일상은 졸업, 취직, 결혼, 그리고 세속의 성공에 맞춰 사는 가파른 시간들의 연결이다. 이 시간에 적응하지 못하고 한 발짝 늦는 사람들을 우리는 쉽게 낙오자라 부른다. 영화는 낙오자처럼 보이지만 다른 한편에서 자연의 리듬에 조응하는 순간을 소중히 하는 노리코적 삶의 방식에 관심을 둔다. 결국 추위도, 더위도 그 자체로 하루하루가 좋은 날이다. 영화는 겨울의 모진 추위를 극복해야 입춘의 기쁨을 맛보듯 매년 반복되는 절기이지만, 한순간 한순간이 생의 단 한 번이니 '지금 이 순간을 소중히 여기라'는 다도의 '일기일회(一期一會)' 교훈을 보여준다.

영화는 절기마다 바뀌는 날씨와 햇볕, 족자와 창틀의 미세한 변화만으로도 다양한 시간의 결을 보여준다. 비 내리고 싹이 움튼다는 우수. 여름 더위가 시작하는 소서, 가을 이슬이 내리기 시작하는 백로, 눈이 펑펑 내린다는 대설. 그 바탕에는 자연에 생명을 부여하는 차 본연의 재료, 물이 있다.

같은 물이라도 각 계절의 물은 비와 눈으로 내리고, 이슬과 서리로 맺히며 절기의 근간을 이룬다. 때로 물은 가랑비로 내려 스며들었다가도 파도나 폭포처럼 거칠게 육박해오기도 한다. 영화는 그러한 삶의 이치를 물 흐르듯 자연스럽게 체득해가는 과정을 따라간다. 영화는 경쟁하듯 흐르는 세속의 시간에서 벗어나 계절에 맞는 차와 다과를 나누는 삶의 정취를 잔잔하게 보여준다. 절기에 따라 내오는 차와 화과자의 종류, 사용하는 다기, 벽에 걸어두는 족자가 달라지는 모습은 바뀌는 계절의 변화, 환경의 변화 등 자연의 모든 것에 의미를 부여하고 감사하며 이를 즐기기 위한 장치들이다.

'세상에는 금방 알 수 있는 일'과 '바로 알 수 없는 것'이 있다. 금방 알 수 있는 것은 흘려가게 놔두고 바로 알 수 없는 것들은 천천히 시간을 통해 나중에 이해하게 된다는 것이다. 노리코가 '왜?'라며 다도 형식의 이유를 묻지만, 다케다는 정확한 답을 주지 않는다. 아니 답을 주지 못한다. 말로 설명한다고 이해될 수 있는 것이 아니기 때문이다.

시간의 흐름을 따라 인생은 쉼 없이, 변함없이 흘러간다. 그 한결같음을 유지하기 위한 장치가 형식이다. 인간뿐 아니라 생의 모든 것이 변해도 변하지 않는 것, 계절이 돌아 다시 찾아오는 것. 끊임없는 반복을 통해 틀을 만듦으로써 부동성, 영원성을 체득하게 하는 것이 다도다. 다도를 배운지 10년, 노리코는 타고난 센스와 감각이 부족하다는 자기한계에 부딪치게 된다. 그러나 그녀는 이런 자신의 한계를 극복하려 노력하지 않는다. 그냥 이해해버린다. 순응하고 받아들임으로써 형식이 된다.

다케다: 머리로 생각하지 말고 손을 믿고 차를 배워 나가요. 차는 형식이 우선이에요. 그다음에 마음을 담는 거죠.

노리코: 손이 저절로 물동으로 갔어요.

다케다: 손이 아는 거예요.

노리코: 어느 날 미세한 소리의 차이를 느꼈다. 이따금 오래된 감정이 살아났다 사라졌다. 내 안에서 무언가가 바뀌어 간다.

노리코는 어느날 문득 뜨거운 물과 차가운 물의 미세한 소리의 차이를 깨닫는다. '찬물을 따를 때는 청량한 소리가 나고, 뜨거운 물을 따를 때는 뭉근한 소리가 난다.' 다케다 선생님의 말처럼 차는 머리로 이해하고 배우는 것이 아니다. 시간의 경험을 통해 인생의 진정한 의미를 깨닫게 하는 존재인 것이다.

영화에서는 지극히 일본적인 형식 다도를 보여준다. 십 년이 넘는 시간의 차 수업

모습을 상세히 보여주지만 정작 차의 색·향·미에 대한 언급은 한 마디도 보이지 않는다. 일본 다도에서 차의 존재는 형식에 갇혀 있다. 일본이 모든 분야에 도(道)를 가져다 붙이는 것은 바로 이런 형식주의에 기인한다. 묻지도 따지지도 말고 그냥 정해진 형식을 따르다 보면 완성되는 달인의 경지는 일본적인 장인정신의 본질이다. 이는 중국에서 볼 수 없던 새로운 예술적 경지로 일본 문화의 특색인 셈이다.

그렇다고 원칙과 형식을 따르는 것만이 일본의 다도는 아니다. 계절이 바뀌면 또 새로운 방식이 자리를 잡는다. 다케다 선생은 이렇게 말한다.

"그건 여름 방식이고 이건 겨울 방식이죠.
괜찮아요. 여름 방식은 다 잊어요.
감각을 바꿉시다.
화로가 나왔으니 그 방식에 집중해요."

TEA TIME

## 한라산 잔설 바람, 바닷바람이 키운 제주 화산암차

"어느 나라를 가도 나라마다 독특한 차가 하나씩은 있는데 우리나라는 없다. 어떤 희생을 치르더라도 우리의 전통 차문화를 정립하고 싶다.

– 아모레퍼시픽 창업자 故 서성환 회장

故 서성환 회장은 우리가 우리 차에 대해 별 신경을 쓰지 않던 1980년대부터 척박한 땅 제주도에 차를 가꾸기 시작했다. 40여 년을 고생하며 한국의 차문화 전파를 위해 애쓴 결과 이제는 세계적으로 인정받는 명차를 만들기 시작했다. 중국차의 성지, 무이산에 무이암차가 있다면 '우리 한라산에는 화산암차가 있다'는 사실이 우리를 자랑스럽게 한다.

오설록의 여러 제품 가운데 제주의 자연이 빚은 발효 숙성차, 제주 화산암석층이 키워낸 구수한 풍미의 반발효차, '제주 화산암차 511'은 고온 다습한 기후에서 잘 자라는 차나무의 재배 조건에 가장 최적의 산지인 제주의 명차다.

돌과 바람이 전부였던 제주의 버려진 땅, 화산재가 굳은 돌덩이가 많아 '돌송이'이라 불리던 차밭은 산과 바다가 동시에 접하고 있어 한라산의 잔설을 품은 산바람과 바다의 수분을 머금은 바닷바람이 만나 질 좋은 찻잎을 만든다.

찻물은 90°의 제주 삼다수를 추천한다. 맑고 영롱한 금빛 탕색은 잘 숙성된 위스키를 연상하게 하며 곡물을 볶은 것처럼 구수하다. 루이보스의 향과 비에 젖은 삼나무의 향이 그윽하다. 옥수수나 결명자차와는 다른 구수함이 느껴지고, 다른 녹차와 달리 떫은맛이 없어서 끝 맛이 깔끔하고 편안하다.

– 〈티마스터 송문주〉

Party.13

# 그림 속의 차, 차 속의 그림

동서양을 막론하고 차는 우리 사피엔스 삶에 있어 정신적 육체적 치유와 삶 속의 여유였고 소통의 역할을 수행해왔다. 화가들은 지혜로운 인간, 사피엔스가 차를 즐기는 모습들을 화폭에 담았고, 이 그림들은 또다시 삶의 공간 속에 배치되어 사피엔스에게 다른 형태의 시각적 행복감과 함께 사유의 공간을 선사함으로써 또 다른 문화의 영역을 만들어냈다. 우리말로는 차그림, 한자어로 다화(茶畵), 영어로 굳이 번역하자면 '티 페인팅(Tea Painting)'이다.

차그림을 좁은 의미로 보면 차를 마시는 공간, 다실의 벽에 걸어놓고 차와 함께 감상하거나, 자신과 자연을 돌아보고 마음을 안정시키는 그림이나 글씨다. 실내 차실 문화가 발달한 중국이나 일본에는 다실 벽에 차를 마시며, 혹은 차를 마시기 전후에 감상할 좋은 그림이나 글씨를 걸어두었다. 차 공간의 벽에 거는 그림이나 글 속에 꼭 차나 다구, 차를 마시는 사람이 들어가야 하는 것은 아니니 그 범위는 더 넓은 영역으로 확장될 수도 있을 것이다.

# 01
## 손가락으로 그린 그림

형편없는 그림을 보고 우리는 '야, 내가 손가락으로 그려도 이것보다는 낫겠다.'라는 말을 한다. 그런데 조선시대의 그림 속에 정말 손가락으로 그린 멋진 그림이 있다. 바로 소나무 아래 차를 마시다. 〈송하음다(松下飮茶)〉란 작품이다.

우리 옛 그림에는 다동이 차를 끓이는 장면을 그린 그림은 많이 보이는데 정작 차를 마시는 장면을 만나기는 쉽지 않다. 조선 후기 화가 심사정(1707~1769)이 그린 〈송하음다(松下飮茶)〉란 그림은 제목처럼, 소나무 아래 찻잔을 높이 들어 목으로 넘기는 순간을 담은 그림이다. 작가 심사정은 숙종대에 최고 명문가에서 태어났으나, 조부 심익창의 역모 사건에 발목이 잡혀 평생을 불우하게 살았던 궁정 화가다. 명문가의 자손으로 태어나기는 하였으나 대역죄인의 자손이 되어 평생 화가로서 외롭고 고단한 생을 살다간 그는 고유의 조선적 미감으로 남종화를 재해석할 줄 아는 높은 안목의 소유자로 알려져 있다. 바로 그가 남긴 〈송하음다〉를 보면 기법과 화면 구성 면에서 동시대 화가들과 달리 매우 실험적이고 진취적인 자세를 보여주고 있다.

심사정, 〈송하음다(松下飮茶)〉, 종이에 수묵담채, 18세기, 삼성미술관 리움 소장

그림 속 우측상단을 보면 낙

관과 함께 지두법(指頭法)이란 세 글자가 보인다. 이 세 글자는 그림의 제목이 아니다. 지두법이란 손톱과 손바닥 그리고 손가락에 먹을 묻혀 그림을 그리는 방법을 말한다. 언뜻 보면 손가락으로 그린 그림이라고 보기에는 어려울 정도로 섬세하다. 자세히 들여다보면 붓 터치와는 사뭇 다른 흔적이 여기저기 보인다. 소나무 잎도 그리 섬세하게 그리지 못했다. 손가락에 먹을 찍어 그리자면 손끝이 붓처럼 먹물을 오래 머금고 있지 못하니 재빨리 그려야 하는 것이다.

당대의 육우는 차가 검박(儉樸)한 사람에게 어울리는 음료라고 했다. 차가 검소하고 소박한 삶의 풍취를 대변한다고 할 때, 질 좋고 값비싼 붓이 아니라, 인간이 본래 가지고 나온 다섯 손가락만으로 그린 이 작품의 경지 또한 그러한 검덕의 차 세계와 서로 맞물려 있음을 알게 해 준다.

불을 살피는 화후(火候)는 팽다지요(烹茶之要)라고 했다. 적절한 화후가 차를 만드는 가장 중요한 포인트다. 옛사람들은 불이 약하면 물이 차의 기운을 지워버리고, 불이 너무 세면 차가 물을 제압해 버린다고 했다. 낮은 온도에서는 차가 맛이 제대로 나지 않고, 너무 높은 온도로 끓이면 차가 써져 버린다. 하지만 잔을 든 사내는 조급해하지 않고 그저 시동을 물끄러미 바라만 본다.

청빈(淸貧)이 선비의 미덕이고 보니 별다른 다구가 보이지 않고, 그저 풍로 하나, 다관 하나, 찻잔 하나가 차살림의 전부다. 세 사람이 자연 속에 스며들어 거스름이 없다. 그대로가 자연이다. 자연의 한 가운데, 기름지거나 화려하지 않은, 지극히 청빈하여 자연과 어우러지는 조선 선비의 찻자리는 우아하고 기품이 있다.

•—≡• TEA TIME •≡—•

## 선녀에게 받은 차, 몽정황아蒙頂黃芽

중국 십대명차 가운데 하나. 사천성 몽정산에서 나오는 명차로 2천 년의 역사를 자랑한다. 서한(西漢) 선제(宣帝)의 '감로(甘露:B.C53~B.C50)' 연간에, 몽정산 감로사의 보혜선사 오리진이 선녀 옥엽선자에게 받은 차 씨앗을 바로 몽산에 심어 일곱 그루의 차나무를 최초로 재배했다고 전한다. 오리진에서 기원한 몽정산의 차는 선차(仙茶)라고 불리며 AD 742년 당나라 현종 때부터 AD 1911년 청나라 말기까지 황실공차로 헌공됐다. 중국 최초의 황실공차로서 1169년이라는 최장기간 동안 이름을 떨친 선차는 지금도 황차원이라는 이름으로 보호받고 있다. 몽정산에서 생산되는 차는 황아차 외에 녹차인 몽정석화, 몽정감로차 등이 있다.

몽정황아는 6대다류 가운데 황차, 후발효차로 분류된다. 중국 십대명차로 선정되기도 하였다. 1아1엽(작은 싹 한 개에 어린잎 하나)의 찻잎이 황아차의 기준이다. 외형은 평편하고 곧으며 길고, 싹은 노랗다. 싹의 호(솜털)이 선명하다. 탕색은 연한 호박색에 밝은 회녹빛이 돈다. 구수한 후발효 향과 깊은 꽃향이 나고 신선하고 순수한 회감이 두드러진다.

중국 돈황석굴에서 나온 《다주론》에는 차가 술에게 자신의 존재감을 자랑하는 내용 가운데 중국 사천성(촉산)의 명차인 몽정차가 험준한 산맥을 넘어오는 귀한 차라고 강도하는 대목이 있다. 촉산은 바로 지금의 진령산맥, 중국 사천성의 경계를 말한다. 삼국지에서 유비가 차지했던 익주가 촉이다.

우리나라에서는 조선 말기 초의선사의 〈동다송〉 10송에도 몽산차를 몽산약(蒙山藥)이라 하며 약성이 좋은 차로 소개한다. 물론 우리 차도 이에 못지않다고 초의는 말씀하시지만….

–〈티마스터 김은선〉

# 02

## 파초로 만든 사운드 스케이프(soundscape)

조선 후기 화가 이재관(李在寬, 1783~1837년경)의 자는 원강(元綱) 호는 소당(小塘)이다. 그는 선비의 소탈하며 우아한 차, 글씨, 낚시 등의 취미생활을 그림으로 표현해 문인의 이상과 지향성을 잘 보여주는 작가로 알려져 있다.

〈파초제시도芭蕉題詩圖〉 종이에 수묵담채 37㎝ X59㎝(고려대박물관소장)

소당 이재관은 젊어서 아버지를 여의고 집이 가난하여 그림을 팔아 어머니를 봉양했다고 한다. 김홍도처럼 화원 집안의 후손은 아니었고, 일정한 스승 밑에서 본격적인 그림 수업을 받을 기회도 없었던 자수성가형 화가였다. 하지만 그의 그림은 일본 사람들에게도 인기가 있어, 해마다 동래관으로 부터 구매해갔다고 한다. 그는 독자적으로 조선의 전통적인 화법을 계승하면서 독자적인 남종화의 세계를 수립한 마지막 화가로 평가된다.

> "특히 실물과 꼭같게 그리는 초상화에 뛰어나서 위아래로 백 년 사이에 이런 그림은 다시없을 것이다.(尤長於傳神寫照 上下百年無此筆也)"
>
> – 조희룡의 《호산외기壺山外記》 〈이재관전李在寬傳〉에서

그의 그림 속에는 파초가 많이 보인다. 추운 겨울을 나야 하는 우리나라에는 흔하

지 않은 파초는 강인한 생명력을 지니고 기사회생 정신과 세속의 무상함을 나타내기도 하는 오묘한 식물이었다. 특히 조선의 문인들이 남방계 식물인 파초를 정원에 심어 감상하는 문화를 형성한 것은 특기할 만하다. 왜냐하면 파초는 중국 원산의 온대성 대형 초본식물이기 때문이다. 조선 땅에서 파초를 심고 가꾸기 위해서는 특별한 노력을 기울여야 했을 것이다. 특히 영하의 한반도 겨울을 나기 위해서는 파초의 뿌리를 보온재 감고 보살피는 정성이 필요하다. 그 수고로움을 감수하면서까지 문인들이 파초를 사랑한 이유는 무엇일까?

파초를 자세히 들여다보면, 겨우내 죽은 듯하다가 봄이 되면 끊임없이 새 잎을 밀고 올라오는 모습이 신비롭기 그지없다. 매년 봄 어김없이 새순이 다시 돋아나는 파초의 속성은 강인한 생명력으로 변하지 않는 의리의 상징이 되었다. 옛 선비들은 파초의 이미지가 '군자는 하늘을 따라서 스스로 굳세고자 노력하며 쉬지 않는다(君子以自強不息)'는 자강불식의 정신과 합치된다고 보였다. 이것이 문인들은 파초를 아끼고 사랑했던 가장 큰 이유라고 할 것이다.

뿐만 아니라 파초는 오래전부터 글을 쓸 수 있는 종이로서의 역할도 하였던 것으로 보인다. 중국 당대의 회소(懷素, 725~785)는 파초 수천 포기를 심어 놓고, 잎을 종이 삼아 글씨를 연습한 끝에 뛰어난 서예가가 되었단다. 바로 회소의 이야기를 그림으로 보여준 것이 위의 작품 〈파초제시도〉다. 시동은 옆에서 먹을 갈고 있고 나이가 지긋한 선비가 땅에 엎드려 파초 잎에 글씨를 쓰고 있다. 종이를 살 여유가 없어서, 혹은 종이를 아끼기 위해 파초 잎에 글씨를 연습하는 것이다. 역시 청빈한 선비의 모습을 표현하고 있다.

뒤편에는 파초와 괴암 사이로 차를 달이는 풍로와 찻상이 보인다. 상위에는 서책과 물이 담겨있을 듯한 주자, 그리고 작은 잔이 놓여있다. 차를 마시고 글씨공부를 하는 것인지, 글씨 공부를 하고 차를 마실 양인지 알 수 없지만 글씨에 열중한 모습이 자못 진지하다.

차와 함께 파초가 등장하는 다른 그림을 보자.

파초가 있는 뜰 한 모퉁이, 사방관을 쓴 선비가 비스듬히 평상에 앉아 차를 준비하는 다동을 바라보고 있다. 화제는 〈고사한일〉. 역시 소당 이재관의 작품이다. 파초는 다년생 식물로 잎이 넓고 선인(仙人)의 풍취가 있어 옛사람들의 많은 사랑을 받았던 식물이다. 또한 잎이 아름다워서 예로부터 화조화, 민화 등의 소재로 자주 등장하였다.

조선조 전기의 문신 강희맹은 〈양초부(養蕉賦)〉에서 파초의 덕성을 이렇게 노래했다.

"파초는 연한 바람에 쉬 부서져 송죽같은 곧은 자세는 없으나 중심에서 솟아나와 이어지는 모습이 진실로 유위(惟危), 유미(惟微)한 인심(人心)과 도심(道心)에 절로 맞으니 뜰 앞에 심어서 군자의 맑은 의론에 가까이함이 마땅하다고 했습니다."

중국에서 시작된 파초 사랑은 조선에서도 파초의 다양한 인문적 상징을 낳았다. 커다란 푸른 잎과 속이 빈 잎줄기, 여름의 무성함과 가을의 조락, 새잎이 끊임없이 펼쳐져 나오는 생장 모습에서 기인한다.

파초에 특별한 의미를 부여한 유학자는 바로 북송시대 장재(張載: 1020년~1077년)다. 그의 시 〈파초(芭草)〉를 보자.

파초 속잎 다하면 새 가지 펼치고
돌돌 말린 새 속잎 슬며시 따라 돋아나니

새 속 배워 새로운 덕 쌓고

이어 새잎 따라 새 지혜 펼쳐내리[66]

장재는 바로 남송의 주희가 완성한 성리학의 기초를 닦았다고 평가되는 학자로, 성리학 이론 중에도 격물치지(格物致知)를 정리해낸 대표적 학자다. 격물치지란 사물을 자세히 관찰하여 그 사물 속에 내재된 우주의 원리를 깨친다는 성리학의 학문 자세를 말한다. 장재(張載)는 격을 '제거하는 것으로 사물 밖에서 사물을 지각할 수 있다.(格去也, 物外物也)'고 보았다. 즉 대상으로서의 사물을 제거할 때 마음이 평정하게 사물을 지각할 수 있다고 보았다. 그의 시에서 파초는 사물을 잘 관찰하여 그 존재의 원리를 깨우침으로[67]양지(良知)의 세계로 나아가고자 하는 '격물'의 대상이다. 이 시가 조선시대 문인들에게 파초를 격물치지의 대상으로서도 인식되도록 한 계기가 되었음은 자명하다.

문인의 정원뿐 아니라 사찰에서도 파초는 즐겨 심어지는 정원수였다. 지금도 사찰의 대웅전이나 극락전 앞에는 파초를 심는 경우가 흔하다. 파초는 특히 선불교와 깊은 관련이 있다. 달마대사의 제자인 혜가가 도를 얻기 위해서 자신의 한쪽 팔을 잘랐을 때, 갑자기 땅에서 파초가 잘 혜가의 잘린 팔을 고이 받쳐 들었다는 전설, '혜가단비(慧可斷臂)'의 고사에 의해 파초는 불가에서 종교적으로 중요한 의미를 지닌 식물로 취급되었던 것이다.

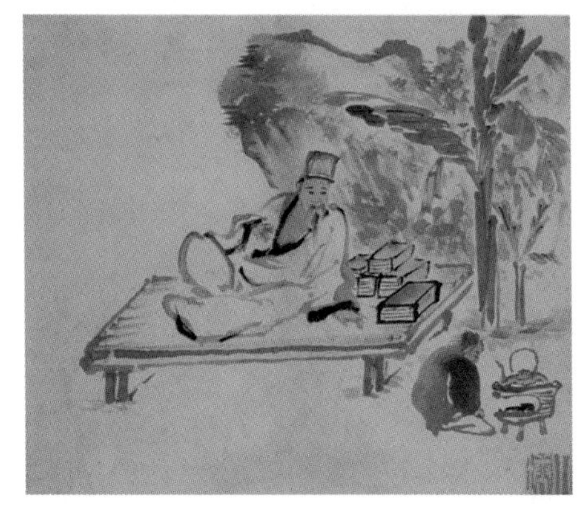

〈고사한일高士閑日〉, 종이에 수묵담채 22.7㎝x27.0㎝ (삼성미술관 리움)

---

66 芭蕉心盡展新枝 心卷新心暗己隨 願學新心長新德 旋隨新葉起新知

67 관물찰지(觀物察理): 사물을 잘 관찰하고 이치를 살피다.

〈혜가 단비〉 구례 화엄사 벽화

달마는 선불교의 시조로 차(茶)의 시작과도 깊은 관련이 있다. 달마대사가 소림굴에서 9년 면벽 수련할 때, 졸음을 참기 위해 베어낸 눈꺼풀이 찻잎이 되었다는 전설적인 이야기도 있지 않던가. 파초는 혜가가 팔을 자르는 고통을 감내하며 깨달음을 추구할 때, 땅에서 솟아나 부처의 가르침인 탈속(脫俗)과 함께 '무아', '덧없음'을 일깨우는 각성물로서의 의미를 보여준다.

사실 파초는 자신이 가진 상징적 의미보다도 실용적 활용성으로 많이 사랑받았다고 보인다. 또 파초는 종이가 귀한 시절 종이의 대체재로 글씨나 시를 쓰기도 하였고, 술잔으로 사용되었다. 특히 문인들에게 파초는 여름날의 수양과 함께 아취(雅趣)를 즐기는 풍류의 용도로 쓰였다. 파초는 넓고 푸른 잎을 가졌기에 여름철 정원에 녹음과 청량감을 제공하는 '시각적 용도'로 활용되었다. 신선들이 들고 다니던 파초선(芭蕉扇), 제갈공명이 즐겨 들고 다녔던 파초선은 더위를 피한다는 실용성과 함께 신선의 세계를 보여주는 상징적 의미를 가진다.

아울러 파초는 그림 속에서 청각적 효과로 사용되었다. 옛사람들은 여름철에 큰 잎에 후두둑 후두둑 떨어지는 빗소리를 즐기는 '파초우성(芭蕉雨聲)'의 운치를 위해 파초를 심었다. 바로 파초의 '사운드 스케이프(soundscape)68' 효과다. 공간에서의 '청각적 활용'을 위해 배치되었던 것이다. 옛사람들의 이러한 실용성, 낭만성을 이해하면, 파초를 배치한 공간이 아름답게 보이지 않을 수 없다.

68 캐나다 작곡가 머레이 쉐이퍼(Murray Schafer)가 제창한 sound와 landscape의 조합어로 청력으로 감지하는 풍경, 소리경관이라고 번역된다.

단원 김홍도도 파초 그늘 아래 차를 달이는 다동의 그림을 남겼다.

〈초원시명도 蕉園試茗圖〉(김홍도) 종이에 담채 37.8×28.0㎝ 간송미술관

위의 그림 〈초원시명〉은 '파초나무 정원에서 차를 맛보다.'라는 뜻이다. 파초 그늘이 멋지게 우거진 마당에서 동자가 차를 끓이고 있다. 질화로에 무쇠 다관을 올려놓고 쪼그리고 앉은 채 부채질을 해대며 숯불을 피우는데, 머리도 빗지 않은 듯하다. 파초 밑에는 그저 마당의 바윗돌 위에 거친 나무판을 걸쳐서 만든 질박한 탁자가 놓였고, 그 위에 은사의 조촐한 살림이 보인다. 책 두 권에 작은 원형 벼루와 몽당 먹, 볼품없는 족자 세 개, 줄 없는 거문고(무현금), 투박한 찻잔 세 개가 아무렇게나 널려있다. 차를 마시는 선인, 혹은 주인이 보이지 않아 더 아취가 있다.

단원 김홍도의 또 다른 차 그림 〈전다한화〉다. 역시 다동과 함께 파초가 등장한다. 커다란 탕관을 얹은 화로 앞에 쌍 상투를 튼 다동이 앉아 부채를 들고 불을 살피고 있다. 뒤편의 배경이 그림의 3분지 2를 차지하고 있는데, 우람한 기암과 우거진 파초, 그리고 종려나무다. 시원한 녹음, 손에 든 부채로 보면 때는 한여름인 듯한데, 의상은 다소 무거워 보인다. 탁자 위에는 키가 큰 난꽃 화분이 놓였고 줄이 없는 거문고와 서책 몇 권이 보인다, 간단한 다구가 보이는데 다완이나 잔 정도로 보인다.

《산수일품첩(山水逸品帖)》 中, 〈전다한화(煎茶閒話)〉

다호가 없는 것으로 보아 역시 포다법이 아닌 전다식의 달여 마시는 차를 즐기는 모습이다.

개자원화보 인물 구도 사례

왼쪽 상단의 화제는 '승사일상대 주인상독한 (勝事日相對 主人常獨閒)'이다. '승사'는 뜻에 맞는 사람들 경치 좋은 곳에서의 만남을 뜻한다. '경치 좋은 곳에서의 만남인데, 쥔장께선 유유자적하시다'라는 의미로 보면 되겠다. 찾아보니 당대 유장경(劉長卿 약726년~약786년)의 〈회계왕처사초당벽화형곽제산(會稽王處士草堂壁畫衡霍諸山)〉의 시 구절이다. 유장경은 두보(杜甫)보다 3살 연상으로 오언시(五言詩)를 잘 지어 오언장성(五言長城)이라 불렸다. 젊었을 때는 낙양(洛陽) 남쪽의 숭양(嵩陽)에서 살면서 청경우독(晴耕雨讀)하는[69] 생활을 하였다고 알려져 있다. 하지만 두 사람이 마주 앉은 자세는 조선시대 화가들이 그림을 배우는 교재인《개자원화보(芥子園畵譜》의 한 장면이기도 하다.

왼쪽 상단에 두 사람이 앉아있는데 주인은 오른쪽으로 돌아보며 느긋한 모습을 그대로 옮겨 왔다. 두 사람은 등이 없는 의자에 마주 앉았다. 부채를 들고 있는 사내가 주인인 듯, 뒤를 돌아보며 다동에게 불의 문후를 잘 살피라고 주의를 주고 있는 듯하다. 소탈함과 함께 번거롭지 않은 야외 찻자리의 담담한 운치를 잘 보여준다 하겠다.

69 청경우독(晴耕雨讀) : 맑은 날은 밭을 갈고, 비오는 날은 독서를 하다.

TEA TIME

## 금목서 홍차/녹차(백운옥판차)

강진의 이한영 차문화원에서 우리나라 최초의 녹차 브랜드 '백운옥판차'를 만날 수 있다. 강진 월출산 아래에 가면 먼저 우릴 반기는 것은 다향산방이다. 선생의 3대손인 이효명씨가 운영하는 찻집이다. 이담로 선생의 12대손인 이효천씨(백운동정원 기거)가 그간 소장하고 있던 '백운옥판차'와 꽃과 상호가 새겨진 나무도장을 2006년도에 이효명씨가 넘겨받으면서 말로 전해져오던 '백운옥판차'를 이한영 선생이 직접 만들어 시판했음이 확인되었다.

'백운옥판차'는 찻잎을 백운동 옥판산에서 채취해 만들었다 해서 붙인 이름이라고 한다. 다향산방의 안쪽에는 2010년에 강진군청에서 복원한 두 채의 초가집이 있다. 우리나라 최초의 시판 상품차가 만들어진 곳이다. 이한영은 1868년생으로 1890년 우리나라 최초의 시판차 '백운옥판차'를 만들었다. 당시 나이가 23세다. '백운옥판차'가 기록에 남게 된 것은 그의 거동이 불편해진 후인 71세 때 총독부 산림과 농무관이었던 이에이리(家入一雄)가 1939년 다녀가고 나서란다. 그는 제다법과 형태 품질 등을 꼼꼼히 듣고 가서 《조선의 차와 선》이란 책을 냈다.

최근 이곳에는 덖음 녹차인 '백운옥판차' 외에도 다양한 블렌딩 차도 생산하고 있다. 강진산 우리 홍차에 강진산 금목서(계화)를 블렌딩한 금목서 홍차는 일품이다. 핑크빛 금속 틴에 반짝이는 금빛 스티커가 홍차 속을 떠다니는 금목서를 상징한다. 품이 더 들겠지만 2.5g의 소포장도 현대적이다. 남쪽 땅 강진에서 우리 차의 전통과 변화의 몸짓을 느낄 수 있어 행복하다.

– 〈티마스터 김영임 〉

## 03

# 솔 바람소리에 선약을 달이다

이재관 〈오수도(午睡圖)〉 종이에 담채 56cm X 122cm 호암박물관 소장

노선비가 방안에서 책더미에 기대어 잠이 들었다. 마당 한쪽, 괴석 아래에선 시동이 차를 달이고 있다. 시동이 고개를 돌려 바라보고 있는 것은 두 마리 학이다. 화면 왼쪽엔 학 두 마리와 노송 한 그루가 그려져 있다. 소나무, 두 마리의 학과 차를 달이는 화로, 다동은 모두 장수의 상징이다.

화제는 '금성상하 오수초족(禽聲上下 午睡初足)', 오수(午睡)는 낮잠이니 그림속에는 '위아래로 새소리는 가득한데, 살짝 낮잠이 쏟아지다.'라고 해석할 수 있다. 우선 소나무, 대나무, 괴석과 다동의 편안한 시각적 이미지에 동물소리라는 청각적 이미지가 복합되어 입체적인 효과를 자아냈다.

유가적 공간에서 소나무는 절개와 지조를 의미한다고 볼 수 있다. 거대하게 자란 소나무는 장엄한 모습을 보이고 눈보라 치는 역경 속에서도 변함없이 늘 푸른 모습을 간직하고 있다. 오른쪽에 괴석 뒤로 보이는 대나무도 선비의 곧은 절개를 보여준다. 우리나라 역사 기록에는 소나무와 대나무는 절개와 지조 외에 현실을 벗어난 탈속(脫俗)의 뜻으로 등장한다.

〈오수도〉는 대나무 숲에 은일하며 세상에 나서지 않았던 위진남북조의 죽림칠현을 떠올리게 한다. 노장사상과 청담 사상 유행하던 시절, 세상을 등지고 죽림(竹林)에 모여 풍류를 즐겼다는 일곱 현인(賢人), '죽림칠현'은 이론적이고 사변적인 현학(玄學)을 이끌었다. 하지만 〈오수도〉의 주인공은 죽림칠현처럼 일곱 명이나 우르르 몰려 술이나 마시며 세상에 냉소를 던지지 않는다. 그저 혼자서 새소리 들으며 책을 베고 누워 차를 기다린다. 혼자 마시는 차는 '이속(離俗)'이다. 혼자서, 또는 둘이서 차를 마셔야 속됨을 떠나거나 한가한 고요를 얻을 수 있는 것 아닐까?

소나무 등걸과 시원하게 뻗은 가지의 주저함 없는 묘사가 탁월한 찻자리 그림 하나를 더 보자. 길게 뽑아 내린 가지가 동자와 사슴에게 넉넉한 그늘을 만들어 아늑하다.

차 달이는 장면을 그린 신선도는 조선후기 우리 그림이 갖는 특징이라고 할 수 있다. 임진왜란과 병자호란이란 혼란을 겪은 뒤, 생명에 대한 위기의식이 느껴지는 사회적 혼란기에 도교의 신선사상과 함께 신선도가 유행했었다.

바위 절벽에서 쏟아져 내리는 폭포를 배경으로 더벅머리의 복스럽게 생긴 미소년이 다로(茶爐) 앞에 쭈그려 앉아서 부채로 숯불을 일궈내고 있다. 화로 앞의 아이는 선동(仙童)이다. 다로 위에는 탕관이 올려져 있고 선동 곁에는 커다란 두 뿔의 선계 수사슴 한 마리가 무릎꿇고 앉아서 차 달이는 장면을 무심히 바

이인문 〈선동전다도(仙童煎茶圖)〉 18세기후반, 지본채색, 31.0X41.2cm 간송미술관 소장

라보고 있다.

작품의 제목이 〈선동전다도〉인 이유는 무엇일까? 신선과 차는 어떤 연관이 있을까? 문득 화면의 왼편에 있는 시문으로 눈길이 간다. 간재 홍의영(洪義泳, 1750~1815)의 글이다.

너와 사슴이 모두 졸기라도 한다면 차 달이는 불길은 때를 넘기리라.
(汝與鹿俱眼 湯藥之火候過時)

영지버섯과 노루, 그리고 두루마리 책, 차 다리는 선동은 신선이 사는 장면에 자주 등장하는 소재다. 차는 신선들의 음료로 선약이라고 부르기도 한다. 신선이 될 수 있는, 혹은 신선의 상태를 유지하게 해주는 영생불사의 선약이 바로 차인 것이다. 차는 사람을 선계로 이끄는 영약이며 신선의 음료이다.

솔 아ᄅᆡ 童子ᄃᆞ려 무로니 니르기를 先生이 藥을 ᄏᆡ라 갓너이다
다만 이 山中에 잇건마ᄂᆞᆫ 구름이 깁퍼 간 곳을 아지 못게라
아희야 네 先生 오셔드란 날 왓더라 ᄉᆞᆯ와라.

– 작자미상, 〈청구영언(靑丘永言)〉

•—≡• TEA TIME •≡—•

## 한반도 최북단의 차, 고성 솔이슬(松露)차

차나무는 아열대 식물이다. 온대에 속하는 우리나라는 국토의 남부지역 일부를 제외하고는 차나무의 재배가 쉽지 않다. 북위 33도가 북방한계선으로 알려져 있다. 한반도 최북단의 차밭은 어디에 있을까?

열악한 차나무의 성장환경이 우리를 차보다 커피에 익숙하게 만들었을 수도 있을 것이다. 하지만 우리보다 북쪽인 북한에도 차가 생산된다고 알려져 있다. 황해도 강령과 고성에 다원이 있고 '은정차'라는 이름으로 제품화되어 있다. 서해안 강령의 위도보다 동해안 고성이 좀 더 높다고 보면 한반도 차의 북방한계선은 고성인 셈이다. 강원도 고성에서는 남고성과 북고성이란 말을 사용한다. 고성은 DMZ 군사분계선으로 반 토막이 나 있다. 남고성이 남한의 고성군이고 북한쪽 고성이 북고성이다. 남고성은 위도상으로 남한의 최북단이고, 북고성은 북한에서 가장 따뜻한 남쪽 지역인 셈이다. 보통 차나무는 영하 13도에서 동해를 입는다고 알려져 있는데, 북한의 '은정차'는 영하 19도에서 살아남은 차라고 홍보한다. 김일성 주석이 중국 산동에서 차나무 품종을 들여와 재배가 시작되었으나 성과가 없었고, 2008년에 이르러서야 김정일 위원장의 독려 덕에 재배에 성공했다고 한다.

북고성의 정확한 다원 현황은 알 수 없고, 남고성에는 2005년 정부가 지원하는 신활력사업으로 '고성녹차그린투어사업'을 선정하고 녹차 재배단지 조성에 착수했다. 차를 관광특산품으로 판매하고 체험농원으로 활용할 생각이었다. 당시에는 십여 농가가 차 재배에 땀을 흘렸지만 수익을 내기 어렵다 보니 현재는 동루골다원 한곳만이 남아 있다.

동루골다원에서는 5월 첫물 차를 따서 덖음차를 만든 다음, 6~8월 한 달에 한 번씩 잎을 채취해 발효차를 만든다. 솔밭에서 자라는 차나무에서 채엽했다고 해서 '송로(松露) 발효차'라고 이름 붙였다. 솔밭의 이슬을 머금고 자란 찻잎, 그러고 보니 가까운 강릉이 '솔향 도시'다. 'Pine city'. 영생불사, 신선의 세계에 빠질 수 없는 나무, 거친 바닷바람 속에도 굳건히 자리를 지키는 소나무는 우리 민족의 기상을 상징한다.

일송정 푸른 솔은 늙어 늙어 갔어도 한줄기 해란강은 천년 두고 흐른다.

친일 시비가 있어 아쉽기는 하지만, 조두남 곡 '선구자'를 목청껏 불러보지 않은 한국인이 어디 있을까? 동해안을 따라 소나무숲 군락지가 남쪽까지 이어진다. 해송(海松)이라 불리는 이 소나무들은 마치

한국인의 기상을 상징하듯 거친 바닷바람 속에도 굳건하게, 매일매일 동해의 일출을 받으며 힘차게 자라고 있다.

7월 초순 방문하였으나 지난겨울 차나무가 동해를 입어, 아직 차를 만들지 못했다면 1년 지난 발효차를 내놓는다. 작설을 만들지도 못하고 여름을 맞아 훌쩍 웃자란 잎으로 만들었으니 맛이 거칠 줄 알았는데 발효가 잘 되어 부드럽고 가볍다.

하동의 명인으로부터 어렵게 전수받았다는 제다법으로 잘 발효시킨 검은 찻잎, 소나무숲 향과 신선한 동해의 바닷바람 속에 자랐을 찻잎에 강원의 맑은 물을 부어 우리니 탕색은 다즐링의 세컨 플러시처럼 아름답다. 찻잔 속에 울창한 동해의 송림과 은빛 모래가 빛나는 바닷가가 그려진다.

– 〈티마스터 김수경 〉

# 04

## 뜨금없는 소리, '소리 없는 거문고'와 차 한 잔

절벽 위로 둥근 보름달이 떴다. 한 선비가 반듯이 등을 곧추세우고 언덕에 앉아 거문고를 탄다. 다동은 선비를 돌아보며 화로의 불을 지핀다. 선비 머리 위로는 시커먼 절벽이 대각선으로 솟아 있다. 달빛에 취해 거문고를 타는 선비의 눈은 살포시 감겨 만상이 고요한 듯하다.

이경윤(李慶胤: 1545~1611)은 〈탄금도(彈琴圖)〉에서 거문고, 차와 함께 초탈한 선비의 풍류를 그려냈다. '탄금'은 잘 살고 귀하게 되는 것에서 얻어지는 즐거움이 아니다. 홀로 즐기는 자족에서 얻어진다. 차는 혼자 마실 때 가장 고귀하다. 사람이 많으면 시끄럽고, 시끄러우면 차의 고상한 맛이 없어진다. 혼자서 차를 마시는 것을 이속(離俗)이라 하고, 둘이서 마시는 것을 한적(閑寂)이라고 했다. '거친 밥을 먹고 차가운 물을 마시며, 팔을 굽혀 그것을 베개로 삼아도 즐거움이 그 속에 있다.'고 한 공자의 가르침처럼 혼자 하는 '탄금'과 '음다'는 검박(儉樸)한 선비의 청적(淸寂)한 아취라 할 것이다.

월하탄금도, 이경윤, 비단에 먹, 31.1×24.8㎝ (고려대학교 박물관)

그런데 이상한 점은 선비가 타는 거문고에는 줄이 보이지 않는다는 것이다. 흡사 요즘의 전자 악기를 연주하는 모양새이다. 선비는 줄을 튕기지 않고 건반을 누르는 듯 보인다. 바로 '뜨금없는' 모습이다. 줄을 뜯지 않았는데 어디서 소리가 날까? 매부

리코와 가지런한 수염까지도 세밀하게 표현한 이 그림에서 거문고 줄이 보이지 않는 이유는 무엇일까? 작자 이경윤은 '줄 없는 거문고'에 어떤 뜻을 담고자 했을까?

사실 이 '줄이 없는 거문고', 즉 무현금은 그림에도 많이 보이고 그에 대한 이야기도 여러 곳에서 보인다. 가장 많이 인용되는 이야기는 조선시대보다 훨씬 예전인 중국의 위진남북조시대에 살았던 전원시인 도연명(365년~427년)이 들고 다녔다는 '무현금'이다. 도연명은 늘 시 속에서 술을 마시고, 음악을 연주했던 풍류를 아는 시인이었다. 조선시대 서경덕도 〈'줄 없는 거문고'에 새기는 글(無絃琴銘)〉을 지었다.

"거문고는 있지만 줄이 없으니 몸을 남겨주고 쓰임을 없앴네, 참으로 또 다른 쓰임을 없앤 게 아니니 고요함 속에 온갖 움직임을 담고 있네. 〈…중략…〉 거문고의 줄을 쓰지 않지만 그 줄을 줄 노릇하게 하네, 음율 밖의 소리에서 나는 거문고 본래의 음을 듣네."

선비들이 가장 선호하던 악기가 바로 거문고다. 거문고의 한자표기는 금슬(琴瑟)의 금(琴), 고구려의 왕산악이 연주를 하자 검은 학이 날아와 춤을 추었다 하여 '검은고', '현학금(玄鶴琴)'이라는 이름으로 불렸다 한다. '가야금'을 '가얏고'라고 부르듯, '검은고'가 '거문고'가 되었다. 예로부터 거문고는 손으로 연주하는 기교보다는 저 깊은 곳에서 우러나오는 마음으로부터의 연주를 중요시했다. 거문고는 남이 아닌 자기 자신을 위해 연주하는 악기였다. 한마디로 거문고는 수신제가(修身齊家)의 악기인 셈이다.

"옛말에 이르기를 거문고는 악(樂)의 으뜸이라. 군자가 항시 사용하여 몸에서 떠나지 않는다 하였다. 나는 군자가 아니지만 오히려 거문고 하나를 간직하고 줄도 갖추지 않고서 어루만지며 즐겼더니, 어떤 손님이 이것을 보고 웃고는 이어서 다시 줄을 갖추어 주었다. 나는 사양하지 않고 받아서 길게 혹은 짧게 타며 마음대로 가지고 놀았다. 옛날 진나라 도연명(陶淵明)은 줄이 없는 거문고를 두어 그에 의해 뜻을 밝힐 뿐이었는데, 나는 이 구구한 거문고를 가지고 그 소리를 들으려 하니 어찌 반드시 옛사람을 본받아야 하겠는가?"

– 이규보, 《동국이상국집》

공자는 '거문고를 배우는 것은 기술을 배우는 것이 아니라 사람의 마음을 배우는 것'이라고 말한 바 있다.(《사기(史記)》 〈공자 세가〉) 또 공자는 《예기(禮記)》 〈악기(樂記)〉 편에서 '군자는 악도(樂道)를 얻으려 하고, 소인은 그 악음(樂音)을 욕심내는 것이 다른 점이다.'라는 말을 남겼다. 한편 도연명은 "거문고의 흥취만 알 것이지 어찌 줄 위의 소리가 필요하랴."라는 말을 남기기도 했다.

거문고는 바로 마음의 소리, 심금(心琴)을 울리는 소리다. 진정한 음악은 소리와 악기가 아니라 모든 악기와 소리를 담고 있는 마음 자체의 움직임인 것이다. 진정한 차(茶)가 내 마음에 있는 것처럼 말이다. 왕양명은 "마음 밖에는 어느 물건도 없다(天下無心外之物)"고 했다.

오감의 감각도 마음에서 비롯된다. 잘해보려는 마음, 잘 들어 등급을 나누어 보려는 마음이 가득하다면 제대로 듣지 못하고 즐기지 못한다. 마음을 온전히 내려놓고 비워둔 이에게만 들리는, 그 뜬금없는 선율에 빠져 보자. 깊은 산속 휘영청 둥근 보름달 달빛 아래, 맑은 차향, 선선한 솔바람 바람을 맞으며 연주하는 뜬금없는 무현금 소리를 가슴에 담아보자. 내 마음의 차(吾心之茶)와 함께…

•⋮• TEA TIME •⋮•

## 희망과 용기의 향기, 루이보스

줄이 없는 무현금의 경지는 알코올이 없는 술, 카페인이 없는 차를 즐김과 같지 않을까? 카페인이 없는 루이보스티의 생산지는 희망봉이다. 희망봉(Cape of Good Hope)은 아프리카 대륙의 땅끝 남아프리카공화국 케이프타운 테이블 마운틴에 있다. 수에즈 운하가 개통되기 전 유럽과 아시아를 오가는 항로의 주요 거점이었으며 인도양과 대서양이 갈리는 기점이라고도 할 수 있다. 그 옛날 중국과 인도의 차를 실어 나르던 클리퍼 선박들에 중요한 이정표가 바로 희망봉이었다. 이곳을 지나면 이제 고향, 가족으로 돌아가는 절반의 길을 통과한 셈이다.

마리아주 프레르(프)의 미드나이트 매직
루이보스 블랜딩으로 환상적인 향과 함께 밤에도 숙면을 이룰 수 있음을 상징하는 이름과 디자인이 인상적이다.

이곳 해발 450m 이상의 고산지대에만 자생하는 특별한 차가 바로 루이보스다. 루이보스란 아프리칸어로 '붉은(roo) 관목(bos)'이란 뜻. 이 잎을 건조하여 차로 이용한다. 차는 단맛이 나고 카페인이 없어서 어린아이 등 남녀노소 마실 수 있다. 정확하게는 카멜리아 시넨시스가 아니니 차(tea)라고 할 수는 없지만 케이프 지방에 이주한 네덜란드인들이 루이보스를 홍차 대용으로 이용했으며 남아프리카공화국에서는 루이보스에 우유와 설탕을 넣어 밀크티로 마신다.

루이보스차는 카페인이 없어 숙면을 취할 수 있으면서 항산화 성분이 풍부해 심장혈관 건강을 향상시킬 수 있는 최고의 차다. 루이보스는 풍부한 필수 미네랄 외에 중요한 유기화학 물질인 폴리페놀을 다량 함유, 천연 항바이러스, 항돌연변이 효과를 보여준다. 붉은 탕색이 매력적인데, 홍차를 영어로 블랙티라고 하니, 루이보스는 영어로 레드티라고 부른다.

루이보스는 여러 재료들과의 블렌딩에도 잘 어울려 다양한 블렌딩차가 나와 있다. 아몬드와 블렌딩해서 마시면 아주 고급스럽고 고소한 향미를 즐길 수 있으며, 민트와 블렌딩하면 밝은 개운함이 일품이다. 캐모마일과 블렌딩하면 한잔만으로도 몸이 가벼워지며, 레몬과 블렌딩하면 상큼한 향이 코를 간지럽힌다. 개인적으로는 허브의 여왕 라벤더와 미네랄 폭탄인 루이보스가 가장 잘 어울린다고 본다.

루이보스의 생산지, 남아프리카공화국의 희망봉은 유럽과 아프리카의 만남, 그리고 유럽과 인도 교

류의 증거라고 할 수 있다. 1498년에 포르투갈의 바스코 다 가마가 이곳을 지나 인도로 가는 동방항로를 개척하는 데 성공하면서 '희망봉'이란 이름을 갖게 되었다고 한다. 희망봉은 금과 향료를 찾기 위한 포르투갈의 오랜 꿈이 실현된 곳이며, 외유에 지친 선원들이 고향과 가족의 품으로 돌아가는 길목을 지키는 기점이 되었다고 할 수 있다. 루이보스를 마실 때면 이곳을 지나간 수많은 여행자들의 기쁨, 희망과 용기의 향기를 들을 수 있다는 생각을 하게 된다.

희망봉과 루이보스가 갖는 특별한 의미는 단순히 지리적 위치가 아니라, 그곳이 품고 있는 인간의 오랜 역사와 꿈과 희망이다.

– 〈티마스터 김길순〉

## 05

## '차 마시기'는 18세기 유럽의 '전가복(全家福)' 이었다

유럽에 중국의 차문화가 처음 전해진 것은 16세기 대항해시대를 연 포르투갈과 네덜란드의 동방진출에 의해서였다. 아시아의 차는 포르투갈과 네덜란드라는 이 두 나라에 의해 유럽으로 날라졌고, 왕실과 상류층을 중심으로 이식되었다. 유럽의 여러 나라 중 좀 늦었지만 가장 차를 적극적으로 받아들인 나라는 영국이었다. 1660년, 포르투갈의 캐서린 브라간자(Catherine Braganza)는 영국의 찰스 2세에게 시집을 가면서 차문화를 영국의 왕실에 전했고, 이것이 영국 차문화의 시작이 되었다.

차가 유럽에 전해지던 시기, 유럽엔 커피가 유행하고 있었다. 남자들만 출입이 가능했던 커피하우스는 17세기 영국의 차문화를 확산시키는 데 큰 역할을 했다. 남자들이 커피하우스에서 커피를 마시며 밤을 새는 동안 영국의 여성들은 차를 선택했고 커피와의 전쟁을 벌였다. 결국 토마스 게러웨이 Thomas Garoway라는 상인이 소유한 익스체인지 알레이 Exchange Alley는 차를 제공한 최초의 커피하우스가 되었고 1700년까지 런던에서는 500개 이상의 커피하우스에서 차를 판매했다고 한다.

Joseph Van Aken(British painter, c.1699–1749) A Tea Party(1719~1721)

남자들만 출입이 가능했던 커피하우스는 점점 어두운 선술집으로 전락하게 되었고 차는 동양에서 온 신비의 영약으로, 깨어있는 교양인을 만들어 주는 존재로, 남녀 모두에게 인기가 있었다. 뿐만 아니라 중국풍의 티테이블, 도자기 찻잔과 티포트 등은 매우 값비싼 상품이었고, 차는 일반적으로 집안의 여주인이 소중하게 자물쇠를 채워 보관할 정도로 귀중한 대접을 받았다. 그렇게 '가족이 함께 차를 즐길 수 있다'는 것은 그들이 이미 그 시대의 교양인이며 경제적인 상류층임을 입증하는 차 이상의 상징이 되었던 것이다.

Johann Zoffany (17331810),Oil painting, A Family of Three at Tea, 1727

사진이 없던 시절의 유럽의 가족사진은 유명 화가를 초빙하여 그리는 초상화였다. 18세기에 들어서는 특별히 차를 마시는 가족의 초상화가 많이 등장한다. 위의 그림은 작가가 콜린스 리차드(Collins Richard)라는 이견도 있지만, 누가 그렸는지는 그리 중요하지 않다. 그려진 시기는 모두 1727년으로 되어있다.

정적으로 보이는 이 작품은 오른편에 금색의 화려한 톤으로 반듯하게 앉은 부인이 정면을 응시하고 있고, 뒤편으로 남편과 아이가 작게 그려져 있다. 어깨를 약간 뒤로 젖힌 채 정면을 바라보고 있는 부인은 교양미가 넘친다. 맨 왼쪽의 딸은 능숙하게 찻잔을 들고 차를 마시고 있다. 이에 반해, 뒤편의 남편은 아직 어딘가 어색해 보인다. 당시 남자들은 여성들이 출입할 수 없었던 커피하우스에서 편안한 자세로 커피나 술을 즐겼을 것이다. 오늘은 부인의 성화를 못 이기고 가족 초상화의 모델로 나서기는 했으나 영 불편한 기색이다.

그들이 들고 있는 찻잔은 아직 손잡이가 보이지 않는다. 중국풍의 도자기 잔은 뜨거워 엄지와 검지로 잔을 들어야 했다. 잔은 도자기이지만 테이블 위의 도구들은 아름다운 은제품이다. 가운데 커다란 은제 볼은 남은 찻물을 버리는 퇴수용 그릇(slop bowl)이다. 아메리카 대륙의 은이 대량 수입되어 금속 식기의 사용도 일반화되었음을 보여준다. 테이블 가득한 은 식기와 손에 든 도자기 잔, 안정된 자세로 차를 마시는 가족의 그림 속에는 그 가정의 문화수준, 부와 성공을 간접적으로 보여주려는 의도가 엿보인다.

똑 닮은 패턴의 그림도 보인다. 조셉 반 아켄(Joseph Van Aken: 1699~1749)의 그림이다. 그는 네덜란드의 플랑드르 예술가로 많은 초상화를 남겼으며 대부분의 경력을 영국에서 보냈다고 알려져 있다. 아래 그림을 보면 18세기의 유럽에서 차를 마시는 일이 세련되고 귀족화된 행동양식의 하나로 초상화의 기본 소재로 자리 잡았음을 알 수 있다. 왼쪽 하단에 배치한 애완견의 자세까지도 위의 그림과 같아 같은 사람의 작품이 아닐까 하는 생각이 들기도 한다. 이것은 오른쪽 전면에 찻잔을 든 여주인을, 왼쪽 티 테이블 뒤쪽으로 남편을 배치하는 가족 초상화 양식이 부모를 전면에 앉히고 뒤로 자식들이 둘러선 모습의 현대의 가족사진처럼 일반화되어있음을 보여준다. 물론 전면에 테이블에 배치된 실버웨어도 정해진 위치와 양식이 있음을 알 수 있다.

이 시기 유럽의 가족 초상화는 비슷하게 가정이나 모임에서 함께 차를 마시는 모습을 묘사하고 있다. 특히 영국에서는 차 마시는 자세와 찻잔 쥐는 법을 아주 정확하게 그려냄으로써 그림 속 대상의 교양과 품격을 나타내고자 했다고 보인다. 가운데 배치된 아이는 아직 편안하게 잔을 들고 있지만, 중국식 찻잔을 치켜든 두 사람의 손가락 위치는 정확히 일치한다.

영국에서 모든 사람이 언제나 차를 즐길 수 있었던 것은 1750년 이후로, 처음에 차는 왕실이나 귀족을 포함한 부유한 계층만 누릴 수 있는 문화 대상이었다. 18세기에는 차와 함께 중국의 도자기와 함께 아메리카 대륙의 은이 대량 수입되어 차를 마실 때 화려한 금속 식기도 대량 생산되어 식탁을 장식하게 된다. 이 때문에 유럽에선 차문화를 일종의 고급

Joseph Van Aken (British painter, c.1699–1749), An English Family at Tea 1725

Man and Child Drinking Tea, circa 1720, Artist unknown, England

문화로 여겼고, 특히 영국에선 일상에서 가장 중요한 음료 문화로 자리 잡게 되었던 것이다.

작가가 불분명하다고 되어있지만, 마치 위의 Joseph Van Aken 그림의 일부를 잘라낸 듯 너무도 유사해 보인다. 인물까지도 동일인으로 보인다. 찻잔의 아름다운 화훼문양은 시누아즈리(Chinoiserie)의 영향을 반영한다. 은제 그릇들은 놓여진 위치와 양식이 아주 똑같다. 사진관처럼 그릇 세트를 그대로 두고 사람만 바뀌는 모양새다. 누가 그렸든, 오늘날 사진관에서 찍어 응접실에 걸어두는 가족사진처럼, 18세기 영국에서는 정형화된 초상화 양식의 '중국 찻잔으로 차를 마시는 가족의 그림'이 어느 가정이나 하나쯤 가지고 있어야 하는 기념물이었던 것이다.

중국요리 메뉴에는 췐자푸(全家福, 전가복)란 요리가 있다. 중국에서는 가족사진을 뜻하는 말로도 쓰인다. 전가복(췐자푸)이라는 요리는 진시황 때 주현(朱賢)이라는 유생이 분서갱유(焚書坑儒)에서 천신만고 끝에 살아나 처자식과 재회할 때 먹었다는 잔칫상 요리에서 유래한다. '온 가족의 행복'이라는 뜻이다. 16세기 처음 유럽으로 건너간 차는 18세기에 이르러 유럽인 가족의 경제적 안정, 행복을 상징하는 유럽의 '전가복(췐자푸)'가 되었던 것이다.

• TEA TIME •

## 한 여름의 호위무사 태평후괴(太平猴魁)

마치 왕후를 호위하는 무사를 보는 듯하다. 찻잎이 어떻게 이렇게 기품 있고 기개 넘칠까? 길게 쭉 뻗은 찻잎이 하얀 다하에 누워 있는 것을 보면 전쟁을 준비하는 호위무사의 비장함이 느껴진다.

태평후괴는 중국 안후이성의 대표적인 녹차 중 하나로 크게 평평하게 만든 최상품의 차다. 태평후괴는 유념을 하지 않고 살청 후 납작하게 눌러서 모양을 잡으며 건조한다. 원래 관목이면서 대엽종인 시대차라는 차나무의 잎으로 잎이 큼지막하지만 녹차의 부드럽고 고운 푸른빛을 띤다.

태평후괴는 길고 좁은 유리다관이나 유리잔에 중투법으로 우려 마시면 아주 좋다. 중투법은 차를 우릴 때 먼저 끓인 물을 반쯤 다관에 붓고 차를 넣은 후 다시 물을 부어 우려 마시는 방법. 긴 유리다관에 차를 세로로 세워 중투법으로 우리면 다관을 꽉 채운 태평후괴는 마치 여름날의 대나무 숲을 보는 듯 청량감을 준다. 대나무 숲에 선 호위무사들이 왕후를 모실 신념과 기개를 따뜻한 물에 녹여내 준다. 따뜻한 물에 우려서 마시지만 가지고 있는 찬 성분 때문에 몸을 식혀준다는 녹차이니 더운 여름날에 마시면 더 좋은 차다.

탕색은 맑고 투명하다. 차향 또한 상상보다 은은하고 부드럽다. 때론 심심하기도 하다. 유념하지 않고 만든다 하니 건엽에서 풍기는 이미지보다 부드럽고 심심하게 느껴지는 것이 당연하다. 반면 내포성은 좋아서 여러 번 우려내어도 그 부드러운 기개를 쉽게 잃지는 않는다. 한 편 진하지 않은 차향은 여러 잔의 차를 마시기에 아주 좋다. 무더운 여름날, 여러 잔의 은은한 차향이 온몸을 구석구석 밝히며 식혀주는 상상을 해본다. 상상만으로도 온몸의 열기가 다 빠져나갈 것 같다.

태평후괴는 삼락을 두루 갖춘 여름의 호위무사다. 그 모양새가 특이하고 매력적이어서 눈을 즐겁게 해주는 것이 일락, 부드럽고 청량한 차향이 이락, 여름날의 목마름을 실컷 달래주고 그 서늘한 기운이 여름 더위에 지친 온몸을 보호해주니 삼락이다.

대나무 티매트를 깔고 간소한 찻자리를 마련해 태평후괴를 소환해본다. 한 여름밤 대나무 숲에서 무사들의 호위를 받으며 근사한 차 한잔으로 더위를 달래는 왕후가 되어본다.

– 〈티마스터 연정삼〉